普通高等教育电子信息类系列教材

Protel DXP 2004 原理图与 PCB 设计实用教程

第 2 版

主　编　薛　楠　刘　杰

副主编　薛　易　张小清

参　编　陈　亭　高　飞

主　审　李东滨

机械工业出版社

本书共 10 章，详细介绍了在 Protel DXP 2004 平台进行电路原理图设计、PCB 设计、制作元件及元件封装的方法和具体的操作步骤，并穿插了作者在实际教学过程中积累的实践经验以及 Protel DXP 2004 的操作技巧。本书易读易懂，内容循序渐进，以一个实例贯穿基本操作部分（前 8 章），使读者能够充分掌握 Protel DXP 2004 的核心功能。

本书可作为高等学校电子信息工程、计算机科学与技术和通信工程等专业的教材，也可作为 Protel DXP 2004 的初学者、从事电子线路设计的科技人员的参考书。

图书在版编目（CIP）数据

Protel DXP 2004 原理图与 PCB 设计实用教程 / 薛楠，刘杰主编 . —2 版 . —北京：机械工业出版社，2017.10（2025.1 重印）

普通高等教育电子信息类系列教材

ISBN 978-7-111-58516-9

Ⅰ. ①P… Ⅱ. ①薛… ②刘… Ⅲ. ①印刷电路-计算机辅助设计-应用软件-高等学校-教材 Ⅳ. ①TN410.2

中国版本图书馆 CIP 数据核字（2017）第 279968 号

机械工业出版社（北京市百万庄大街 22 号　邮政编码 100037）
策划编辑：徐　凡　责任编辑：徐　凡　路乙达
责任印制：单爱军　责任校对：李锦莉　刘丽华
唐山三艺印务有限公司印刷
2025 年 1 月第 2 版·第 11 次印刷
184mm×260mm·19.5 印张·474 千字
标准书号：ISBN 978-7-111-58516-9
定价：55.00 元

电话服务

客服电话：010-88361066
　　　　　010-88379833
　　　　　010-68326294
封底无防伪标均为盗版

网络服务

机 工 官 网：www.cmpbook.com
机 工 官 博：weibo.com/cmp1952
金 书 网：www.golden-book.com
机工教育服务网：www.cmpedu.com

前言

Protel DXP 是 Altium 公司于 2002 年推出的板级电路设计系统，它综合了原理图绘制、PCB 设计、设计规则检查、电路仿真、FPGA 及逻辑器件设计等功能，为用户提供了全面的设计解决方案。2003 年推出的 Protel DXP 2004 对 Protel DXP 进行了完善，SP2 升级包更增强了 Protel DXP 2004 的功能。

本书基本操作部分（前 8 章）以一个实例为主线，介绍在 Protel DXP 2004 平台进行原理图设计、印制电路板（PCB）设计以及制作元件与元件封装的具体方法。本书为读者提供了详细的实例，并围绕知识点进行系统讲解，与此同时，还根据作者丰富的授课经验，提醒读者在设计过程中如何回避和解决错误操作，可使读者尽快掌握电路原理图和 PCB 的设计方法及技巧，提高操作能力。

全书共 10 章，每章的主要内容如下：

第 1 章为 Protel DXP 2004 的基础知识，介绍了 Protel 系列软件的发展历史，Protel DXP 2004 的特点、启动、主界面以及 Protel DXP 2004 的项目及文件的管理，并给出一个 PCB 简要设计以及采用热转印法自制电路板的过程。

第 2 章为电路原理图设计基础知识，介绍了电路原理图的编辑环境，原理图图纸的设置，原理图的优先选项。

第 3 章为电路原理图设计的具体过程，介绍了元件的放置，原理图的视图操作，元件的编辑操作，原理图编辑过程中的一些高级技巧。

第 4 章为层次原理图设计的具体过程，介绍了层次原理图的基本知识、设计方法。

第 5 章为印制电路板设计基础知识，介绍了 PCB 的种类，与 PCB 设计相关的基本概念和知识，常用元器件封装。

第 6 章为 PCB 设计基础操作，介绍了 PCB 编辑器，电路板的规划设置，PCB 工作参数的设置，PCB 的放置工具，PCB 的布线，常用的快捷键和常见问题。

第 7 章为 PCB 设计提高，介绍了 PCB 设计规则，PCB 编辑中常用的高级技巧。

第 8 章为元件以及元件封装的制作过程，介绍了制作原理图元件以及元件封装的具体方法，元件原理图库、PCB 元件封装库的基本操作和高级操作技巧，集成元件库的创建。

第 9 章以流水灯电路为背景介绍了一个 PCB 设计的实例，并给出采用感光法制作印制电路板的具体过程。

第 10 章以单片机电路为背景，再次通过一个完整的综合实例给出了较为复杂的 PCB 设计的详细过程。

另外，本书前 8 章配备了丰富的练习题，习题设计目的明确，均是针对每章应该着重掌握的知识点。读者可通过大量的练习检验所学知识，并加强和巩固所学内容。

本书由薛楠、刘杰、薛易、张小清、陈亭、高飞编写，其中第 1、5、9 和 10 章由哈尔

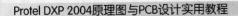

滨理工大学薛楠编写，第2、3、4章由哈尔滨理工大学刘杰编写，第7、8章由黑龙江科技大学薛易编写，第6章由黑龙江科技大学张小清编写，附录由哈尔滨理工大学陈亭和黑龙江八一农垦大学高飞共同编写。本书由哈尔滨理工大学李东滨主审。陈亭和高飞同时参与了资料整理等工作。

在编写过程中，编者参阅了许多同行专家的文献，在此一并真诚致谢。

由于编者水平有限，书中疏误之处敬请读者批评指正。

本书配有免费电子课件，欢迎选用本书作教材的教师登录 www. cmpedu. com 注册下载。

编 者

目录

V

第1章

Protel DXP 2004概述

Protel
DXP
2004
概
述

- Protel 系列软件的发展历史
- Protel DXP 2004 的特点
- Protel DXP 2004 的系统配置
- Protel DXP 2004 的启动
- Protel DXP 2004 的主界面
- Protel DXP 2004 项目及文件的管理
- Protel DXP 2004 设计简例
- 热转印法自制印制电路板

本章介绍 Protel DXP 2004 的基础知识，包括 Protel 系列软件的发展历史、Protel DXP 2004 的启动方法、Protel DXP 2004 的系统界面和文件管理等，最后通过一个实例简要介绍 Protel DXP 2004 的设计过程以及采用热转印法制作印制电路板的过程。

1.1 Protel 系列软件的发展历史

Protel 系列电子设计软件因为其功能强大、界面友好和操作简便、实用等优点，已成为电子设计自动化（EDA）行业尤其是印制电路板（PCB）设计领域中发展最快、应用时间最长、运用范围最广泛的软件之一。

Protel 系列电子设计软件的发展主要经历了以下几个阶段。

20 世纪 80 年代中期，美国 ACCEL Technologies Inc 推出了第一个应用于电子线路设计的软件包——TANGO，这个软件包开创了 EDA 的先河。此软件包现在看来比较简陋，但在当时却给电子线路设计带来了设计方法和方式的革命，人们纷纷开始用计算机来设计电子线路。然而，随着电子工业的飞速发展，TANGO 难以适应电子设计发展的需要。Protel Technology 公司不失时机地推出了 Protel For DOS 作为 TANGO 的升级版本，由此奠定了 Protel 软件系列的基础。

20 世纪 80 年代末，Windows 系统开始日益流行，许多应用软件也纷纷开始支持 Windows 操作系统，Protel 也不例外，相继推出了 Protel For Windows 1.0、Protel For Windows 1.5 等版本。这些版本的可视化功能给设计人员设计电子线路带来了很大的方便，使他们不用再记一些烦琐的命令，而且还可以和其他设计人员共享系统资源。

1998 年，Protel 公司发布了第一套包括并集成所有 5 套核心 EDA 工作的开发软件——Protel 98。Protel 98 专门用于 Windows NT 平台，包括原理图输入、可编程逻辑设备、仿真、板设计和自动布线等功能。

1999 年，Protel 公司推出了 Protel 99。Protel 99 在原来版本上又加入了许多全新的特色，它既有原理图逻辑功能验证的混合信号仿真，又有 PCB 信号完整性分析的板级仿真，从而构成了从电路设计到真实板分析的完整体系。

2000 年，Protel 99 升级到 Protel 99 SE，其性能进一步提高，可以对设计过程有更大的控制力。

2001 年，Protel 公司更名为 Altium 公司，并于 2002 年推出了新产品 Protel DXP。Protel DXP 集成了更多工具，使用更方便，功能更强大。2003 年推出的 Protel DXP 2004 对 Protel DXP 进行了完善。

2006 年初，Altium 公司推出了 Protel 系列的高端版本 Altium Designer 6.0，并在随后的几年中不断对该软件进行升级，先后推出了 Altium Designer 7.0、Altium Designer Summer 8.0 和 Altium Designer Winter 09 等版本。

2011 年，最新发布的 Altium Designer 10 带来了一个全新的管理元器件的方法，其中包括新的用途系统、修改管理、新的生命周期和审批制度、实时供应链管理等更多的新功能。

1.2 Protel DXP 2004 的特点

Protel DXP 2004 作为一款功能强大的电路设计软件，具有以下基本特点。

1. 全新的 EDA 设计软件

Protel DXP 2004 包含电路原理图设计、电路原理图仿真测试、印制电路板（PCB）设计、自动布线器和 FPGA/CPLD 设计，覆盖了以 PCB 为核心的整个物理设计。因此，Protel DXP 2004 是真正意义上的 EDA 软件，它的智能化、自动化程度较以前版本有了很大的提高。

2. 重复式设计

Protel DXP 2004 提供重复式设计，类似层次式电路设计，只要设计其中一部分电路图，即可以多次使用该电路图，就像有很多相同电路图一样。

3. 集成式的元件与元件库

Protel DXP 2004 提供了元件集成库的概念。在 Protel DXP 的元件集成库中集成了元件的原理图符号、PCB 封装形式、SPICE 仿真模型和信号完整性分析，使得设计人员调用元件时能够同时调用元件的原理图符号和 PCB 封装符号。

4. 可定义电路板设计规则

Protel DXP 2004 提供了完备的设计检查功能。它的设计检查功能主要包括电路原理图设计中的 ERC（电气规则检查）和 PCB 设计中的 DRC（设计规则检查），它们能够使电路设计人员快速地查证错误，最大限度地减小设计差错。

5. 设计整合

Protel DXP 2004 强化了电路原理图和 PCB 之间的双向同步设计功能。

6. 数模混合电路仿真功能

Protel DXP 2004 提供了电路原理图的混合仿真功能，可以十分方便地检查电路原理图中各个设计模块的正确性。同时，Protel DXP 2004 也提供了丰富的仿真元件库，从而使电路原理图的混合仿真成为可能。

7. 版本控制

Protel DXP 2004 可直接由 Protel 设计管理器转换到其他设计系统，这样设计者可方便地将 Protel DXP 2004 中的设计与其他软件共享。例如，可以输入和输出 DXP、DWG 格式文件，实现和 AutoCAD 等软件的数据交换，也可以输出格式为 Hyperlynx 的文件，用于板级信号仿真。

8. 支持 FPGA 设计

Protel DXP 2004 提供了全新的 FPGA 设计功能，用 Protel DXP 2004 的原理图编辑器就可以进行 FPGA 的设计输入，还能实现原理图和 VHDL 混合输入，并提供了强大的 VHDL 仿真和综合功能。

1.3 Protel DXP 2004 的系统配置

Protel DXP 2004 是一套基于 Windows XP 环境下的 EDA 开发软件。为了发挥 Protel DXP

2004 的强大功能，Altium 公司对运行 Protel DXP 2004 的计算机系统提出了具体的要求。

Altium 公司推荐的典型配置为

● Windows XP 操作系统（专业版或家庭版）；

● CPU 为 Pentium，1.2GHz 或者更高；

● 硬盘空间为 620MB；

● 内存为 512MB；

● 屏幕分辨率为 1280×1024 像素，32 位；

● 显存为 32MB。

1.4　Protel DXP 2004 的启动

在 Protel DXP 2004 的安装过程中，安装程序会自动在 Windows XP 操作系统桌面上和【开始】菜单内各建立一个 Protel DXP 2004 的快捷启动方式，同时也会在【开始】→【程序】→【DXP 2004】快捷菜单中建立 Protel DXP 2004 的快捷启动方式。可以根据上面三种 Protel DXP 2004 的快捷启动方式建立的不同位置，根据个人的习惯，选择其中任意一种启动方法即可。

Protel DXP 2004 的启动一般需要经过几秒钟，系统便会进入到主界面。Protel DXP 2004 的启动画面如图 1-1 所示，启动后的主界面如图 1-2 所示。

图 1-1　Protel DXP 2004 的启动画面

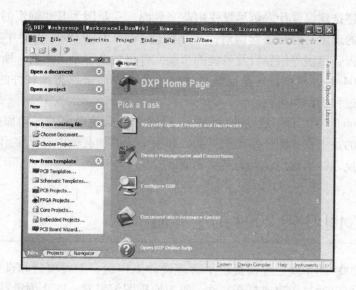

图 1-2　Protel DXP 2004 启动后的主界面

　　虽然 Protel DXP 2004 首次启动后默认为英文界面，但是该软件也支持中文界面，因此设计人员可以自行切换中英文界面。

　　在系统英文主界面上执行菜单命令【DXP】→【Preferences】，弹出【Preferences】对话框。【Preferences】对话框由左右两部分组成，左侧树形列表显示所有选项，右侧区域显示的是左侧树形列表中选项的具体设置内容。选中【DXP System】选项下的【General】选项卡，如图 1-3 所示，其中的【Localization】区域用于本地化设置。勾选【Use Localized Resources】复选框将弹出一个对话框提示重新启动该软件，确认后再依次单击【Preferences】对话框中的 Apply 按钮和 OK 按钮，关闭 Protel DXP 2004 后再重新启动该软件，重新启动后系统的界面即为中文界面。

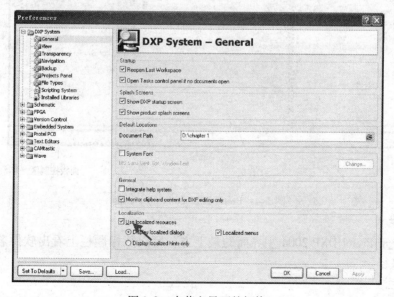

图 1-3　中英文界面的切换

一般来说，还是建议设计人员尽量使用英文界面。一是因为某些词汇的中文翻译还是存在晦涩、不合理的现象，容易引起误解；二是即使 Protel DXP 2004 支持中文操作，但对于编译时产生的警告、错误等信息以及系统的帮助文件仍然全部是英文的。所以设计人员在使用 Protel DXP 2004 的过程中，还是应该尽量使用英文界面来熟悉该软件的英文常用词汇，以助于整个设计过程的顺利进行。

　　注意：在 Protel DXP 2004 启动的过程中，可以根据启动画面的滚动加载项中有无汉字来判断本次启动的是中文界面还是英文界面。如果滚动的加载项中有汉字出现，即本次启动后为中文界面；反之，本次启动后为英文界面。

1.5　Protel DXP 2004 的主界面

　　Protel DXP 2004 的系统主界面提供了管理设计工作组、工程项目和设计文件的服务程序，在主界面中可以通过新建或打开文件，进入原理图编辑器、PCB 编辑器以及元件库编辑器等界面。系统主界面如图 1-4 所示，主要由标题栏、菜单栏、工具栏、工作区、工作面板、面板控制区等 6 大部分组成。

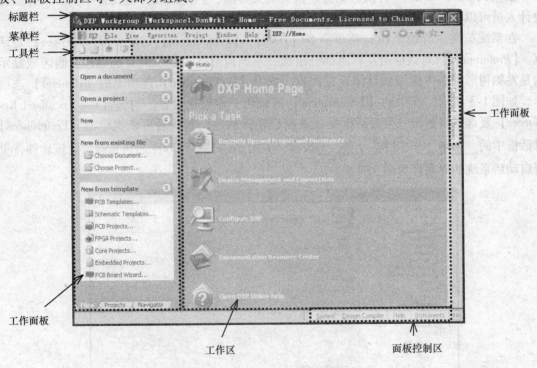

图 1-4　Protel DXP 2004 的主界面

1. 标题栏

　　标题栏位于 Protel DXP 2004 主界面的最上方，可以从标题栏上看出软件名称以及当前文件的存储路径。

2. 菜单栏

　　菜单栏位于 Protel DXP 2004 主界面的上方左侧，首次启动 Protel DXP 2004 后，系统将显示【DXP】、【File】、【View】、【Favorites】、【Project】、【Window】和【Help】等基本操作菜单项。菜单栏的主要功能是进行各种命令操作、设置各种参数以及打开帮助文件等。

当设计人员对不同类型的文件进行操作时，主菜单的内容会自动变化，以适应操作的需要。例如，启动原理图编辑器后的菜单栏如图 1-5 所示，启动 PCB 编辑器后的菜单栏如图 1-6 所示。

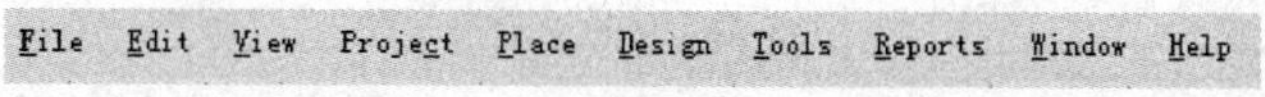

File Edit View Project Place Design Tools Reports Window Help

图 1-5 启动原理图编辑器后的菜单栏

DXP File Edit View Project Place Design Tools Auto Route Reports Window Help

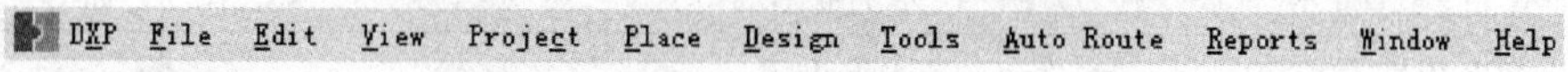

图 1-6 启动 PCB 编辑器后的菜单栏

3. 工具栏

Protel DXP 2004 的主界面总是以固定位置显示一个主工具栏，主要用于打开【Files】工作面板或者加载其他已存在的项目和文件。随着其他编辑器的启动，窗口中还可出现其他工具栏。工具栏主要是为方便设计人员的操作而设计的，一些菜单项的运行都可以通过工具栏按钮来实现。

Protel DXP 2004 中主要操作环境就是原理图设计环境和 PCB 设计环境，这两个操作环境对应的工具栏名称各不相同，但对应工具栏的类型却有相似之处。

4. 工作区

工作区位于 Protel DXP 2004 界面的中间，是设计人员编辑各种文件的区域。在无编辑对象打开的情况下，工作区将自动显示为系统默认主页，主页内列出了常用的任务命令，单击某个命令即可快速启动相应的工具模块。

5. 工作面板

Protel DXP 2004 为设计人员提供了大量的工作面板。工作面板以标签的形式隐藏在主界面工作区的左右两边，单击这些标签可以弹出更多的工作面板。这些工作面板可以隐藏或显示，也可以移动到主界面的任意位置。功能完备的各种工作面板为设计提供便利，在设计过程中最为经常使用的工作面板为【Projects】工作面板、【Libraries】工作面板、【Files】工作面板等。

6. 面板控制区

面板控制区位于 Protel DXP 2004 主界面的右下角，它的作用是为设计人员提供一些最常用的工作面板并且将工作面板以标签的形式表现出来，如图 1-7 所示。系统中的工作面板都可以直接在面板控制区进行选择并调用。

System
Design Compiler
Help
Instruments
>>

图 1-7 面板控制区

1.6 Protel DXP 2004 项目及文件的管理

Protel DXP 2004 对项目及文件的管理比较简单方便。下面具体介绍 Protel DXP 2004 中

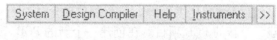

的项目及文件管理操作。

1.6.1 常用项目和文件类型

Protel DXP 2004 具有几种不同类型的项目，本节只介绍 Protel DXP 2004 在 PCB 设计过程中常用的项目——PCB 项目和集成元件库项目。这两个项目的文件扩展名和图标如表 1-1 所示。

表 1-1 常用项目类型

项 目 类 型	文件扩展名	图 标
PCB 项目	. PrjPCB	
集成元件库项目	. LibPkg	

在 Protel DXP 2004 的 PCB 项目和集成元件库项目的设计过程中常用的文件有 5 种，分别是原理图文件、元件原理图库文件、PCB 文件、元件封装库文件和集成元件库文件，其文件扩展名和图标如表 1-2 所示。

表 1-2 常用文件类型

文 件 类 型	文件扩展名	图标
原理图文件	. SchDoc	
元件原理图库文件	. SchLib	
PCB 文件	. PcbDoc	
元件封装库文件	. PcbLib	
集成元件库文件	. IntLib	

1.6.2 对项目的操作

对 Protel DXP 2004 中项目的操作主要包括项目的创建、打开、保存和关闭。本节中配合【Projects】工作面板介绍对项目操作的具体过程。

对项目操作前首先需要为项目建立一个专用文件夹，在设计过程中将与该项目有关的一切文件都保存在该文件夹下，因此先在 D 盘 "Chapter 1" 的文件夹下新建一个名为 "单片机应用电路" 的文件夹。

1. 新建项目

运行 Protel DXP 2004，执行菜单命令【File】→【New】→【Project】→【PCB Project】，由此创建一个新的 PCB 项目。在创建一个新的 PCB 项目的同时，系统会自动弹出【Projects】工作面板，同时一个默认名为 "PCB_Project1. PrjPCB" 的项目出现在【Projects】工作面板上，如图 1-8 所示。

2. 保存项目

【Projects】工作面板中的新建项目呈高亮蓝色状态，在新建的 "PCB_Project1. PrjPCB" 项目上单击鼠标右键，从弹出的菜单中选择命令【Save】，并将项目重命名为 "单片机应用电路. PrjPCB" 并保存在 "D：\ chapter1 \ 单片机应用电路" 中，如图 1-9 所示。保存后可以在【Projects】工作面板上看到当前项目的名称已经更换为 "单片机应用电路. PrjPCB"，如图 1-10 所示。

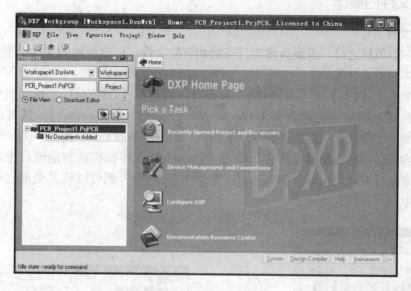

图1-8 新建一个项目

图1-9 将项目更名并保存到指定目录下 　　图1-10 保存后的项目

注意： 图1-8中新建的项目是一个空项目，即该项目下目前没有添加任何文件。当一个项目添加文件后，此时会在该项目后出现"＊"号以及红色  符号，如图1-11所示，这些都表示该项目已经被修改且尚未保存。同样，当一个文件被修改后，在该文件名称的后面也会出现相同的提示，表示此文件已经被修改且尚未保存。

3. 关闭项目

在【Projects】工作面板名为"单片机应用电路.PrjPCB"的项目上单击鼠标右键，从弹出的菜单中选择命令【Close Project】，即可关闭该PCB项目。

4. 打开已有工程项目

执行菜单命令【File】→【Open】或单击主工具栏中的 按钮，即可到硬盘下打开所需的项目。

1.6.3 对文件的操作

1. 加入文件

在创建一个项目之后，需要为该项目添加相应的文件，可以添加的文件类型有原理图文件、PCB 文件和库文件等。

执行菜单命令【File】→【New】→【Schematic】，或者在【Projects】工作面板中当前项目上单击鼠标右键选择右键菜单命令【Add New to Project】→【Schematic】，都可以为当前的PCB 项目添加一个新文件。新文件的默认名称为"Sheet1.SchDoc"，如图 1-11 所示。

如果是为当前项目添加已有文件，则在【Projects】工作面板的当前项目上单击鼠标右键选择右键命令【Add Existing to Project】，如图 1-12 所示，则可以将其他的已有文件添加到当前项目下。

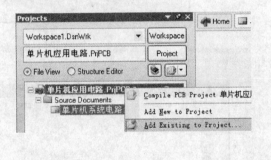

图 1-11　在当前项目下新建原理图文件　　　　图 1-12　为当前项目添加已有的原理图文件

2. 保存文件

新建的文件同样呈高亮蓝色状态，在【Projects】工作面板的该文件上单击鼠标右键，从弹出的右键菜单中选择命令【Save】，并将文件重命名为"单片机系统电路.SchDoc"后保存至文件所在项目的目录下，即目录"D：\chapter 1 \ 单片机应用电路"下，如图 1-13所示。保存后可以在【Projects】工作面板上看到当前文件已经更名为"单片机系统电路.SchDoc"，如图 1-14 所示。

3. 移出文件

在【Projects】工作面板中需要移出的文件上单击鼠标右键，在弹出的快捷菜单中选择命令【Remove from Project】，如图 1-15 所示，系统弹出提示对话框，询问是否移出文件，如图 1-16 所示，选择　Yes　即将该文件从"单片机应用电路.PrjPCB"项目中移出。但是必须注意，此操作只是将文件从该项目中移出去，成为自由文件，而并未从硬盘中彻底删除。

4. 切换文件

用鼠标单击【Projects】工作面板中不同的文件，就可以在不同的文件之间切换，如图1-17 所示。另外，用鼠标单击工作区上的标签也可以实现此功能，如图 1-18 所示。

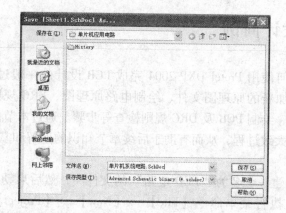

图1-13 将文件更名后保存到指定目录下

图1-14 保存后的文件

图1-15 移出项目中的文件

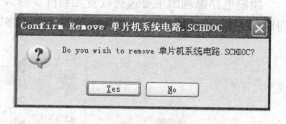

图1-16 提示对话框

图1-17 在【Projects】工作面
板中切换文件

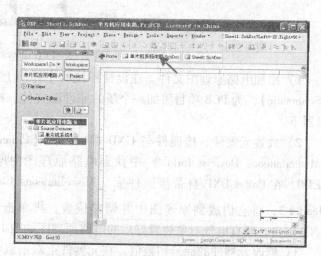

图1-18 通过工作区标签切换文件

1.7 Protel DXP 2004 设计简例

本节将通过一个实例来简要说明如何使用 Protel DXP 2004 完成 PCB 设计的一般过程。PCB 设计主要包括创建一个新项目、添加新的原理图文件、绘制电路原理图、ERC 规则检查、生成网络报表、添加新的 PCB 文件、绘制 PCB 及 DRC 规则检查等步骤。通过本节的学习可以使设计人员初步了解 PCB 设计的大致过程，从而有助于后续章节知识的理解和掌握。

1. 创建 PCB 项目

首先在"D：\ Chapter1"目录下创建一个名为"LED 电路"的文件夹，然后启动 Protel DXP 2004 ，在设计系统的主界面上执行菜单命令【File】→【New】→【Project】→【PCB Project】，创建一个新的 PCB 项目，执行菜单命令【File】→【Save Project】，将项目更名为"LED 电路 . PrjPCB"并保存在指定目录下，即"D：\ Chapter1 \ LED 电路"下。

2. 绘制电路原理图

绘制电路原理图主要包括放置元器件、修改元器件标号及数值、连接元器件等步骤。下面以图 1-19 所示的 LED 电路为例简要介绍电路原理图的绘制过程。

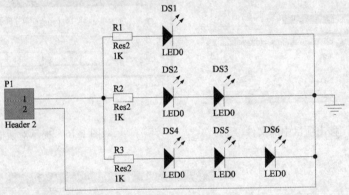

图 1-19　LED 电路

1）添加电路原理图文件。在设计系统的主界面上执行菜单命令【File】→【New】→【Schematic】，为 PCB 项目添加一个新的原理图文件，执行该命令后，系统进入到原理图编辑器下。

2）放置元器件、接插件与 GND 端口。在【Projects】工作面板中系统自带的元件库（Miscellaneous Devices. IntLib）中找到电路原理图中所需的元器件，即 3 个 Res2 和 6 个 LED0，在 Protel DXP 自带接插件库（Miscellaneous Connectors. IntLib）中选取 1 个接插件 Header 2，将它们放到原理图中并调整位置，再单击【Wiring】工具栏中的 ⏚ 按钮放置 GND 端口，所有电气对象放置好后的电路原理图如图 1-20 所示。

3）修改元器件的标号和数值。在元器件上双击鼠标右键，弹出元件属性对话框，在元件属性对话框中修改元器件的标号和数值，修改后的原理图如图 1-21 所示。

4）连接各个电气对象。单击【Wiring】工具栏中的 〜 按钮启动放置导线的命令来连接各个电气对象，连接好后的原理图如图 1-22 所示。

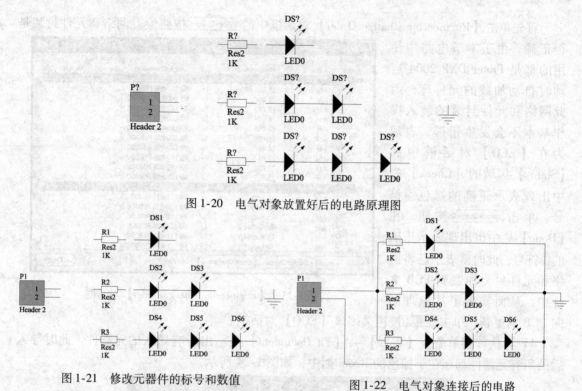

图 1-20　电气对象放置好后的电路原理图

图 1-21　修改元器件的标号和数值　　　　图 1-22　电气对象连接后的电路

5）保存原理图文件。在【Projects】工作面板中新建的原理图文件上单击鼠标右键，将文件更名为"LED 电路 . SchDoc"后保存到指定目录下，即"D：\ Chapter1 \ LED 电路"下。

在上述步骤完成之后，即完成了 LED 电路原理图的绘制过程。

3. ERC 检查

在原理图编辑环境下执行菜单命令【Project】→【Compile Document LED 电路 . SchDoc】开始电气规则检查，通过 ERC 检查可以检测电路正确与否，如果发现错误则需要设计人员根据错误的提示修改电路图，直到完全正确为止。

4. 绘制 PCB 图

使用 Protel DXP 2004 进行电路设计的最终目的是制作符合设计需要的印制电路板，因此在加工电路板之前设计人员必须对 PCB 文件进行认真设计。

在绘制完电路原理图并通过 ERC 检查后，就可以开始 PCB 的设计，PCB 设计的一般步骤如下。

1）添加 PCB 文件。执行菜单命令【File】→【New】→【PCB】，为当前 PCB 项目下添加一个新的 PCB 文件，执行该命令后，系统会自动启动 PCB 编辑器。

2）保存 PCB 文件。在【Projects】工作面板中新建的 PCB 文件上单击鼠标右键，将文件更名为"LED 电路 . PcbDoc"后保存到指定目录"D：\ Chapter1 \ LED 电路"下。

3）载入网络表和元件封装。在 PCB 编辑环境下执行命令【Design】→【Import Changes From LED 电路 . PrjPCB】后，会弹出如图 1-23 所示的【Engineering Change Order】对话框，即【ECO】对话框。

首先单击【Engineering Change Order】对话框中的 Validate Changes 按钮检查网络和元件封装是
否正确，由于本节电路中使
用的都是 Protel DXP 2004 启
动时自动加载的元件库，因
此网络和元件封装的装入操
作基本不会发生错误，表现
为在【ECO】对话框中的
【Status】区域的【Check】栏
中出现表示正确的绿色✓符
号。单击 Execute Changes 按钮，在
【Done】栏中也出现表示正确
的✓符号，此时就表示已将网
络和元件封装加载到 PCB 文
件中，从而实现了从原理图

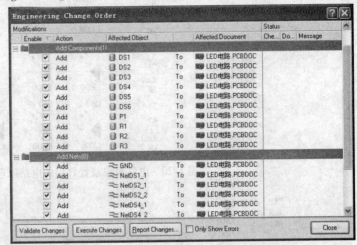

图 1-23　【Engineering Change Order】对话框

向 PCB 的更新，单击 Close 按钮关闭该【ECO】对话框。

4）再执行菜单命令【View】→【Fit Document】显示出所有导入的元器件，此时导入
后的所有元器件都存在于棕色的 Room 框中，如图 1-24 所示。

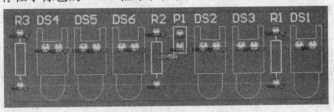

图 1-24　导入的网络和元件封装

5）元器件布局。单击鼠标左键并按住 Room 框，将 Room 框拖动至 PCB 编辑器的工作
区，删除 Room 框后调整元件封装的位置，调整后的元器件布局如图 1-25 所示。

6）手动布线。进行 PCB 设计时，考虑到下节要采用热转印技术制板，为了保证制板的
成功率，因此在对导线线宽设置的时候，需要将导线宽度设置略大一些，因此本节电路中导
线线宽设置为 50mil（$1mil = 25.4 \times 10^{-6} m$）。又考虑制板时焊盘钻孔使用的是直径 1.0mm 的
钻头，因此所有元器件的焊盘外径修改为 80mil。在 PCB 编辑器界面上执行菜单命令
【Place】→【Interactive Routing】进行手动布线，PCB 底层布线后的效果如图 1-26 所示。

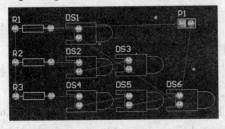

图 1-25　元器件布局

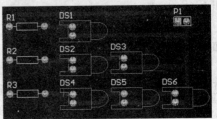

图 1-26　手动布线效果图

7）保存 PCB 文件。在【Projects】工作面板中新建的 PCB 文件上单击鼠标右键，再次保存文件。

完成上述步骤后，LED 电路的 PCB 图绘制过程全部结束。

5. 设计规则检查

完成 PCB 的布线操作后，为了保证 PCB 设计的正确性，通常需要对 PCB 进行设计规则检查（DRC）。

执行菜单命令【Tool】／【Design Rule Check】，在弹出的【Design Rule Checker】对话框中直接单击 Run Design Rule Check... 按钮，执行 DRC 检查，系统将产生一个 DRC 检查报告文件，如图 1-27 所示。

图 1-27　DRC 检查报告文件

如果 DRC 检查报告文件没有提示错误，那么印制电路板文件的设计工作就基本完成了，设计人员还可以对 PCB 进行补泪滴和覆铜等操作，然后就可以进行制板了。

 1.8

热转印法自制印制电路板

自制印制电路板可以有效地加快研发进度、节省加工费用，同时能够增强设计人员的实践能力。初学者在接触软件之初即开始尝试自制印制电路板不仅有利于对设计电路的理解，更有助于了解印制电路板的结构和加工制作过程，从而在后续章节知识的学习过程中始终对其保持一个清晰的认知。

本节采用热转印法自制印制电路板。热转印法自制印制电路板首先要将设计好的 PCB 图打印在热转印纸上的光滑面上，然后通过热转印机高温加热将打印在热转印纸光滑面上的碳粉转印在覆铜板的铜箔面上，形成一个覆盖铜箔（即所需电路）的腐蚀保护层，再将转印后的覆铜板放在蚀刻液中腐蚀掉保护层外的其他铜箔，即可得到所需的电路以及电路板。

1. 准备设备、工具及耗材

采用热转印法自制印制电路板需要准备相应的设备、工具以及用于制板的耗材，如图1-28所示。具体包括：

图1-28　设备、工具和耗材

（1）设备

1）计算机。计算机用于绘制印制电路板图。

2）打印机。打印机将绘制好的PCB图打印在热转印纸的光滑面上。

3）热转印机。热转印机的功能是通过高温加热，将PCB图热转印到覆铜板上。如果不具备热转印机，也可以采用不锈钢底面的电熨斗或与热转印机类似的过塑机取代热转印机，功能相同。

4）PCB蚀刻机。PCB蚀刻机内部装入按比例配置的蚀刻液，用于腐蚀转印后的电路板。

5）PCB钻孔机。PCB钻孔机用于对转印后的电路板上的焊盘打孔，以便插接元器件。

（2）工具

1）不锈钢剪。不锈钢剪将覆铜板剪裁成制板所需的尺寸。

2）剪刀。剪刀用于裁剪热转印纸至转印所需的尺寸。

3）油性记号笔。油性记号笔用于修补短缺碳粉，即转印后用于保护电路的碳粉。如果有断裂的地方，可用油性记号笔进行修补。

（3）耗材

1）热转印纸。热转印纸是一种将纸和高分子膜复合制成的双面特殊纸，这种纸可以耐受很高的温度而不变形受损。其光滑的一面不易附着其他材料，将PCB图打印在热转印纸的光滑面上，在高温下热转印纸表面的碳粉会与热转印纸脱离而附着在与热转印纸相接触的覆铜板表面，即所谓的将PCB图热转印到覆铜板上。

2）覆铜板。覆铜板是用来制作PCB的基板，其单面或双面覆有薄薄的一层铜箔。

3）细砂纸。细砂纸用于打磨覆铜板。

4）蚀刻剂。蚀刻剂用于按比例配置蚀刻液，腐蚀掉覆铜板上除所需电路以外的其他覆铜。

2. 元器件符号、PCB元器件封装及元器件实物对照表

元器件符号、PCB元器件封装及元器件实物如表1-3所示。

表1-3　元器件符号、PCB元器件封装及元器件实物

序号	元器件名称	元器件符号	PCB元器件封装	元器件实物
1	电阻	R? Res2 1K	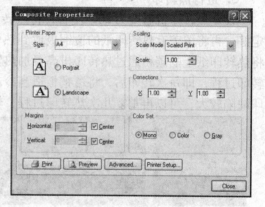	
2	发光二极管	DS? LED0		
3	插针	P? 2 1 Header 2		

3. 打印PCB图

在打印PCB图之前，首先需要进行页面设置，执行菜单命令【File】→【Page Setup】进行页面设定，弹出【Composite Properties】对话框，如图1-29所示。

将【Scale】打印比例选项设置为1.00，即采用1∶1的比例打印所需PCB图。【Color Set】颜色选项设置为单色【Mono】。设置完成后，再单击【Advanced】高级选项，弹出【PCB Printout Properties】对话框，由于本项目制作的是单面（底层）电路板，因此需要删掉其他不需要的层，只保留设计中所需要的底层【Bottom Layer】即可，如图1-30所示。

双击【PCB Printout Properties】对话框中保留的【Bottom Layers】，弹出【Layers Properties】对话框，在该对话框的各个图元的选项

图1-29　【Composite Properties】对话框

组中，分别提供了3种不同类型的打印方案，即【Full】、【Draft】、【Hide】三种选项，即打印图元全部图形画面、打印图元外形轮廓以及隐藏图元不打印。本项目中保持默认设置，即【Full】选项，需要将底层电路板中所有图元打印出来。

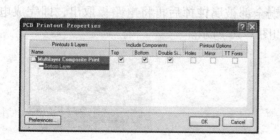

图1-30　【Bottom Layer】打印设置

页面设置完成后，执行菜单命令【File】→【Print】打印 PCB 图。注意，在打印 PCB 图到热转印纸时，一定要将 PCB 图打印到热转印纸的光滑面上，如图 1-31 所示。

4. 处理覆铜板

可以先用细砂纸对覆铜板的表面稍加打磨，以便更好地进行热转印。打磨后的覆铜板表面略显粗糙，可以将覆铜板放到蚀刻液中稍微腐蚀一下，用水清洗后按照电路大小用不锈钢剪分割出大小适合的电路板，如图 1-32 所示。

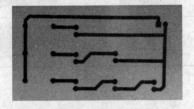

图 1-31　打印到转印纸光滑面上的 PCB 图　　　　图 1-32　蚀刻、剪切处理后的覆铜板

5. 进行热转印

设定热转印机温度为 200°左右，将热转印纸上有 PCB 图的光滑一面覆盖在覆铜板上固定好，再将覆盖有热转印纸的覆铜板放到热转印机中进行热转印，如图 1-33 所示，目的是将热转印纸上的碳粉通过热转印机高温加热转印到覆铜板上。根据转印效果可适当重复几次转印过程，即每次转印后，将覆铜板适当冷却，再揭开热转印纸一角观察转印效果，如果转印缺陷较大，可以再重复几次热转印过程，转印完成后的覆铜板如图 1-34 所示。

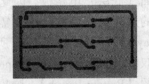

图 1-33　热转印中的覆铜板　　　　　　　图 1-34　热转印完成后的覆铜板

最后对热转印完成后的覆铜板上的线路进行仔细检查，一旦发现线路再有断线处，可以用油性记号笔进行修补，修补的作用与用碳粉覆盖铜箔的作用相同。

6. 蚀刻电路板

按照 PCB 蚀刻机的要求按指定的比例去配置蚀刻液，将热转印后的覆铜板放到蚀刻液中进行腐蚀。注意，在腐蚀的过程中，保持水温恒定有助于加快腐蚀过程。可以直观地观察到未受到碳粉保护的、裸露在外的覆铜被逐步腐蚀掉，而被碳粉保护的线路则保留下来，如图 1-35 所示。等到除所需电路外的覆铜全部被腐蚀掉后再将电路板取出，即完成电路板的蚀刻过程，用清水清洗覆铜板，结果如图 1-36 所示。

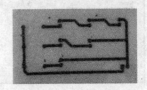

图 1-35　蚀刻液中进行腐蚀的覆铜板　　　　图 1-36　蚀刻完成后的电路板

7. 清理碳粉

可以选用小刀将铜线上的碳粉去除掉，去除碳粉后与电路相对应的铜箔显露出来，如图1-37所示。此时，如发现铜箔断裂，可以用焊锡修补电路。

8. 印制电路板钻孔

在前面的设计中，PCB板焊盘直径已设定为80mil，可以采用直径1.0mm的钻头给焊盘打孔，如图1-38所示。对准焊盘中心进行钻孔，钻孔后电路板的顶层和底层如图1-39所示。

图1-37 去除电路板上的碳粉

图1-38 对电路板上焊盘中心钻孔

9. 在印制电路板上安装元器件

按照设计要求，将元器件放置在相应位置，并在铜箔面上焊接元器件的引脚，焊接好的电路板如图1-40所示。

至此，采用热转印技术加工、自制一块单面印制电路板的全部过程就完成了。通过热转印技术加工电路板需要一定的设备、工具和耗材，但是过程比较简单、直观、易理解，技术人员通过加工简易的印制电路板有助于加深后续学习过程中相关PCB概念的理解。

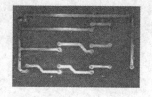

图1-39 电路板的顶层和底层

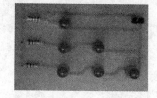

图1-40 顶层安装元器件的电路板

1.9 思考与练习

1. 简述 Protel DXP 2004 的特点。

2. 练习启动 Protel DXP 2004 的方法。

3. 练习 Protel DXP 2004 中英文界面切换的操作过程。

4. 练习使用软件 Protel DXP 2004 新建一个 PCB 项目，并将新建的 PCB 项目更名为"MyProject_1.PrjPCB"后保存到目录"D：\Chapter1\MyProject"中。

5. 练习使用右键菜单命令为第4题中的"MyProject_1.PrjPCB"项目下添加一个原理图文件和一个 PCB 文件，并分别更名为"MySheet_1A.SchDoc"和"MyPcb_1A.PcbDoc"，之后保存到目录"D：\Chapter1\MyProject"下，在操作过程中注意观察 PCB 项目下添加新的文件后，【Projects】工作面板的变化情况。

6. 在第 5 题的基础上,练习将原理图文件"MySheet_1. SchDoc"从项目"MyProject_1. PrjPCB"中移出,保存修改过的项目后关闭该项目,然后观察计算机硬盘"D:\Chapter1\MyProject"目录下的原理图文件"MySheet_1. SchDoc"是否还存在。

7. 练习打开目录"D:\Chapter1\MyProject"中的 PCB 项目"MyProject_1. PrjPCB",观察此时项目的组成。

8. 练习使用菜单命令为 PCB 项目"MyProject_1. PrjPCB"中再添加一个名为"MySheet_1B. SchDoc"的原理图文件和一个名为"MyPcb_1B. PcbDoc"的 PCB 文件,然后将两个文件保存到目录"D:\Chapter1\MyProject"下,观察此时项目的组成。

本章要点

1. Protel DXP 2004 中英文界面的切换。

2. Protel DXP 2004 系统主界面。

3. 对项目和文件的操作。

第2章

原理图设计基础

原理图设计基础

原理图编辑环境
- 菜单栏
  - 【File】菜单
  - 【View】菜单
  - 【Project】菜单
  - 【Place】菜单
  - 【Design】菜单
  - 【Tools】菜单
  - 【Reports】菜单
- 工具栏
- 状态栏及命令行
- 工作面板

设置图纸和优先选项
- 原理图图纸的设置
- 原理图优先选项的设置

原理图设计流程
1. 启动 Protel DXP 2004 的原理图编辑器
2. 设置原理图图纸
3. 设置原理图优先选项
4. 装载元件库
5. 放置元件并布局
6. 原理图布线
7. 原理图的检查及调整
8. 各种报表生成
9. 文件存储及打印

原理图设计是电路设计的首要工作，它决定着后续工作能否取得良好进展。本章将介绍 Protel DXP 2004 原理图的编辑环境、图纸的设置、原理图优先选项和原理图设计流程等基础内容。

2.1 原理图编辑环境

首次启动 Protel DXP 2004 后，系统并不会直接进入原理图编辑器的界面，只有当设计人员新建或打开一个原理图文件后，系统才会进入到原理图编辑器的界面。原理图编辑器的界面如图 2-1 所示。

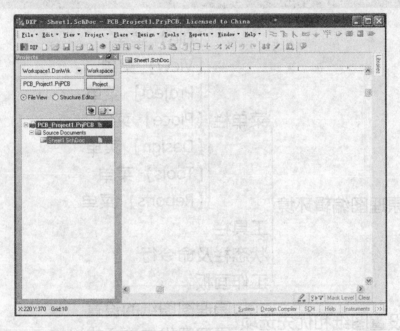

图 2-1　原理图编辑器界面

与第 1 章中所介绍的 Protel DXP 2004 主界面一样，原理图编辑器的界面也是由标题栏、菜单栏、工具栏、工作区、工作面板、面板控制区等部分组成。

2.1.1　菜单栏

原理图菜单栏如图 2-2 所示。其主要功能是：进行各种命令操作，设置视图的显示方式，放置对象，设置各种参数以及打开帮助文件等。

| File | Edit | View | Project | Place | Design | Tools | Reports | Window | Help |

图 2-2　启动原理图编辑器后的菜单栏

1.【File】菜单

【File】菜单主要用于文件的管理工作，例如文件的新建、打开、保存、导入、打印以及显示最近访问的文件信息等，其中最常操作的是【New】子菜单，如图2-3所示。

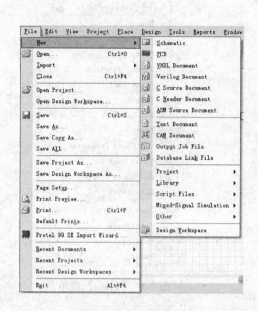

图2-3 【File】菜单

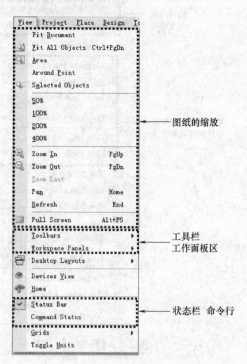

图2-4 【View】菜单

2. 【View】菜单

【View】菜单主要用于对图纸的缩放和显示比例的调整，以及对工具栏、工作面板、状态栏和命令行等管理操作，如图2-4所示。

3. 【Project】菜单

【Project】菜单主要用于设计项目的编译、建立、显示、添加和分析等，如图2-5所示。

4. 【Place】菜单

【Place】菜单主要用于放置原理图中的各种对象，如图2-6所示。

5. 【Design】菜单

【Design】菜单主要用于对原理图中库的操作、各种网络表的生成以及层次原理图的绘制，如图2-7所示。

6. 【Tools】菜单

【Tools】菜单主要用于完成元件的查找、层次原理图中子图和母图之间的切换、原理图自动更新、原理图中元器件的标注等操作，如图2-8所示。

7. 【Reports】菜单和【Window】菜单

【Reports】菜单主要用来生成原理图文件的各种报表；【Window】菜单项主要用来对窗口的管理，这里不再详细介绍。

2.1.2 工具栏

原理图编辑器界面的菜单栏下面是一些常用的工具栏，其作用是为设计人员提供一些最

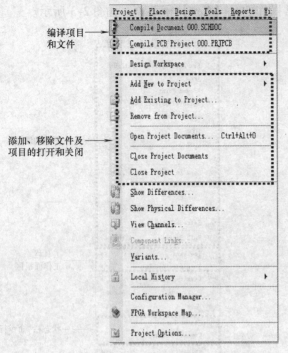

图 2-5 【Project】菜单

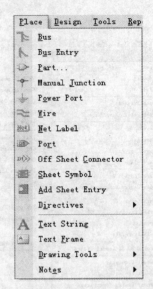

图 2-6 【Place】菜单

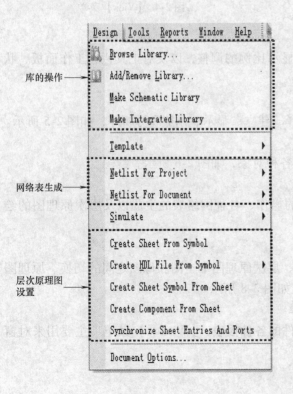

图 2-7 【Design】菜单

图 2-8 【Tools】菜单

常用的命令并且将命令以按钮的形式表示出来。设计人员可以自行设置工具栏的显示或隐藏状态，使原理图编辑器的界面更适合设计人员的操作习惯，提高工作效率。

执行菜单命令【View】→【Toolbars】，再分别选择其中的【Formatting】、【Mixed Sim】、【Navigation】、【Schematic Standard】、【Utilities】、【Wiring】子菜单项便可以打开这些系统工具栏。在原理图编辑器主界面上的某一个工具栏上单击鼠标右键，然后在弹出的右键菜单中勾选工具栏的复选框也可以显示或隐藏这些工具栏。6 个工具栏如图 2-9 所示。

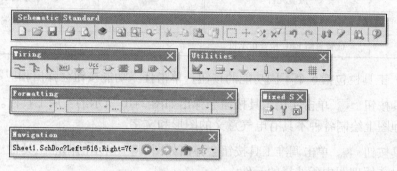

图 2-9　原理图编辑器的工具栏

在这 6 个工具栏中最为常用的是【Schematic Standard】工具栏、【Wiring】工具栏和【Utilities】工具栏，其中【Schematic Standard】工具栏中各按钮的功能如表 2-1 所示。

表 2-1　【Schematic Standard】工具栏中各按钮的功能

按　钮	功　能	按　钮	功　能
	新建文件		打开已有文件
	保存文件		打印文件
	打印预览		开启设备视图
	显示所有对象		放大显示指定区域
	放大选择对象		剪切对象
	复制对象		粘贴
	橡皮图章		在区域内选择对象
	移动选择对象		取消所有对象的选择
	清除过滤		撤销
	恢复		改变设计层次
	交叉探测		浏览元件库
	帮助		

【Wiring】工具栏中各按钮的功能如表 2-2 所示。

表 2-2 【Wiring】工具栏中各按钮的功能

按　钮	功　　能	按　钮	功　　能
	放置导线		放置总线
	放置总线入口		放置网络标签
	放置 GND 端口		放置电源
	放置元件		放置图纸符号
	放置图纸入口		放置端口
	放置忽略 ERC 检查指示符		

【Utility】工具栏包括 6 个不同功能的按钮，单击任一功能按钮会弹出相应的工具栏。

实用工具按钮。单击实用工具按钮会弹出如图 2-10 所示的实用工具栏。该工具栏主要用于在原理图上绘制各种不具有电气意义的图形和文字。

调准工具按钮。单击调准工具按钮会弹出如图 2-11 所示的调准工具栏。该工具栏主要用于自动对齐原理图中所选择的元件。

电源按钮。单击电源按钮会弹出如图 2-12 所示的电源工具栏。该工具栏主要用于在原理图中放置各类电源符号。

图 2-10　实用工具栏　　　　图 2-11　调准工具栏　　　　图 2-12　电源工具栏

数字式设备按钮。单击数字式设备按钮会弹出如图 2-13 所示的数字式设备工具栏。该工具栏用于在原理图中放置各种常用的数字电路元器件符号。

仿真电源按钮。单击仿真电源按钮会弹出如图 2-14 所示的仿真电源工具栏。该工具栏用于在原理图中布置各类信号源符号，便于用户对设计进行仿真测试。

网格按钮。单击网格按钮会弹出如图 2-15 所示的网格工具栏。该工具栏用于设置原理图中的对齐网格属性。

2.1.3　状态栏及命令行

执行菜单命令【View】→【Status Bar】，状态栏即出现在原理图编辑器界面的左下角，其作用是显示系统当前所处的状态，例如当前的坐标位置、栅格信息等。

图2-13 数字式设备工具栏

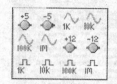

图2-14 仿真电源工具栏

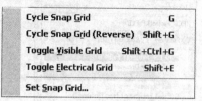

图2-15 网格工具栏

执行菜单命令【View】→【Command Bar】，在状态栏下面显示出命令行，其作用是显示系统当前正在执行的命令，例如当系统没有执行任何命令时，原理图编辑器界面的左下角将会显示"Idle state-ready for command"的字样，如图2-16所示。

2.1.4 工作面板

具有完备功能的 Protel DXP 2004 工作面板为设计人员进行 PCB 设计提供了极大的方便，当 Protel DXP 2004 切换到不同编辑器的时候，相应的工作面板也会随之切换以适

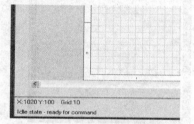

图2-16 状态栏和命令行

应不同的设计需要。在原理图编辑环境下经常使用的工作面板有【Projects】工作面板、【Libraries】工作面板、【Files】工作面板，在 PCB 编辑环境下经常使用的工作面板有【Projects】工作面板和【PCB】工作面板，在元件原理图库编辑环境下经常使用【SCH Library】工作面板，在 PCB 元件封装库中经常使用【PCB Library】工作面板。

1. 常用的工作面板

（1）【Projects】工作面板

【Projects】工作面板如图2-17所示，它用来管理整个设计项目及文件，包括打开文件、保存项目和文件以及关闭项目和文件等操作。

（2）【Libraries】工作面板

【Libraries】工作面板如图2-18所示，它是电路原理图设计过程中使用频率最高的工作面板。【Libraries】工作面板可以加载系统自带的集成元件库以及自定义的集成元件库。设计人员可以通过【Libraries】工作面板放置所需元器件。

（3）【Files】工作面板

除了【Projects】工作面板外，系统也提供了另外一种功能强大的文件管理面板——【Files】工作面板，如图2-19所示。利用【Files】工作面板也可以方便地管理项目和文件，包括打开一个项目和文件，新建常用的文件以及从模板中新建文件等操作。

（4）【PCB】工作面板

【PCB】工作面板是 PCB 编辑器独有的面板，如图2-20所示。通过 PCB 工作面板可以观察到电路板上所有对象的信息，还可以对元件、网络等对象的属性直接进行编辑。

（5）【SCH Library】工作面板

【SCH Library】工作面板是元件原理图库编辑器独有的工作面板，如图2-21所示。设计人员可以通过【SCH Library】工作面板对元件原理图库中的元件进行管理，例如执行新建、

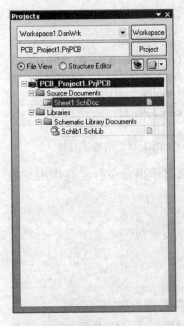

图 2-17 【Projects】工作面板

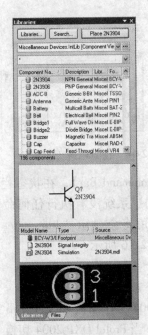

图 2-18 【Libraries】工作面板

图 2-19 【Files】工作面板

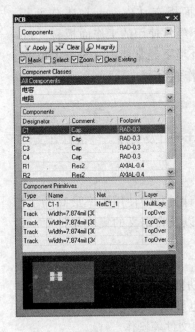

图 2-20 【PCB】工作面板

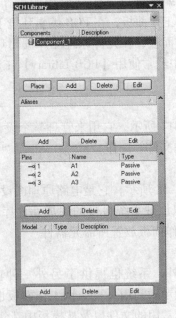

图 2-21 【SCH Library】工作面板

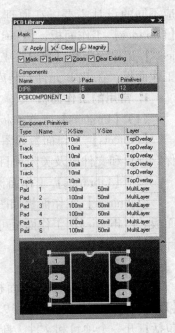

图 2-22 【PCB Library】工作面板

编辑、复制、粘贴、删除原理图元件等操作。

（6）【PCB Library】工作面板

【PCB Library】工作面板是 PCB 元件封装库编辑器独有的工作面板，如图 2-22 所示。设计人员可以通过【PCB Library】工作面板对 PCB 元件封装库中的 PCB 元件封装进行管理，例如进行复制、粘贴、删除 PCB 元件封装等操作。

2. 工作面板的操作

（1）工作面板的打开和关闭

随着编辑器的切换，在界面右下角的面板控制区中的标签也随之发生改变，可以根据设计的需要，在面板控制区中选择所需要的工作面板选项，即可打开该工作面板。单击工作面板上的 ✕ 图标可以关闭工作面板。

（2）工作面板的 3 种显示方式

1）悬浮显示方式。

工作面板的悬浮显示方式是指工作面板出现在工作区的中间，并且在该面板的右上角只有 ▼ 和 ✕ 两个图标，如图 2-23 所示。若想使工作面板处于悬浮状态，可以用鼠标左键按住工作面板的标题栏不放，拖动工作面板向工作区中间移动，到合适的位置后，松开鼠标左键即可。

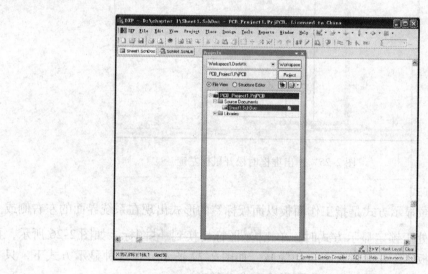

图 2-23　工作面板的悬浮显示方式

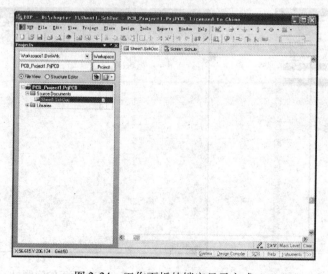

图 2-24　工作面板的锁定显示方式

2）锁定显示方式。

工作面板的锁定显示方式是指面板出现时将紧贴在系统界面的周边，并且在面板的右上角会出现▼、🔲和❌3个图标，如图2-24所示。若想使工作面板处于锁定状态，可以用鼠标左键按住工作面板的标题栏不放，拖动工作面板向界面四周移动，当工作面板到达界面四周时，会弹出一个虚框，此时松开鼠标左键即可，如图2-25所示。

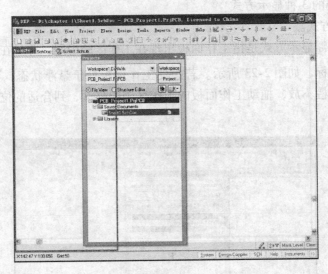

图2-25　弹出虚框时松开鼠标左键

3）隐藏显示方式。

工作面板的隐藏显示方式是指工作面板以面板标签的形式出现在系统界面的左右侧或上下侧。当工作面板处于锁定显示方式时，单击🔲图标切换到📌图标，如图2-26所示，再将光标移开工作面板，工作面板就会自动隐藏，如图2-27所示。在这种显示方式下，只有当光标指向窗口中的面板标签时，工作面板才会自动弹出。

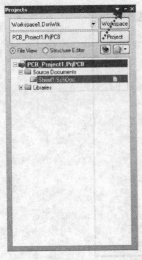

图2-26　📌图标表示隐藏状态

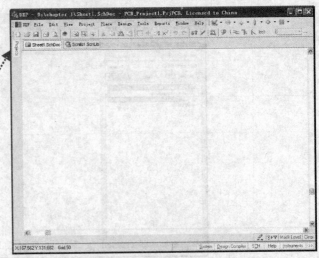

图2-27　工作面板的隐藏显示方式

（3）工作面板的拆分

有时工作面板重叠在一起使用起来会不大方便，还需要拆分。以图 2-28 为例，具体的操作方法是在处于重叠工作面板下方的工作面板状态栏上单击鼠标右键，从弹出的右键菜单中勾掉【Allow Dock】中的【Vertically】复选框，这表示不允许【Files】工作面板隐藏在界面的左右两侧，然后拖动工作面板的标题栏再向系统界面的右侧拖动，当重叠的工作面板到达界面右侧时，【Projects】工作面板会被锁定在界面的右侧，而【Files】工作面板会被弹出到工作区中间，如图 2-29 所示，采用此种操作即可以将重叠的工作面板分开。

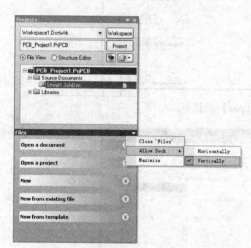

图 2-28　勾掉【Vertically】复选框　　　　图 2-29　【Files】工作面板被弹出

2.2　设置图纸和优先选项

2.2.1　原理图图纸的设置

一般在设计电路原理图之前，应该先对电路原理图图纸的相关参数进行设置，以满足设计人员的需要。电路原理图图纸的设置主要包括图纸大小、图纸方向、图纸颜色、栅格等。

在原理图工作区的空白处单击鼠标右键，弹出右键快捷菜单，从弹出的右键菜单中选择【Options】→【Document Options】选项，可以弹出如图 2-30 所示的【Document Options】对话框。下面介绍图纸属性对话框中【Sheet Options】选项卡中的一些常用选项。

1. 图纸大小的设置

图纸大小的设置在对话框的【Standard Style】区域中，在【Standard styles】下拉列表框中可以设置图纸尺寸，如图 2-31 所示。

Protel DXP 所提供的图纸样式有以下几种。

美制：A0、A1、A2、A3、A4，其中 A4 最小。

英制：A、B、C、D、E，其中 A 型最小。

其他：Protel 还支持其他类型的图纸，如 Orcad A、Letter、Legal 等。

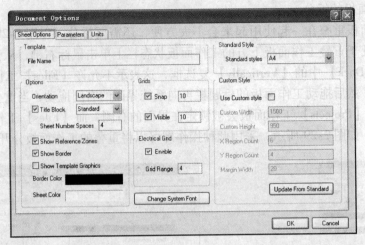

图2-30 【Document Options】对话框

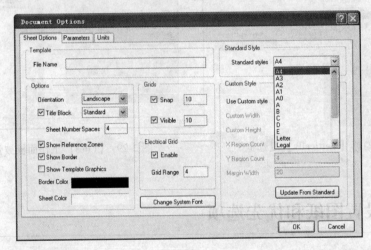

图2-31 设置图纸大小

2. 图纸方向的设置

单击对话框【Options】区域中的【Orientation】下拉列表框可以设置图纸方向。在 Protel DXP 中，系统提供了两种图纸方向选项：【Landscape】选项表示图纸为水平放置；【Portrait】选项表示图纸为垂直放置。

3. 图纸颜色的设置

【Options】区域中的【Border Color】颜色选择框的功能是用来设置图纸边框的颜色，系统的默认颜色为黑色。如果设计人员想要修改系统默认颜色，那么只需在右边的颜色框中单击鼠标左键就可以弹出如图2-32所示的颜色选择对话框。

【Options】区域中的【Sheet Color】颜色选择框的功能是用来设置图纸的颜色，系统的默认颜色为白色。如果设计人员想要修改图纸的默认颜色，采用的设置方法与图纸边框的颜色设置方法完全相同。

4. 原理图栅格

在图纸属性对话框中的【Grids】区域中合理设置原理图栅格，可以有效提高绘制原理图的质量。原理图栅格包括【Snap】(移动)栅格和【Visible】(可视)栅格。

【Snap】栅格:勾选【Snap】复选框后,光标以 Snap 栅格后的设置项为单位移动对象,便于对象的对齐定位。若未选中该项,光标的移动将是连续的。

【Visible】栅格:勾选【Visible】复选框后,工作区将显示栅格,其右侧的编辑框用来设置可视化栅格的尺寸。

5. 电气栅格

在图纸属性对话框中的【Electrical Grid】区域中设置电气栅格。勾选【Enable】复选框,系统将自动以光标所在的位置为中心,向四周搜索电气节点,搜索半径为【Grid Range】设置框中的设定值。

【Document Options】对话框中【Units】选项卡用于设置系统采用的单位,勾选复选框可以选择在设计过程中使用英制单位(Imperial)还是米制(Metic)单位。选定单位类型后,还要根据设计需要设置该类型单位中的基本单位,如图 2-33 所示。

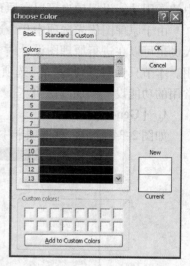

图 2-32 颜色选择对话框

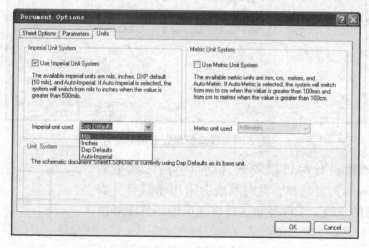

图 2-33 【Units】选项卡

2.2.2 原理图优先选项的设置

原理图优先选项的设定对于原理图的绘制来说是必要的,因为只有恰当地对原理图优先选项进行设置才能更准确地表达设计人员的设计思想,也能使整个设计过程变得更加简便。但是对于初学 Protel DXP 2004 的设计人员来说,还是建议采用系统的默认设置,等到对该软件的整个设计过程有一定的了解和掌握后,再学习设置原理图的优先选项。

在原理图编辑器界面上执行菜单命令【Tools】→【Schematic Preferences】,就会弹出如图 2-34 所示的【Preferences】对话框。【Preferences】对话框中【Schematic】选项中共有 9 个选项卡,分别用于设置原理图绘制过程中的各类功能设置项,具体包括【General】选项卡、【Graphical Editing】选项卡、【Compiler】选项卡、【AutoFocus】选项卡、【Grids】选项卡、

【Break Wire】选项卡、【Default Units】选项卡、【Default Primitives】选项卡和【Orcad】选项卡。其中最为经常使用的是前3个选项卡，而【Grids】选项卡和【Default Units】选项卡中的常用功能设置项也可以在原理图图纸属性对话框中进行设置。

由于原理图优先选项中9个选项卡所涉及的功能过多，本节不一一做详细的介绍，设计人员也可以在进行原理图设计时尝试修改每个选项卡中的功能设置项来了解它们的具体作用。本节只针对【General】选项卡、【Graphical Editing】选项卡和【Compiler】选项卡中最常用的功能设置项加以说明。

1. 【General】选项卡

如图2-34所示，该选项卡主要用于原理图编辑过程中的通用设置。

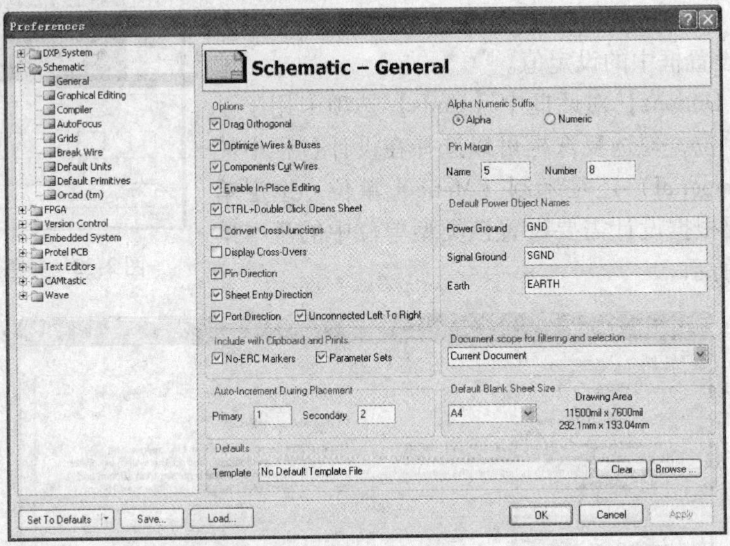

图2-34 原理图优先选项的设置

在进行原理图设计时可以勾选【Options】区域中的【Display Cross-Overs】复选框，此时系统会采用横跨符号表示交叉而不导通的连线。未选择和选择该选项的示意图如图2-35所示。

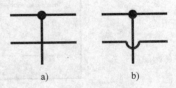

图2-35 选择【Display Cross-Overs】复选项前后
a）选择前 b）选择后

【Auto-Increment During Placement】区域用来设置元件及引脚号在自动标注过程中的序号递增量。

例如在原理图上连续放置元件时，【Primary】编辑框用于设置元件自动标注的递增量。修改【Primary】编辑框的设置为"2"，加入设置第一个电容元件的标号是"C1"，那么系统会为接下来的电容标上"C3""C5"等元件标号。而在元件原理图库中绘制原理图符号时，【Primary】编辑框可以设置元件引脚标号的自动递增量；【Secondary】编辑框用于设置元件引脚名称的自动递增量。例如，连续放置元件引脚时，修改【Primary】设置框中设置为"2"，【Secondary】设置框中设置为"3"，则连续放置引脚的效果图如图2-36所示。

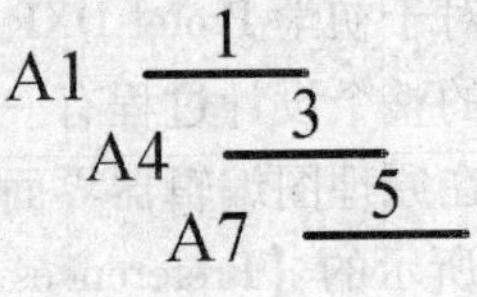

图2-36 连续放置元件引脚

2. 【Graphical Editing】选项卡

如图 2-37 所示，该选项卡主要对原理图编辑中的图像编辑属性进行设置，如鼠标指针类型、后退或重复操作次数等。

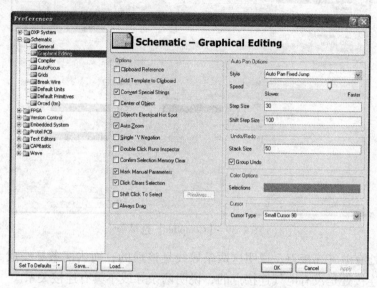

图 2-37 【Graphical Editing】选项卡

【Cursor】区域用于定义光标的显示类型。【Cursor Type】下拉列表框中有 4 个选项：【Large Cursor 90】项为光标呈 90°大十字形；【Small Cursor 90】项为光标呈 90°小十字形；【Small Cursor 45】项为光标呈 45°大十字形；【Tiny Cursor 45】项为光标呈 45°小十字形。这 4 种光标视图如图 2-38 所示。

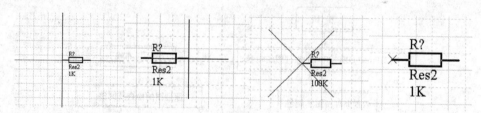

图 2-38 4 种不同的光标类型

3. 【Compiler】选项卡

如图 2-39 所示，该选项卡主要用于设置原理图编译属性。

【Errors & Warnings】区域用于设置编译错误或警告信息。系统提供 3 种不同的错误和警告等级，分别是"Fatal Error""Error"和"Warning"，在绘制原理图或编译原理图时，默认分别用红色、橙色和蓝色波浪线提示设计人员相应的错误级别。设计人员可在【Display】栏中选择是否显示对应级别的错误或警告信息，在【Color】栏中设置对应级别的错误或警告信息的颜色。

【Auto Junctions】区域用于设置在原理图中导线和总线上自动生成的电气连接点的属性，包括是否显示导线和总线生成的电气连接点，以及选择电气连接点的尺寸和颜色。例如勾选【Display On Wires】复选框，则在原理图的设计过程中，当两条导线成 T 字形连接时，在两

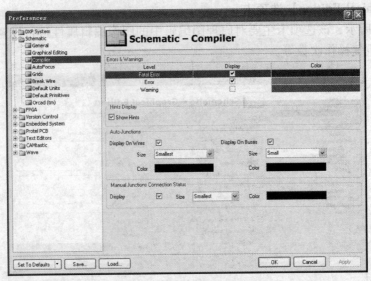

图 2-39 【Compiler】选项卡

条导线的连接处有电气连接点，说明这两条导线是连通的；而当两条导线成十字形连接时，在两条导线的连接处是没有电气连接点的，说明两条导线不具有连接关系。

2.3 原理图设计流程

电路原理图设计是 PCB 设计的前提，一般来讲，原理图设计的大致流程如图 2-40 所示。

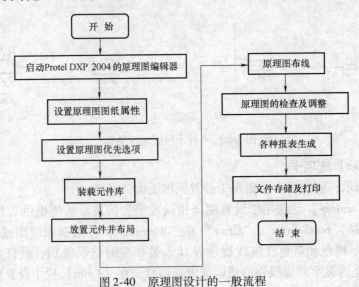

图 2-40 原理图设计的一般流程

（1）启动 Protel DXP 2004 的原理图编辑器

首次启动 Protel DXP 2004 设计系统后，首先进入的是系统的主界面，因此设计人员必须要启动原理图编辑器才能开始原理图的设计工作。前面已经介绍过，设计人员可以通过打开或者新建原理图文件来启动原理图编辑器。

（2）设置原理图图纸属性

进行电路原理图设计之前，设计人员应该根据实际设计电路的规模和复杂程度等来设置原理图图纸的尺寸、方向、标题栏以及颜色等参数。

（3）设置原理图优先选项

原理图优先选项主要用于设计个性化的工作界面，包括网格类型、网格间距、光标类型等参数的设置。一般来说，大多数的原理图优先选项均采用系统默认值。

（4）装载元件库

Protel DXP 2004 设计系统拥有涵盖众多厂商、内容非常齐全的集成元件库。设计人员在向原理图中放置元件时，必须要加载该元件所在的集成元件库。这里需要注意的是，如果一次装载过多的元件库，将会占用较多的系统资源，同时也会降低系统的执行效率。

（5）放置元件并布局

根据实际电路设计的具体要求，设计人员需要从载入的集成元件库中取出所需要的元件，然后根据元件之间的连接关系将元件放置在原理图的相应位置。此后，还需要不断调整元件位置并对元件的序号、封装形式以及显示状态等属性进行设置，即合理布局。

（6）原理图布线

原理图布线就是利用原理图编辑器提供的各种布线工具或者命令将所有元件的对应引脚用具有电气意义的导线或者网络标号等连接起来，从而建立满足电路设计要求的电气连接关系。

（7）原理图的检查及调整

设计人员可以利用 Protel DXP 2004 设计系统提供的各种检查工具对布线后的原理图进行检查。如果有必要，设计人员可以利用原理图编辑器所提供的各种强大功能对原理图进行进一步的调整和修改，从而保证原理图的正确和美观。另外，设计人员还可以利用编辑器提供的绘图工具在原理图中绘制一些不具有电气意义的图形或者文字说明等，以进一步补充和完善所设计的原理图。

（8）各种报表生成

利用 Protel DXP 2004 设计系统提供的各种报表工具可以方便地生成各种报表文件，这些报表中含有原理图设计的各种信息，它们对后面 PCB 的设计具有重要的作用。

（9）文件存储及打印

原理图绘制完成后，设计人员需要对原理图进行存储和输出打印，以供存档。这个过程实际上是对设计的原理图文件进行输出的过程，需要进行打印参数的设置。

2.4 思考与练习

1. 熟悉原理图编辑器中工具栏的打开和关闭的方法，掌握各个工具栏的基本功能。

2. 了解原理图设计的基本流程。

3. 练习新建一个名为 "MyProject_2. PrjPCB" 的 PCB 项目，并在该项目下新建一个名为 "MySheet_2A. SchDoc" 的原理图文件，要求对原理图图纸的属性进行设置，其中图纸大小设置为 A3，图纸方向设置为纵向，图纸颜色设置为蓝色，设置后观察图纸的变化并将项目及文件保存到目录"D：\Chapter2\MyProject"中。

4. 练习对原理图文件"MySheet_2A.SchDoc"图纸属性的栅格进行设置，其中设置 Snap 栅格和 Visible 栅格都为 20mil，观察图纸背景栅格的变化，并用键盘上的按键移动光标，观察光标每次的步长变化情况。

5. 练习在项目"MyProject_2.PrjPCB"下再添加一个新的原理图文件"MySheet_2B.SchDoc"，要求对该原理图的电气栅格进行设置，将电气栅格分别设置为 10mil 和 50mil。然后在原理图中放置一个电阻，绘制一条导线与电阻相连接，通过这个过程来观察电气栅格设置前后的变化。

6. 练习设置原理图文件"MySheet_2B.SchDoc"的单位为米制单位，并且米制基本单位设置为"Centimeters"。

7. 练习使用不同的方法在原理图编辑器下打开和关闭【Projects】工作面板、【Libraries】工作面板、【Files】工作面板。

8. 练习在原理图编辑器下打开【List】工作面板，并将【List】工作面板隐藏在界面的左侧。

9. 练习在原理图编辑器下打开【Sheet】工作面板，并将【Sheet】工作面板锁定在界面的右侧。

本章要点

1. Protel DXP 2004 原理图编辑环境。
2. 原理图图纸和优先选项的相关设置。
3. Protel DXP 2004 常用的工作面板。

第3章

原理图设计

创建原理图文件

元件
- 利用工作面板放置
- 利用菜单命令放置
- 利用工具栏放置
- 使用快捷键
- 使用右键菜单

放置电气对象
- 导线
- 总线
- 总线入口
- 网络标签
- 电源和 GND 端口
- 输入/输出端口
- No ERC

原理图的视图操作
- 原理图视图的缩放
- 刷新原理图
- 图纸栅格的设置

元件的编辑操作
- 选择和取消
- 排列和对齐
- 旋转和翻转
- 移动和拖动
- 复制、剪切、粘贴和删除

原理图编辑的高级技巧
- 修改元件属性
- 元件注释
- 元件群体编辑
- 库元件的查询
- 电气规则检查

原理图报表
常用快捷键

原理图设计

原理图是设计人员用来表达电路的设计思想、进行电子产品生产、管理技术交流的重要工具。电路的设计者通过原理图描述整个电路的电气特性，说明设计电路的相关参数。Protel DXP 2004 提供的原理图编辑器提供了强大的原理图编辑功能，使用系统提供的原理图编辑器，设计人员可以方便地进行电路设计和绘制，为 PCB 的设计做好准备。

本章重点介绍如何创建原理图文件、各种电气对象的放置、元件的编辑操作以及原理图编辑的高级技巧，最后通过一个实例介绍绘制原理图的完整过程。

3.1 创建原理图文件

创建一个 PCB 项目是开始 PCB 设计的首要工作，而新建一个原理图文件是原理图设计的最基本操作。本节将介绍新建 PCB 项目和原理图文件的操作过程。

（1）创建一个新的 PCB 项目

执行菜单命令【File】→【New】→【Project】→【PCB Project】，【Projects】工作面板自动弹出，系统自动创建一个名为"PCB_Project1. PrjPCB"的 PCB 项目，如图 3-1 所示。执行菜单命令【File】→【Save Project】，将 PCB 项目保存到目录"D：\Chapter3"下，如图 3-2 所示。

图 3-1　新建工程项目

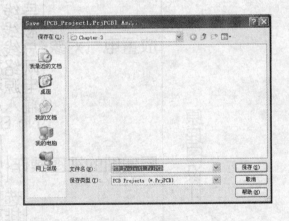

图 3-2　保存项目

（2）创建一个新的原理图文件

执行菜单命令【File】→【New】→【Schematic】，一个名为"Sheet1. SchDoc"的原理图文件自动地加载到当前项目下，此时由于项目下添加了新文件，因此当前项目被改变，在项目后出现"＊"号以及红色 ▤ 符号进行提示，如图 3-3 所示。执行菜单命令【File】→【Save】将新建原理图文件也保存到目录"D：\Chapter3"中，如图 3-4 所示。

（3）再次保存 PCB 项目

再次保存 PCB 项目，可以观察到，在新建一个原理图文件的同时，原理图编辑器也会随之启动。同时，在原理图编辑器的界面上增加了一组新的工具栏，并且菜单栏中增加了新的菜单项。

图3-3 新建原理图文件

图3-4 保存原理图文件

 放置电气对象

在创建完 PCB 项目和原理图文件之后，设计人员需要向电路原理图中放置各种电气对象，电气对象包括元件、导线、总线、总线入口、网络标签、电源与 GND 端口和输入/输出端口等。本节重点介绍放置各种电气对象的方法以及它们的属性。

在本节的介绍过程中，对放置元件的各种方法做了详细的介绍，其他电气对象的放置方法与此完全相同，因此不再重复介绍。在放置其他的电气对象时全部采用工具栏进行放置。

3.2.1 放置元件

各种常用的电子元器件是电路原理图的最基本组成元素，在电路原理图中经常放置的电子元器件有电阻、电容、二极管、晶体管及各种集成电路等，这些元件都存在于各自的集成元件库中，因此在放置这些元件前，首先必须加载相应的集成元件库。

1. 放置元件

在元件所在的集成元件库加载完之后，开始元件的放置工作，元件的放置包括 5 种方法，它们分别是利用【Libraries】工作面板、使用菜单命令、使用工具栏、使用快捷键以及使用右键菜单的方法来进行元件的放置，这几种方法相比较而言，最为经常使用的是利用【Libraries】工作面板放置元件。本节以放置电阻"Res2"为例介绍元件的放置方法。

（1）利用【Libraries】工作面板放置元件

1）单击原理图编辑器右下角面板控制区的【System】标签，选择其中的【Libraries】选项，从而打开【Libraries】工作面板。

2）单击【Libraries】工作面板上的集成元件库列表区旁的 按钮，在显示的下拉列表中选择集成元件库"Miscellaneous Devices. IntLib"，便可以将该集成元件库设为当前库，如图3-5 所示。

3）在【Libraries】工作面板上的过滤栏中输入"Res"作为过滤条件，此时在【Libraries】工作面板的元件列表中将显示出当前库中所有名称中包括"Res"的元件，如图3-6 所

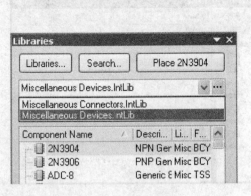

图 3-5　选择集成元件库

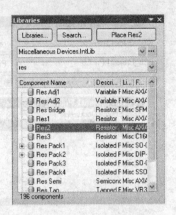

图 3-6　使用过滤栏查找元件

示。

4）选中并拖动电阻元件"Res2"至原理图编辑器的工作区，至此电阻"Res2"放置完成。

（2）利用菜单命令放置元件

1）执行菜单命令【Place】→【Part】后，弹出一个【Place Part】对话框，如图 3-7 所示，对话框中的【Lib Ref】编辑框中显示的是上次放置的元件名称。

2）在【Lib Ref】编辑框中输入元件名称"Res2"，单击 OK 按钮，此时光标变成十字形，并且十字形光标上粘贴着待放置的元件，在工作区中的适当位置单击鼠标左键，即可完成一个电阻元件的放置工作。

（3）使用工具栏放置元件

单击【Wiring】工具栏中的 图标后，同样会弹出图 3-7 所示的【Place Part】对话框，采用上述同样的方法即可放置一个元件。

（4）使用快捷键 P + P 放置元件

操作方法同上。

（5）使用右键菜单的方法放置元件

在原理图编辑器工作区的空白位置，单击鼠标右键，从弹出的菜单中选择命令【Place】→【Part】，如图 3-8 所示。采用上述同样的方法也可放置一个元件。

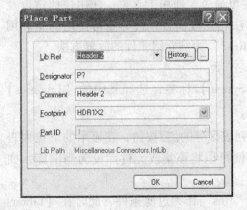

图 3-7　【Place Part】对话框

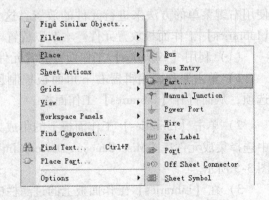

图 3-8　使用右键菜单放置元件

2. 元件属性

在放置完元件后可以对元件属性进行修改，当然也可以在放置元件的过程中修改元件的属性。修改元件属性的方法有 3 种。

1）放置元件后，双击元件可以弹出【Component Properties】对话框。在【Component Properties】对话框中修改元件的属性。

2）放置元件后，在元件上单击鼠标右键，弹出右键菜单，在右键菜单中选择命令【Properties】来修改元件的属性。

3）另外，在放置元件的过程中，即元件处于悬浮状态时，通过按住键盘上的【Tab】键来修改元件的属性。

上述 3 种操作都会弹出【Component Properties】对话框，如图 3-9 所示。

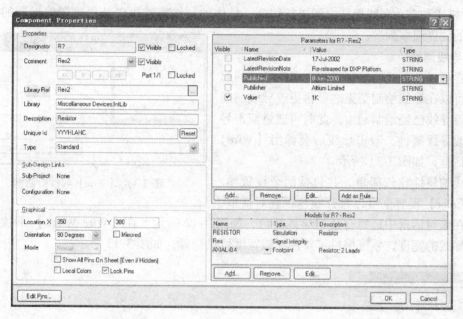

图 3-9 【Component Properties】对话框

【Component Properties】对话框包括 4 个区域，它们分别是【Properties】区域、【Graphical】区域、【Parameters for R?】区域以及【Models for R?】区域。

【Component Properties】对话框中的设置项略微复杂，因此在本节中不做详细介绍，具体的解释请参考 3.5.1 节。

3.2.2 绘制导线

导线是原理图设计中最基本的电气对象。电路原理图中的绝大多数电气对象需要用导线进行连接。原理图设计中的导线指的是能通过电流的连接线，是具有电气意义的物理对象。

本节将介绍导线的绘制方法以及导线的属性。

1. 绘制导线

1）单击【Wiring】工具栏中的 ⚡ 按钮即可启动放置导线命令，此时光标由箭头变成十字形，将光标移动到需要连接导线的元件引脚处，单击鼠标左键确定导线的起点，此时注意在元件的引脚处出现红色连接标志"×"，如图 3-10 所示，说明此时导线是连接到元件引脚的电气节点上的，这时移动光标，就会发现一条导线随着光标移动。

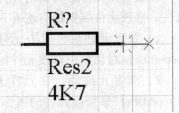

2）移动光标到导线的下一个端点处单击鼠标左键即可确定该段导线的终点，同时它也是下一段导线的起点，再移动光标到下一个合适位置，单击鼠标左键确定新的导线段，直至确定整个导线的终点，最后单击鼠标右键或者按【Esc】键即可完成一条连续导线的放置工作。

图 3-10　导线连接到元件
引脚的电气节点

3）在放置导线的过程中，设计人员同时按【Shift】键和【Space】键可以使导线模式在任意角度模式、90°模式、45°模式和自动布线模式之间进行切换，具体的导线模式可以从原理图编辑器的状态栏正中间的位置观察到。

2. 导线属性

同样可以在导线的绘制过程中更改导线的属性，也可以在导线绘制结束之后再更改导线的属性。假设导线已经绘制结束，此时可通过双击导线来修改导线属性。双击导线后会弹出【Wire】属性对话框，如图 3-11 所示。

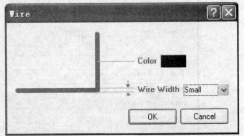

图 3-11　【Wire】属性对话框

导线的属性比较简单，共包括两个设置项。单击【Color】设置框可以打开颜色设置对话框，并可以在该对话框中选择合适的导线颜色，如图 3-12 所示。在【Wire Width】下拉列表框中选择导线的宽度，系统提供了 4 种导线宽度可供选择，如图 3-13 所示。

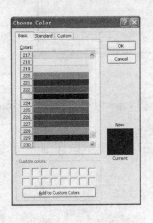

图 3-12　选择导线颜色

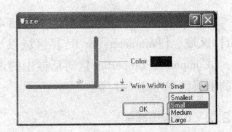

图 3-13　选择导线宽度

3.2.3　绘制总线

在电路原理图的绘制过程中，经常会有大量的具有相同电气特性的数据线和地址线需要并行布线，如果都用导线连接，会使电路原理图显得过于杂乱。Protel DXP 2004 提供了总线绘制方式，即用一根粗线来表示数条并行的线，这样的粗线称之为总线。

总线是一类功能相似的导线的集合，它不具备电气连接意义，只是为了简化电路原理图而引入的一种表达形式，因此总线必须配合总线入口和网络标签来实现电气意义上的连接。

1. 绘制总线

绘制总线的步骤与绘制导线完全相同，如图 3-14 所示，需要在元件 P89C52X2BN 和元件 MC74HC373N 之间放置一根总线，具体的操作步骤如下。

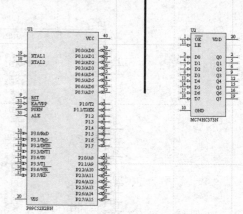

1）单击【Wiring】工具栏中的 按钮，编辑器即可进入到绘制总线的命令下，此时光标将变成十字形。

2）移动光标到电路原理图中的合适位置，单击鼠标左键即可确定总线的起点，移动光标，再次单击鼠标左键即可确定总线终点。

图 3-14　绘制完总线的电路原理图

3）单击鼠标右键即可完成一条总线的绘制工作，绘制完总线的电路原理图如图 3-14 所示。

2. 总线属性

在绘制总线的过程中，按键盘上的【Tab】键后会弹出【Bus】属性对话框，如图 3-15 所示。总线属性与导线的属性完全一致，同样也包括总线宽度和总线颜色两个设置项。

3.2.4　放置总线入口

总线绘制结束后，需要用总线入口将总线与导线或元件进行连接。总线入口是总线与导线或元件的连接线，它表示一根总线分开成一系列导线或者将一系列导线汇合成一根总线。

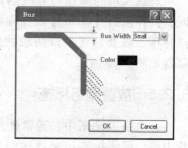

1. 放置总线入口

在图 3-14 所示电路原理图的基础上，需要利用总线入口将总线和元件 P89C52X2BN、MC74HC373N 连接起来。放置总线入口的具体操作步骤如下。

图 3-15　【Bus】属性对话框

1）单击【Wiring】工具栏中的 按钮，编辑器即可进入到放置总线入口的命令下。

2）进入到绘制总线入口的命令下之后，光标变成十字形且带有总线入口 "＼"，可以通过快捷键【Space】来调整总线入口的方向。

3）移动光标到需要放置总线入口的位置，在总线入口和总线的连接处，以及总线入口和导线的连接处都将出现红色连接标志 "×"，说明总线入口此时是连接到总线或者导线的电气节点上的，单击鼠标左键即可完成放置工作。

4）绘制完一个总线入口后系统仍然处于放置总线入口的状态下，将光标移至另外一个位置，则可以继续绘制下一个总线入口。

5）当所有的总线入口绘制完毕后，单击鼠标右键即可退出绘制总线入口的命令。

绘制完总线入口的电路原理图如图 3-16 所示。

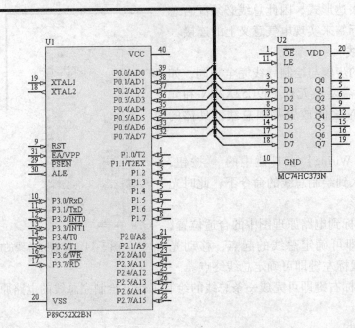

图 3-16　绘制完总线入口的电路原理图

2. 总线入口属性

总线入口的属性与导线的属性设置基本相同，同样包括【Color】设置项和【Line Width】选择项，以及总线入口两端的坐标。总线入口属性如图 3-17 所示。

3.2.5　放置网络标签

在电路原理图中，通常使用网络标签来简化电路。网络标签用来描述两条导线或者导线与元件引脚之间的电气连接关系，具有相同网

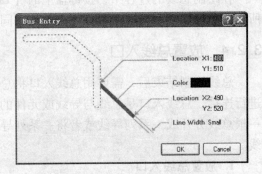

图 3-17　【Bus Entry】属性对话框

络标签的导线或元件引脚等同于用一根导线直接连接，因此网络标签具有实际的电气意义。下面介绍如何利用网络标签来建立元件 P89C52X2BN 和元件 MC74HC373N 之间的电气连接关系。

1. 放置网络标签

1）单击【Wiring】工具栏中的 按钮，原理图编辑器进入到放置网络标签的命令下。

2）此时光标将变成十字形且带有一个网络标签，网络标签的默认值为"NetLabel1"。移动光标到需要放置网络标签的电气对象上，当出现红色连接标志"×"时，单击鼠标左键即可放置一个网络标签。

3）放置完一个网络标签后系统仍然处于命令状态下，将光标移至其他位置可以继续放置网络标签。

4）放置完所有的网络标签后，单击鼠标右键退出放置状态。

放置完网络标签的电路原理图如图 3-18 所示。

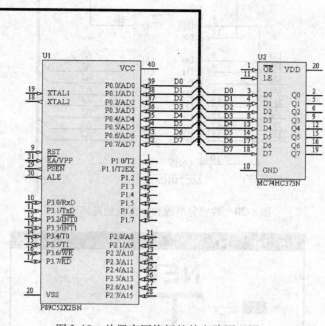

图 3-18　放置完网络标签的电路原理图

2. 网络标签属性

在网络标签处于悬浮状态下，按下键盘上的【Tab】键即可弹出【Net Label】属性对话框，如图 3-19 所示。在对话框中包括两个部分，对话框的上方用来设置网络标签的颜色、坐标和方向，对话框的下方【Properties】区域用来设置网络标签的名称和字体。

3.2.6　放置电源和 GND 端口

在电路原理图设计过程中，还要为原理图放置电源与 GND 端口。

1. 放置电源

1）单击【Wiring】工具栏中的 按钮，编辑器进入到放置电源的命令状态下。

2）此时光标变成十字形且带有一个电源符号，将光标移到需要放置电源的元件引脚或导线上，当出现红色连接标志"×"时，单击鼠标左键即可放置一个电源。

3）放置 GND 端口和放置电源类似，单击【Wiring】

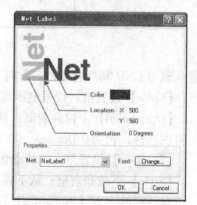

图 3-19　【Net Label】对话框

工具栏中的 按钮，即可完成 GND 端口的放置。放置完电源和 GND 端口的局部原理图如图 3-20 所示。

2. 电源与 GND 端口的属性

在电源或 GND 端口处于悬浮方式下，按下【Tab】键即可弹出如图 3-21 所示的【Power Port】属性对话框，可以设置电源或 GND 端口的属性。

【Power Port】对话框中主要包括两个区域，对话框上方为图形设置区域，主要功能是设

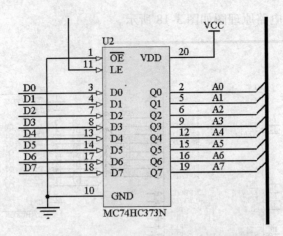

图 3-20 放置完电源和电源地的局部原理图

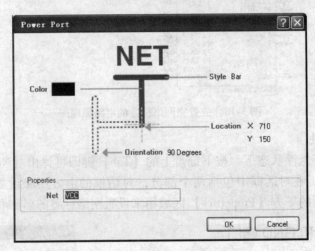

图 3-21 【Power Port】属性对话框

置电源与 GND 端口的颜色、方向、类型等参数，具体设置如下。

【Color】设置框：设置电源或 GND 端口的颜色。

【Orientation】下拉列表框：从下拉列表框中选择电源或 GND 端口的方向，共有 4 种方向可供选择，包括 0 Degrees、90 Degrees、180 Degrees、270 Degrees。

【Location】设置框：定位电源或 GND 端口的坐标，一般采用默认设置即可。

【Style】下拉列表框：从下拉列表框中选择电源类型，共有 7 种不同的电源类型。

对话框的下方【Properties】区域中的【Net】文本框用于设置电源或 GND 端口的名称。

3.2.7 放置输入/输出端口

对于电路原理图中任意两个电气节点来说，除了用导线和网络标签来连接外，还可以使用输入/输出端口（I/O 端口）来描述两个电气节点之间的连接关系。相同名称的输入/输出端口，在电气意义上是连接的。

1. 放置输入/输出端口

1）单击【Wiring】工具栏中的 按钮，即可启动放置输入/输出端口的命令，如图

3-22所示。

2）此时光标变成十字形且带有一个输入/输出端口，将光标移到需要放置输入/输出端口的导线上，当出现红色连接标志"×"时，单击鼠标左键确定输入/输出端口的左端，再次单击鼠标左键确定输入/输出端口的右端。

图 3-22　输入/输出端口

3）放置完一个输入/输出端口后系统仍然处于命令状态下，将光标移至其他位置可以继续放置输入/输出端口。

4）放置完所有的输入/输出端口后，单击鼠标右键退出放置状态。

2. 输入/输出端口属性

在输入/输出端口符号处于悬浮的状态下，按下【Tab】键即可弹出如图 3-23 所示的【Port Properties】对话框，可以设置输入/输出端口的属性。

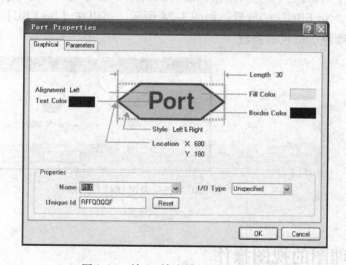

图 3-23　输入/输出端口属性对话框

【Port Properties】对话框中主要包括两个区域，对话框上方为图形设置区域，主要功能是设置输入/输出端口的长度、填充颜色、文本颜色、外框颜色以及位置等参数，具体设置如下。

【Location X】、【Location Y】：输入/输出端口在原理图上的横坐标和纵坐标。

【Style】：输入/输出端口在原理图上的外形。

【Length】：输入/输出端口长度。

【Alignment】：输入/输出端口名称在端口符号中的位置。

【Text Color】：输入/输出端口名称的颜色。

【Fill Color】：输入/输出端口填充的颜色。

【Border Color】：输入/输出端口边框的颜色。

对话框下方为【Properties】区域，主要功能与设置如下。

【Name】编辑框：用来设置输入/输出端口的名称。

【I/O Type】选择栏：用来设置输入/输出端口的类型，它将给系统的电气规则检测提供依据。端口类型共有 4 种：Unspecified（未定义端口）、Output（输出端口）、Input（输入端口）、Bidirectional（双向端口）。

【Unique Id】编辑框：系统给定的输入/输出端口的唯一标号，无须修改。

注意：对于输入/输出端口有两点需要注意，一是最好先把输入/输出端口的连线连接好，再修改端口的I/O属性，这样才能正确显示输入/输出端口的I/O口方向；二是在Protel DXP 2004 SP2版本中，输入/输出端口的I/O类型设置为未定义和双向时，在原理图上显示的符号是完全一样的，因此在设计时尤其要注意（这个问题在更高版本的软件中已经解决）。

3.2.8　放置No ERC

放置"No ERC"的目的是为了在系统进行电气规则检查（ERC）时，忽略对某些节点的检查，以避免在报告中出现错误或警告的提示信息。

单击【Wiring】工具栏中的 ╳ 按钮，或者执行菜单命令【Place】→【Directives】→【No ERC】，即可完成"No ERC"的放置，如图3-24所示。可以在【No ERC】属性对话框中设置"No ERC"的颜色、位置等参数。

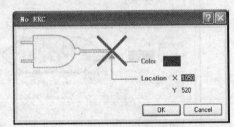

图3-24　"No ERC"符号及其属性对话框

3.3　原理图的视图操作

在电路原理图设计过程中，经常需要将原理图的视图调整到最佳状态，这样设计起来会更加方便。原理图编辑器提供了各种方便快捷的调整视图的操作，本节介绍如何缩放原理图视图、刷新原理图以及调整原理图图纸的栅格。

3.3.1　原理图视图的缩放

原理图编辑器菜单栏中的【View】菜单用于对图纸的缩放和显示比例调整，设计人员可以根据自己的操作习惯运用【View】菜单的某些命令。

【View】→【Fit Document】：将原理图缩小到全屏幕，浏览整张图纸。

【View】→【Fit All Objects】：将所有绘制的电路都显示在屏幕上，浏览原理图中的全部电路。

【View】→【Area】：将选中的局部区域放大，用于仔细查看电路原理图中的某个细小部分。

【View】→【Around Point】：与局部区域放大基本相同，是以鼠标所在点为中心，放大某个区域。

【View】→【Selected Objects】：用于放大显示处于选中状态的元件。

除此之外，还有将图纸按照比例缩小或放大50%、100%、200%和400%等。其实在实际的设计过程中，最为常用的原理图视图缩放的操作方法一般是以下两种。

1）使用键盘上的【Page Up】键或【Page Down】键可以放大或缩小原理图视图。

2）按住键盘上的【Ctrl】键，同时向前或向后滚动鼠标滚轮可以实现以光标为中心的放大和缩小视图的操作。

3.3.2 刷新原理图

执行菜单命令【View】→【Refresh】可以刷新视图，在实际的操作过程中，一般直接使用键盘上的【End】键来刷新视图。

3.3.3 图纸栅格的设置

原理图图纸中栅格的调整有助于元器件的排列与对齐，方法是在原理图空白处单击鼠标右键，从弹出的右键菜单中选择命令【Options】→【Document Options】，可以弹出【Document Options】对话框。勾选对话框中的【Visible】栅格，并在【Visible】栅格右侧的编辑框中设置可视化栅格的尺寸，从而调整原理图图纸中背景栅格的大小。

3.4 元件的编辑操作

本节介绍原理图工作环境中元件的编辑操作，包括元件的选择和取消、排列和对齐、旋转和翻转、移动和拖动以及复制、剪切和粘贴等操作。

3.4.1 选择和取消

要对原理图上的元件进行编辑，首先需要选取待编辑的元件；反之，也可根据设计需要，取消对元件的选择。Protel DXP 2004 提供了多种选取和取消元件的方法，下面介绍选取元件和取消元件的最经常使用的方法。

1. 元件的选择

（1）单个元件的选择

单个元件的选择，只需要将鼠标移动到需要选取的元件上，然后单击鼠标左键即可，选取后的元件如图 3-25 所示，此时的晶振被选中。如果元件处于选中的状态，则元件周围有绿色或蓝色的小方框，从而可以判断该元件是否被选中。

（2）多个元件的选择

首先按下【Shift】键不放，然后用鼠标逐一选中将要选择的元件，如图 3-26 所示。另一种最常用的选取方法是：在原理图编辑器的工作区中，利用鼠标选取一个区域，区域中包含要选中的所有元件。

2. 元件的取消

当原理图编辑器中有元件被选中时，用鼠标单击原理图工作区的空白处，即可完成元件的取消工作。执行【Edit】→【Deselect】→【All on current document】，或者单击工具栏中的 按钮，也可以完成取消操作。

图 3-25　选取一个元件 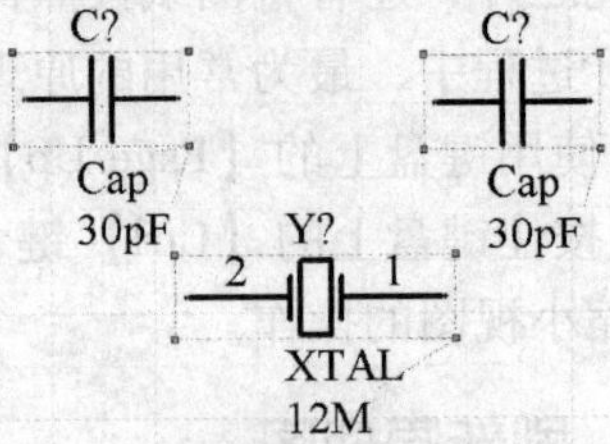　　　　　　　　　　图 3-26　选取多个元件

3.4.2　排列和对齐

下面以图 3-27 所示的几个元件为例介绍元件的排列与对齐。

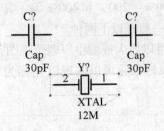

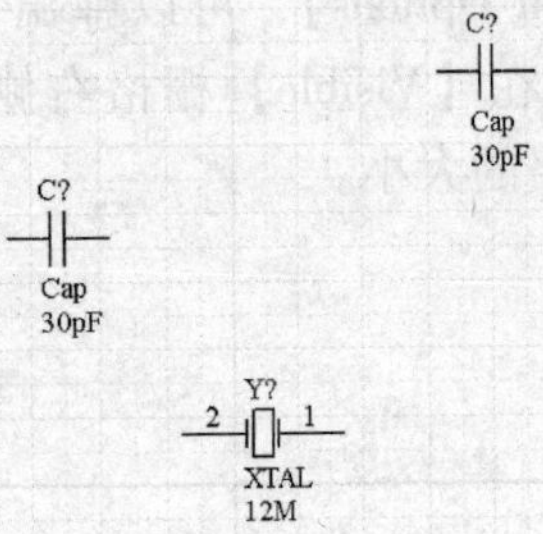

图 3-27　执行命令前的元件分布图 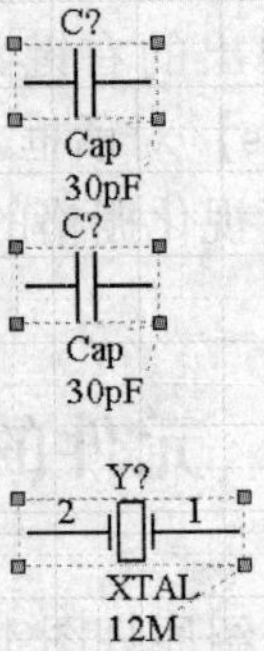　　　　　　图 3-28　纵向左对齐的操作结果

（1）纵向对齐命令

纵向对齐分为左对齐和右对齐，以左对齐为例，先利用区域选择法选中 3 个元件，然后执行菜单命令【Edit】→【Align】→【Align Left】，3 个元件将以最左边的元件为基准进行左对齐。对图 3-27 所示的几个元件进行纵向左对齐操作，结果如图 3-28 所示。

右对齐和左对齐命令类似，执行完后，以最右边的元件为基准右对齐。

（2）水平对齐命令

水平对齐分为上对齐和下对齐，以上对齐为例，先利用区域选择法选中 3 个元件，然后执行菜单命令【Edit】→【Align】→【Align Top】，3 个元件将以最上边的元件为基准对齐。对图 3-27 所示的几个元件进行水平上对齐操作，结果如图 3-29 所示。下对齐和上对齐命令类似，执行完后，以最下边的元件为基准对齐。

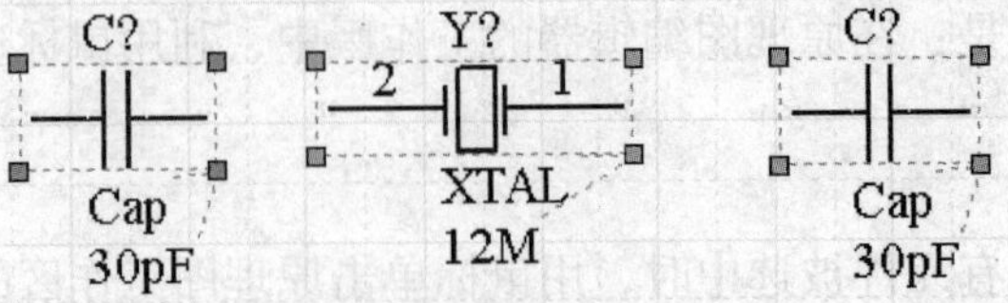

图 3-29　水平上对齐的操作结果

3.4.3 旋转和翻转

在 Protel DXP 2004 编辑器中，系统提供了两大类快捷键来进行元件的旋转和翻转，下面以一个效果比较明显的晶体管为例说明这两种不同的操作。

（1）利用快捷键【Space】、【Shift + Space】实现旋转

在晶体管处于可移动状态下，利用快捷键【Space】使元件逆时针旋转 90°，利用快捷键【Shift + Space】使晶体管顺时针旋转 90°，即以十字形光标为中心进行旋转，如图 3-30 所示。

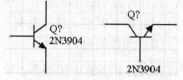

图 3-30　利用【Space】键
逆时针旋转晶体管

（2）利用快捷键【X】、【Y】实现水平翻转

在晶体管处于可移动状态下，按下【X】、【Y】键可以使晶体管水平、垂直翻转，即以十字形光标为轴做水平、垂直翻转，如图 3-31 和图 3-32 所示。

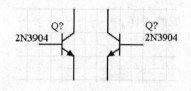

图 3-31　水平翻转晶体管

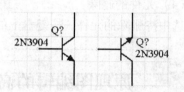

图 3-32　垂直翻转晶体管

注意：在对元件进行旋转和翻转操作时，要求输入法一定要在英文状态。

3.4.4 移动和拖动

元件的移动和拖动是两种不同的操作，移动元件是指在改变元件位置的时候，无法保持该元件与其他电气对象的电气连接状态，而拖动元件是指在改变元件位置的时候，始终是保持该元件与其他电气对象的电气连接状态的，以图 3-33 所示的两个连接的元件为例说明移动和拖动这两种操作的不同。

（1）元件的移动

鼠标左键单击选中需要移动的元件，然后一直按住鼠标左键，拖拽该元件到指定位置，拖拽过程中，元件与导线断开，如图 3-34 所示。

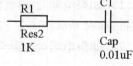

图 3-33　两个连接的元件

（2）元件的拖动

按住【Ctrl】键，再用鼠标左键单击选中需要拖动的元件，拖拽该元件到指定位置，拖拽过程中，元件始终与导线保持连接，如图 3-35 所示。

图 3-34　处于移动状态的元件

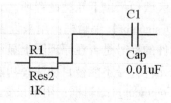

图 3-35　处于拖动状态的元件

3.4.5 复制、剪切、粘贴和删除

（1）元件的复制

在元件处于选中状态下，单击标准工具栏中的 按钮，或者执行菜单命令【Edit】→【Copy】，即可完成元件的复制，最常用的方法是直接使用快捷键【Ctrl + C】来完成此操作。

（2）元件的剪切

在元件处于选中状态下，单击工具栏中的 按钮，或者执行菜单命令【Edit】→【Cut】，即可完成元件的剪切，最常用的方法是直接使用快捷键【Ctrl + X】来完成此操作。

（3）元件的粘贴

对原来已经复制或者剪切的元件，单击标准工具栏中的 按钮，或者执行菜单命令【Edit】→【Paste】，即可完成元件的粘贴，最常用的方法是直接使用快捷键【Ctrl + V】来完成此操作。

（4）元件的删除

选中待删除的元件，按键盘上的【Delete】键即可完成此操作。

3.5 原理图编辑的高级技巧

3.5.1 修改元件属性

元件的属性主要包括元件的标号、元件的名称、封装形式等。Protel DXP 2004 提供了多种修改元件属性的方法。下面以修改电阻 "Res2" 的属性为例讲述元件属性的设置方法。

1.【Component Properties】对话框

打开【Component Properties】对话框常用的两种方法为：

1）如果电阻已经被放置到原理图编辑器的工作区中，此时双击电阻元件即可打开【Component Properties】对话框。打开的【Component Properties】对话框如图 3-36 所示。

2）如果电阻处于悬浮状态，此时按下【Tab】键，也可以打开【Component Properties】对话框。

2. 设置元件属性

在【Component Properties】对话框中，可以对元件的属性进行设置。下面是对话框中各区域的具体含义。

（1）【Properties】区域

该区域包括以下几类设置项。

【Designator】编辑框：用来设置元件标号。其右侧有两个复选框，【Visble】复选框用来决定元件的标号是否在原理图上显示，【Locked】复选框用来决定元件标号是否被锁定，锁定后该元件标号不能被自动注释功能所修改。

【Comment】编辑框：用来设置元件的注释，通常是对元件的名称进行简化。其右侧的【Visble】复选框用来决定元件的注释是否在原理图上显示。

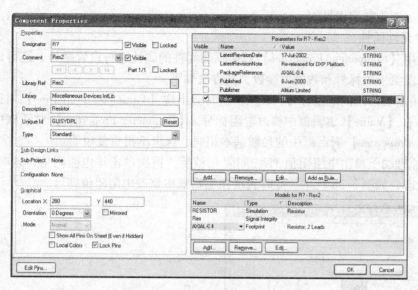

图 3-36 【Component Properties】对话框

【Library Ref】编辑框：显示元件在元件库中的名称，此项不能修改。

【Library】编辑框：显示元件所属的元件库名称。

【Description】编辑框：给出元件的描述信息。

【Unique Id】编辑框：系统指定的元件唯一编号，此项不能修改。

（2）【Graphical】区域

该区域包括以下几类设置项。

【Location X】编辑框：元件在原理图中的 X 坐标。

【Location Y】编辑框：元件在原理图中的 Y 坐标。

【Orientation】编辑框：用来设置元件的方向，单击选择右侧的下拉按钮将出现方向选择列表框，4 个选项分别为 0 Degrees、90 Degrees、180 Degrees、270 Degrees。其后面的【Mirrored】复选框，用来决定元件是否进行左右翻转。

【Show All Pins On Sheet】复选框：是否显示元件引脚的名称和序号或者是否显示隐藏的元件引脚。

【Local Colors】复选框：用来指定是否使用本地颜色设置，可以对元件的填充颜色、边框颜色和引脚颜色进行个性化设计。

【Lock Pins】复选框：用来指定是否锁定元件引脚。

（3）【Parameters for R？-Res2】区域

该区域用于设置元件的一些基本设计信息，如元件的参数、元件的设计时间、设计公司等。

（4）【Models for R？-Res2】列表

该列表一般包括下列 3 个模型类型，其中以【Footprint】模型最为常用。

【Simulation】模型类型：显示的是元件的仿真模型信息。

【Signal Integrity】模型类型：显示的是元件的信号完整性模型信息。

【Footprint】模型类型：显示的是元件的 PCB 封装信息。

另外，【Model for R？-Res2】列表的底部还有 3 个按钮，它们分别用来对元件的模型信息进行追加、删除和编辑操作。

3. 修改元件属性

除了使用【Component Properties】对话框对元件的属性进行设置之外，还可以直接修改元件显示在图纸上的标号和数值等参数，其方法如下。

1）双击需要修改的电阻标号"R?"，这时会出现【Parameter Properties】对话框，如图3-37所示，在【Value】编辑框中修改电阻标号。【Parameter Properties】对话框中的参数与【Component Properties】对话框中的参数基本相同，这里不再重复说明。

2）在原理图上单击电阻阻值1K，间隔几秒后，再次单击该电阻阻值，这时"1K"变为可编辑状态，如图3-38所示。此时直接在编辑框中修改电阻阻值即可。

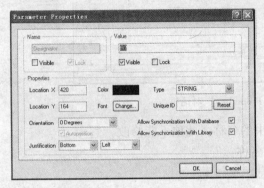

图3-37 【Parameter Properties】对话框

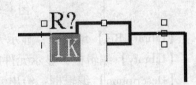

图3-38 参数处于可编辑状态

3.5.2 元件注释

在绘制原理图时，经常会涉及元件注释问题，如果设计人员采用手动的方法进行元件注释，在元件较多的情况下会大大降低工作效率，为设计人员编辑原理图造成极大的不便。Protel DXP 2004系统提供了元件自动注释的功能，从而保证了在整个设计系统中所有元件标号保持一定的顺序。

执行菜单命令【Tools】→【Annotate】，弹出【Annotate】对话框，如图3-39所示。

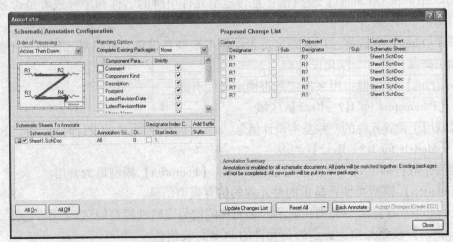

图3-39 【Annotate】对话框

【Annotate】对话框包括4个区域，它们分别是【Order of Processing】区域、【Matching Options】区域、【Schematic Sheets To Annotate】区域和【Proposed Change List】区域。

（1）【Order of Processing】区域

该区域中有以下4种自动注释的顺序可供选择。

【Up Then Across】：所有元件在原理图中按照自下而上，再自左而右的顺序排列。

【Down Then Across】：所有元件在原理图中按照自上而下，再自左而右的顺序排列。

【Across Then Up】：所有元件在原理图中按照自左而右，再自下而上的顺序排列。

【Across Then Down】：所有元件在原理图中按照自左而右，再自上而下的顺序排列。

（2）【Proposed Change List】区域

该区域有以下3栏。

【Current】栏：列出了元件的当前标号。

【Proposed】栏：列出执行自动注释后产生的元件标号。

【Location of Part】栏：列出元件所在的原理图文档。

（3）【Schematic Sheets To Annotate】区域

该区域用于设置需要自动注释的原理图名称（Schematic Sheet）、自动注释的范围（Annotation Scope）、自动注释原理图的顺序（Order）、自动注释的起始序号（Start Index）和后缀（Suffix）。

在了解【Annotate】对话框中常用选项的功能后，就可以利用自动注释功能为图3-40中的元件进行注释。

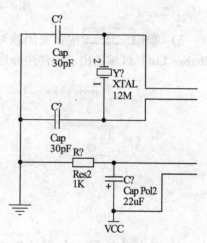

图3-40 需要自动注释的
部分电路原理图

元件注释步骤如下：

1）执行菜单命令【Tools】→【Annotate】，弹出如图3-41所示的元件注释对话框。在对话框中【Order of Processing】区域的编辑框中设置"Across Then Down"，其余设置保持默认。

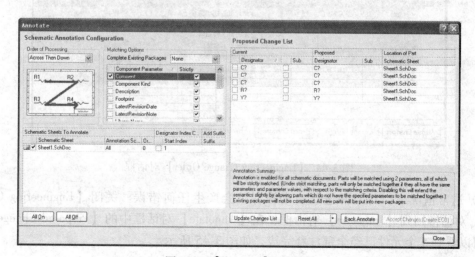

图3-41 【Annotate】对话框

2) 设置完成后, 单击 Update Changes List 按钮, 弹出【DXP Information】对话框, 提示有 5 个元件需要注释, 如图 3-42 所示。

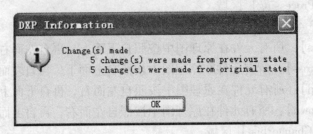

图 3-42 【DXP Information】对话框

3) 单击 OK 按钮关闭该对话框, 可以看到在【Annotate】对话框中的【Proposed Change List】区域给出了元件注释后的编号, 如图 3-43 所示。

Proposed Change List					
Current			Proposed		Location of Part
Designator		Sub	Designator	Sub	Schematic Sheet
☐ C?		☐	C1		Sheet1.SchDoc
☐ C?		☐	C2		Sheet1.SchDoc
☐ C?		☐	C3		Sheet1.SchDoc
☐ R?		☐	R1		Sheet1.SchDoc
☐ Y?		☐	Y1		Sheet1.SchDoc

图 3-43 元件被注释

4) 单击【Annotate】对话框中的 Accept Changes (Create ECO) 按钮, 弹出【Engineering Change Order】对话框, 如图 3-44 所示, 单击 Validate Changes 按钮和 Execute Changes 按钮对变化进行检查并执行变化。

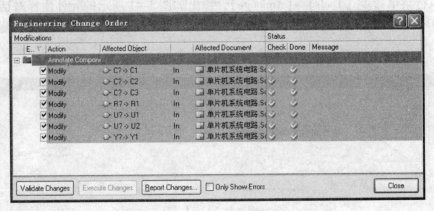

图 3-44 【Engineering Change Order】对话框

5) 通常情况下, 对元件进行自动注释不会产生任何错误。关闭【Engineering Change Order】对话框回到【Annotate】对话框, 在【Annotate】对话框中的【Proposed Change List】区域可以看到 5 个元件已经全部注释完成, 如图 3-45 所示。

6) 注释后的原理图如图 3-46 所示。

Proposed Change List					
Current			Proposed		Location of Part
Designator		Sub	Designator	Sub	Schematic Sheet
☐ C1		☐	C1		Sheet1.SchDoc
☐ C2		☐	C2		Sheet1.SchDoc
☐ C3		☐	C3		Sheet1.SchDoc
☐ R1		☐	R1		Sheet1.SchDoc
☐ Y1		☐	Y1		Sheet1.SchDoc

图 3-45　元件注释全部完成

3.5.3　元件群体编辑

在绘制电路原理图时，经常会出现对同一类元件的某些属性同时修改的情况，当然可以对每个元件的属性逐一进行修改，但是做起来会比较麻烦，而利用元件群体编辑功能可以快速方便地实现这一功能。

以图 3-47 所示的局部电路原理图为例，要求将电路原理图中所有网络标签的字体由 10 号全部修改为 16 号。

移动光标到需要修改参数的任意一个网络标签上，如网络标签 "A0"，单击鼠标右键，在弹出的右键快捷菜单中选择【Find Similar Objects】选项，将弹出如图 3-48 所示的【Find Similar Objects】对话框。

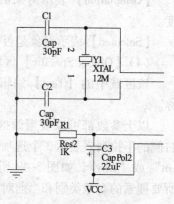

图 3-46　注释后的原理图

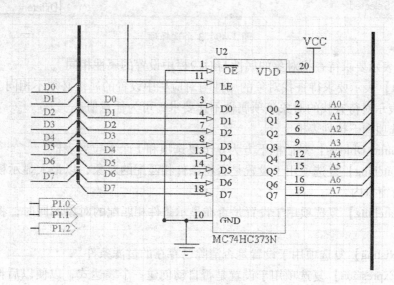

图 3-47　局部电路原理图

通过设置【Find Similar Objects】对话框中的选项，设计人员可以查找具有共同属性的同类其他对象，【Find Similar Objects】对话框中各个区域的功能如下。

（1）【Kind】区域

该区域显示当前对象的类别，如元件、导线、网络标签或其他对象。

（2）【Design】区域

该区域中的【Owner Document】编辑框显示当前原理图文件所在的目录。

（3）【Graphical】区域

该区域用于设定对象的图形显示参数。

【Color】表示对象在原理图中的颜色。

【X1】、【Y1】表示对象在原理图上的坐标。

【FontId】表示对象在原理图中的字体。

【Orientation】表示对象的方向，即被旋转的角度。

【Selected】表示对象是否被选择。

（4）【Object Specific】区域

该区域中的【Text】编辑框显示的是对象的名称。

以上参数都可以被当做搜索的条件，单击选项右侧的下拉列表显示3个选项，即"Same""Different"或"Any"，如图3-49所示。这3个选项表示所要搜索的对象类别和当前对象类别的关系。

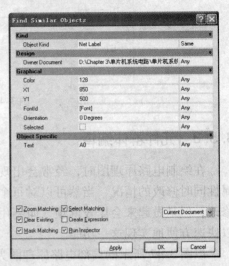

图3-48 【Find Similar Objects】对话框

图3-49 3个选择项

【Same】表示要求待查找对象的属性与对应栏中设置的属性相同。

【Different】表示要求待查找对象的属性与对应栏中设置的属性必须不相同。

【Any】表示对待查找的对象该项属性不作要求，可为任意值。

（5）复选项和下拉列表框

【Find Similar Objects】对话框下方为6个复选项和1个下拉列表框。

【Zoom Matching】复选项用于设置是否将条件相匹配的对象，以最大显示模式居中显示在原理图编辑窗口内。

【Mask Matching】复选项用于设置是否在显示条件相匹配的对象的同时，将其他对象屏蔽掉。

【Clear Existing】复选项用于设置是否清除已存在的过滤条件。

【Create Expression】复选项用于设置是否自动创建一个表达式，以便以后再用。系统默认为不创建。

【Run Inspector】复选项用于设置是否自动打开【Inspector】工作面板。

【Select Matching】复选项用于设置是否将符合匹配条件的对象全部选中。

下拉列表框中的【Current Document】选项表示在当前的原理图文件中查找相似对象。

下拉列表框中的【Opened Document】选项表示在所有已打开的原理图文件中查找相似对象。

注意，随着被搜索对象的不同，【Find Similar Objects】对话框中的选项也是发生变化的。在掌握【Find Similar Objects】对话框中所有选项的功能后，就利用元件群体编辑功能修改网络标签的字体。

修改网络标签字体的步骤如下：

1）在网络标签"A0"上单击鼠标右键，在弹出的右键快捷菜单中选择【Find Similar Objects】选项，在弹出的【Find Similar Objects】对话框中勾选【Zoom Matching】、【Select Matching】、【Clear Existing】、【Mask Matching】、【Run Inspector】复选项，其他采用默认设置。

2）单击 OK 按钮，关闭【Find Similar Objects】对话框，所有网络标签高亮显示在原理图图纸上，如图3-50所示。

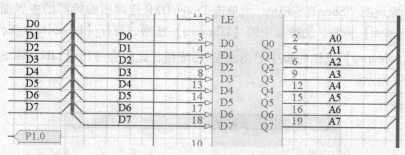

图3-50 执行【Find Similar Objects】命令后的效果图

3）由于在【Find Similar Objects】对话框中选择了【Run Inspector】复选项，所以执行【Find Similar Objects】命令后，系统打开如图3-51所示的【Inspector】工作面板。

4）在【Inspector】工作面板中单击【Fontld】编辑框，在弹出的字体对话框中将网络标签的字体改为"16"，其他参数保持不变，最后按【Enter】键即可将更改应用到搜索到的所有网络标签，更改后的结果如图3-52所示。

5）关闭【Inspector】工作面板，再使用快捷键【Shift + C】，清除其他对象的屏蔽状态。

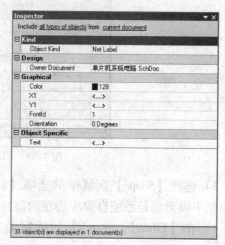

图3-51 【Inspector】工作面板

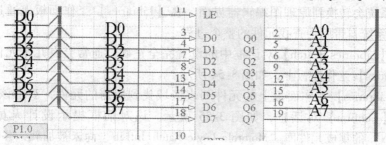

图3-52 群体编辑后的效果图

3.5.4 库元件的查询

Protel DXP 2004 系统中有两个最为经常使用的集成元件库，它们分别是集成元件库"Miscellaneous Devices. Intlib"和"Miscellaneous Connectors. IntLib"，这两个集成元件库中包括了原理图设计过程中最基本的各种元器件以及接口。然而在原理图设计的过程中，除了这些基本元器件和接口之外，设计人员还会使用到其他集成元件库中的元器件，对于初学 Protel DXP 2004 的设计人员来说，很难知道这些元件所在的集成元件库。因此，如何查询到所需用的元件是设计人员必须掌握的操作。

本节中以查找元件"MC74HC373N"为例，配合【Libraries】工作面板来说明查询库元件的具体过程。

1）打开原理图"Sheet1. SchDoc"，单击 Protel DXP 原理图编辑器的主界面右下角面板控制区的【System】标签，选择其中的【Libraries】选项，打开【Libraries】工作面板。

2）在【Libraries】工作面板中单击 Search... 按钮，此时会弹出【Libraries Search】对话框，如图 3-53 所示。

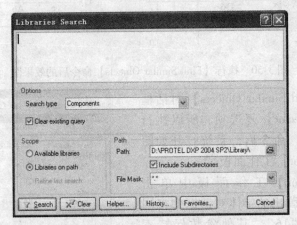

图 3-53 【Libraries Search】对话框

3）选择【Scope】区域中的选项【Libraries on path】，并确保【Path】区域的【Path】编辑框中设置的是系统自带库所在的路径，并勾选【Include Subdirectories】复选项。

4）在【Libraries Search】对话框上方空白输入栏内输入字符"74HC373"，然后单击 Search... 按钮，系统会自动搜索名称中包含"74HC373"的元件。

5）此时系统会转换到原理图编辑器界面，在【Libraries】工作面板上通过显示的滚动项可以看到在系统自带库中查找元件的整个过程。

6）如果【Libraries Search】对话框中的设置完全正确，通常会有几个元件被找到并且显示在【Libraries】工作面板上，如图 3-54 所示。

7）在【Libraries】工作面板上的元件列表区域找到所需的元件，双击该元件的名称，会弹出一个【Confirm】对话框，如图 3-55 所示。该对话框提示设计人员，包含元件"MC74HC373N"的集成元件库"Motorola Logic Latch. IntLib"尚未被加载，并询问是否马上加载。

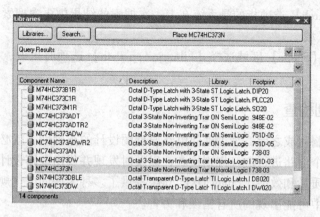

图3-54 14个元件被找到

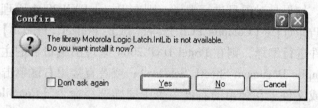

图3-55 加载集成元件库

8）单击【Confirm】对话框中的 按钮，加载该集成元件库，此时元件"MC74HC373N"出现在光标上，并随光标移动，再将元件"MC74HC373N"放入到原理图编辑器的工作区中即可。

以上是搜索库元件的一般步骤，想要正确地查找所需要的库元件，除了掌握上述步骤以外，还必须要了解【Libraries Search】对话框中的各项设置。【Libraries Search】对话框下方包括3个区域，它们分别是【Options】区域、【Scope】区域和【Path】区域。

（1）【Options】区域

该区域包括【Search type】下拉列表框和一个复选项，如图3-56所示。

【Search type】下拉列表框用于选择搜索的类型，包括"Components""Protel Footprints"和"3D Models"3种类型。因为现在是向原理图中放置元件，因此选择"Components"。

【Clear existing query】复选项表示下次搜索时清空【Libraries Search】对话框上方的输入栏。

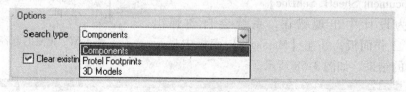

图3-56 【Options】区域

（2）【Scope】区域

该区域中有3个单选项。

【Available Libraries】选项指的是系统在当前加载的库中进行搜索元件。

【Libraries on Path】选项指的是系统在系统自带库安装的路径下搜索元件。

【Refine last search】选项指的是系统在上一次搜索的结果中再次搜索元件。

（3）【Path】区域

该区域只有在【Scope】区域选择【Libraries on Path】选项时生效，用来为系统搜索元件提供搜索路径。

3.5.5 电气规则检查

在一个项目绘制完成之后，为了确保电路原理图设计的正确性，就必须对电路原理图中具有电气特性的各个电路进行电气规则检查，以及时发现并找出电路设计中存在的错误，从而有效地提高设计质量和效率。Protel DXP 2004 提供了多种多样的电气规则检查，几乎涵盖了在电路设计过程中可能出现的所有错误和警告。

电气规则检查（Electrical Rules Check，ERC），是通过对项目或原理图文件进行编译操作实现查错的目的。如果是对项目进行编译，则在 Protel DXP 2004 原理图编辑器的主界面上执行菜单命令【Project】→【Compile PCB Project PCB_Project1. PrjPCB】；如果是对项目下的某一个原理图文件进行编译，则在 Protel DXP 2004 原理图编辑器的主界面上执行菜单命令【Project】→【Compile Document Sheet1. SchDoc】；或者直接用右键单击【Projects】工作面板中要编译的项目或文件，在弹出的右键菜单中同样选择命令【Compile PCB Project PCB_Project1. PrjPCB】或【Compile Document Sheet1. SchDoc】后，即可对项目或文件进行编译。

编译后系统的自动检测结果将出现在【Messages】工作面板中，在【Messages】工作面板上可根据出现的错误或警告的提示信息对原理图进行修改。

注意： 只有出现错误的时候，【Messages】工作面板才会自动弹出；而只有警告的时候，【Messages】工作面板是不会自动弹出的。如果设计人员需要处理系统提示的警告时，必须自己调出【Messages】工作面板。熟练的设计人员可能对某些警告不予处理，建议初学的设计人员尽量根据系统提示的警告信息进行修改原理图设计。

下面以将原理图文件"Sheet1. SchDoc"中两个电容的标号全部设置成"C1"为例，如图 3-57 所示，说明通过 ERC 查错的具体步骤。

1）右键单击【Projects】工作面板中要编译的文件"Sheet1. SchDoc"，在弹出的右键菜单中选择命令【Compile Document Sheet1. SchDoc】。

2）因为设计中出现错误，系统会自动弹出【Messages】工作面板，并在【Messages】面板中显示出项目编译的结果，如图 3-58 所示。

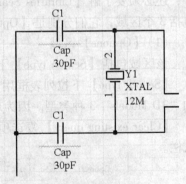

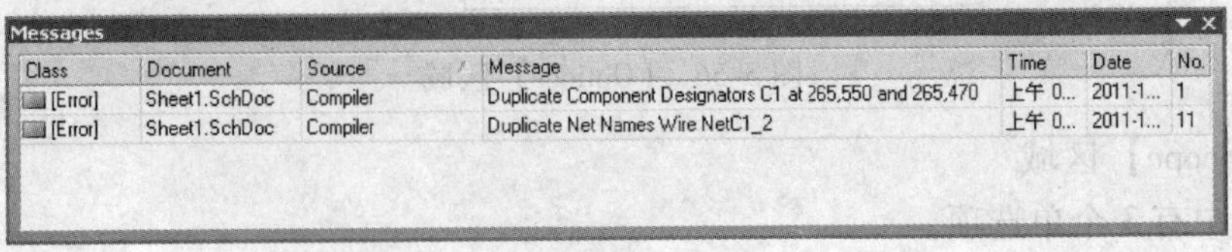

图 3-57　重复的电容标号

图 3-58　自动弹出的【Messages】工作面板

3）在【Messages】工作面板上双击第一个【Error】信息，此时系统会自动跳转到出现错误的对象上，错误的对象被放大且呈高亮状态，其他对象被屏蔽，如图3-59所示。分别单击【Compile Errors】对话框中两个标号为"C1"的电容就找到了出错的对象，对出错的对象进行修改并保存。

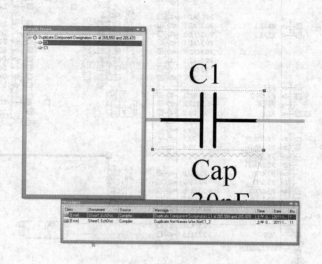

图3-59　高亮显示错误对象

4）再次对文件进行编译，直至全部的错误被消除为止。

注意：系统可以在原理图上实时用3种不同颜色提示致命错误、错误和警告的信息，设计人员在设计过程中根据颜色就可以判断出是哪种类型的提示信息，至于错误或警告的具体原因，还需要利用电气规则检查来确认。

3.5.6　向Word文档中复制原理图

从原理图中向Word文档中复制电路图这个操作与Word文档中对文档进行的复制、粘贴的方法以及快捷键是完全一致的。

1）首先选中需要复制的电路原理图。注意，如果电路原理图中元件处于选中的状态，则元件周围有绿色或蓝色的小方框，从而可以判断元件是否被选中。对象全被选中的状态如图3-60所示。

2）按快捷键【Ctrl + C】，对选中的电路原理图进行复制。

3）切换到Word，移动光标到Word文档中的合适位置，使用快捷键【Ctrl + V】，即可完成原理图的粘贴操作。

在执行完粘贴操作后，设计人员会发现粘贴Word文档中的图形与原理图中的电路是完全一致的，同时采用此方法粘贴到Word文档中的图形非常清晰，粘贴到Word文档后的效果如图3-61所示。

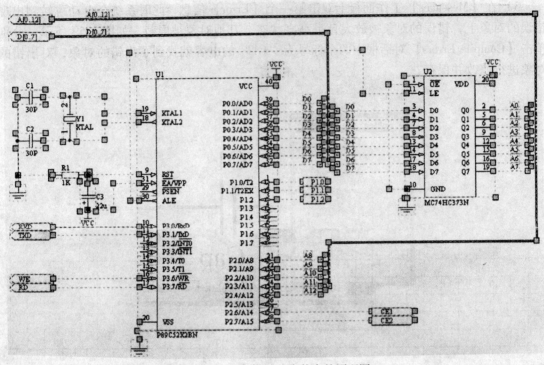

图 3-60　对象全被选中状态的原理图

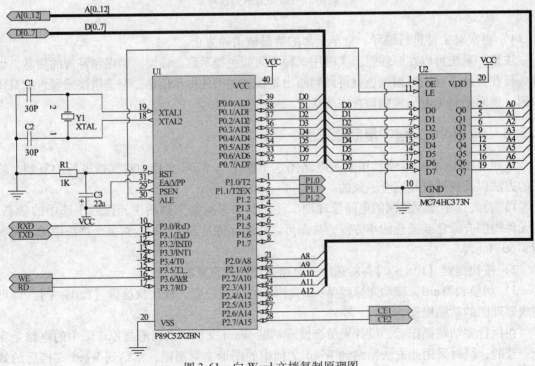

图 3-61　向 Word 文档复制原理图

3.6 原理图报表

Protel DXP 2004 提供了生成各种电路原理图报表的功能，这些原理图报表存放了原理图的各种信息。例如，网络报表是原理图设计与 PCB 设计的接口，而元器件报表则整理出一个电路原理图或一个项目中的所有元器件，这些报表方便设计人员对电路进行校对、修改以及元器件的采买等工作。

3.6.1 网络表

网络表文件是原理图设计和 PCB 设计之间的接口。在 Protel DXP 2004 中，系统提供双向同步功能，原理图设计向 PCB 设计转换的过程中不需要人工生成网络表，系统自动创建网络表实现元器件和网络表的装载以及原理图设计的同步更新。但是网络表仍然是原理图设计和 PCB 设计之间的桥梁和纽带，因此有必要掌握网络表的组成和格式。

设计人员可以对一个原理图文件生成网络表，也可以对一个项目生成网络表。执行菜单命令【Design】→【Netlist for Document】→【Protel】为一个原理图文件生成网络表；执行菜单命

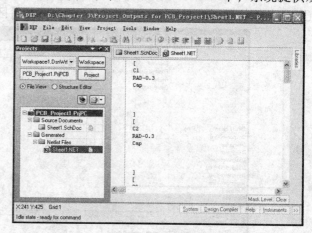

图 3-62　生成的网络表文件

令【Design】→【Netlist for Project】→【Protel】为一个项目生成网络表。无论是项目的网络表，还是原理图文件的网络表，它们的组成和格式是完全一样的，如图 3-62 所示。

网络表文件主要包括两部分：元件属性参数描述和元件的网络连接描述。

1. 元件属性参数

元件声明以"〔"开始，以"〕"结束，内部是元件的具体内容，例如：

〔	元件声明开始
C1	元件序号
RAD-0.3	元件封装
Cap	元件名称
	系统保留行
〕	元件声明结束

2. 元件的网络连接

元件的网络连接以"（"开始，以"）"结束，内部是一个网络中所有元件引脚连接的具体内容，例如：

（	网络连接的开始
NetC1_2	网络名称

C1-2	第一个网络节点，元件名称-引脚标号
U1-19	第二个网络节点，芯片 U1 的第 19 个引脚
Y1-2	第三个网络节点，晶振 Y1 的第 2 个引脚
)	网络连接的结束

3.6.2 元件清单报表

在原理图设计完成后，为了方便元件的采购就必须生成一个元器件清单报表。元件清单报表中主要包括元件的名称、封装、数量等。

下面以图 3-40 所示的电路原理图为例，生成该原理图的元件清单报表。

执行菜单命令【Reports】→【Bill of Materials】，弹出【Bill of Materials For Project】对话框。对话框中以一定次序列出了原理图设计项目中包含的所有元件，如图 3-63 所示。如果要显示元件的其他信息，勾选对话框左下角【Other Columns】区域中相应的复选框即可。

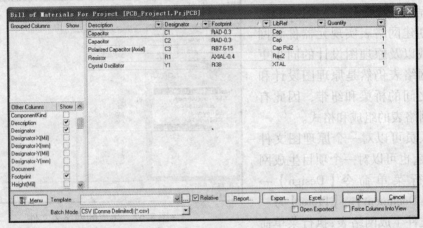

图 3-63 【Bill of Materials For Project】对话框

单击右下角的 Report... 按钮，可弹出【Report Preview】对话框，在此对话框中可以按比例放大缩小元件报表清单，进行预览，如图 3-64 所示。

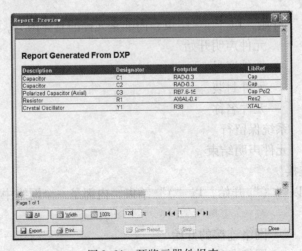

图 3-64 预览元器件报表

单击【Report Preview】对话框中的 按钮，系统将弹出保存文件对话框，可以将该元器件列表文件以不同的类型保存到项目所在的目录下，如图 3-65 所示。

图 3-65　保存元器件列表

3.7　常用快捷键和常见问题

3.7.1　常用快捷键

进行原理图设计时，设计人员如果能够熟练使用一些快捷键，不仅能快速执行许多命令和操作，更为重要的是它可以大大提高设计人员的工作效率。Protel DXP 2004 原理图设计中的快捷键很多，完全掌握所有的快捷操作很难，因此只要记住经常使用的快捷键，便足够满足平时设计的需要。

Protel DXP 2004 的快捷键分为两大类，一类是菜单选项快捷键；另一类是适用于不同编辑器的专用快捷键。其中，菜单选项快捷键指的是对菜单选项中带有下画线的字母的操作，例如：如果想使用菜单命令创建一个新的原理图文件，具体的操作方法为选择菜单命令【File】→【New】→【Schematic】，而如果使用菜单选项快捷键，只需依次按下【F】键、【N】键和【S】键，则可以同样创建一个新的原理图文件。对于第二类适用于不同编辑器的专用快捷键，则需要设计人员平时加以积累和记忆。总的来说，在电路原理图设计过程中常用的快捷键如表 3-1 所示。

表 3-1　电路原理图设计中的常用快捷键

快捷键	相关操作
视图的操作	
Page Up、Ctrl + 滚轮上滑	放大视图
Page Down、Ctrl + 滚轮下滑	缩小视图
鼠标滚轮上滑、下滑	视图上下移动
Shift + 滚轮上滑、Shift + 滚轮下滑	视图左右移动
End	刷新屏幕
G	循环切换格点设置

（续）

快捷键	相关操作
对象的操作	
Esc	取消当前的操作
Tab	启动浮动对象的属性窗口
X	使浮动对象沿 X 轴翻转
Y	使浮动对象沿 Y 轴翻转
Ctrl + A	选中全部对象
Ctrl + X	剪切选中对象
Ctrl + C	复制选中对象
Ctrl + V	粘贴已复制对象
Ctrl + 鼠标左键选中对象	拖动对象
Spacebar (空格键)	90 度旋转浮动的对象
Shift + Spacebar (空格键)	当放置导线、总线时,设置放置模式
Delete	删除选中对象
Shift + C	清除当前的过滤

在使用快捷键操作时有一点是要特别注意的，快捷键只有在输入法处于英文状态时才有效，如果使用过程中发现快捷键不起作用，首先应该检查输入法是否选择正确。

3.7.2　常见问题及解决

对于初学原理图设计的人员来说，由于操作方法不熟练、缺乏操作经验等，在原理图的设计过程中会经常遇到一些问题，而这些问题在原理图编译时会以错误和警告的形式提醒设计人员，因此设计人员要对编译过程中常见的一些警告和错误加以了解，以便能够及时解决。

现象 1：Warning：【Adding hidden net】。

原因：原理图中某个元件的引脚没有全部显示出来。

解决方法：找到并双击该元件，可以进入该元件的【Component Properties】对话框，选中 Show All Pins On Sheet (Even if Hidden) 前的复选框，然后单击 OK 按钮即可将该元件的所有引脚全部显示出来。

现象 2：Warning：【Un-Designated Part D?】。

原因：原理图中有未编号的元件。

解决方法：双击【Massage】工作面板中相应的警告，弹出【Compile Errors】对话框，再单击对话框中的警告，找到警告处，然后双击元件，在【Component Properties】对话框中对元件名进行编号。

现象 3：Error：【Duplicate Component Designators U7 at 370，275 and 370，105】。

原因：原理图中有相同编号的元件。

解决方法：双击【Massage】工作面板中的错误，弹出【Compile Errors】对话框，再单击对话框中的错误，找到错误元件，重新对元件进行编号。

现象 4：Error：【Bus range syntax error A ［..］at 140，580】。

原因：端口上的网络标签不正确。

解决方法：双击该端口，将总线网络标签 A ［.］改成 A ［..］。

现象 5：Warning：【Floating Power Object GND】。

原因：在原理图中没有能够提供电源的元件。

解决方法：在原理图中创建一个电源元件。

现象6：利用【Library】工作面板中的【Search】按钮无法查找到所需元件。

原因：可能是在【Library】工作面板中元件过滤列表框中存在上一次过滤的其他元件信息没有被删除。

解决方法：将元件过滤列表框中存在的上一次过滤的其他元件信息删除掉即可。

现象7：Error：【NetU1_10 contains Output Port and Bidirectional Port objects（Port RXD，Port RXD）】。

原因：层次原理图中相应位置的输入/输出端口的I/O属性不一致。

解决方法：双击【Massage】工作面板中的错误，弹出【Complile Errors】对话框，再单击对话框中的错误，找到错误元件，修改输入/输出端口的I/O属性，使对应属性保持一致。

现象8：在画图过程中元件不能翻转或者旋转。

原因：输入法不正确或者是元件处于选中状态而不是可移动状态。

解决方法：检查输入法，同时要求鼠标左键单击住元件使其处于可移动状态下使用快捷键实现翻转或旋转功能。

3.8 电路原理图设计实例

本节将通过一个电路原理图设计实例，使设计人员掌握电路原理图设计的整个过程。实例中将完成一个单片机系统电路原理图的设计，最终完成的电路原理图如图3-66所示。

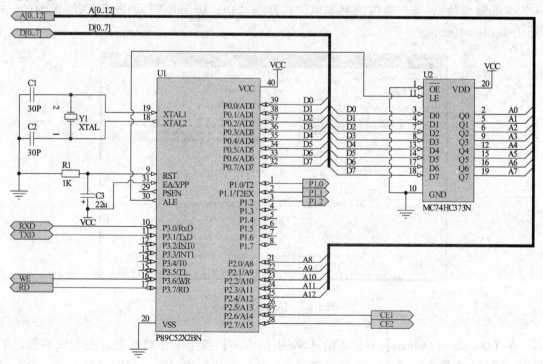

图3-66　单片机系统电路原理图

3.8.1 新建项目

首先在"D：\Chapter3"目录下创建一个名为"单片机系统电路"的文件夹，然后启动 Protel DXP 2004，进入 Protel DXP 设计系统。在 Protel DXP 设计系统的主界面上执行菜单命令【File】→【New】→【Project】→【PCB Project】，创建一个新的 PCB 项目，在弹出的【Projects】工作面板新建项目上单击鼠标右键，选择命令【Save Project】，将该项目更名为"单片机系统电路.PrjPCB"后保存到目录"D：\Chapter3\单片机系统电路"中。

3.8.2 添加新的原理图文件

在 Protel DXP 2004 设计系统的主界面上执行菜单命令【File】→【New】→【Schematic】，系统自动在当前项目下新建一个新的原理图文件，与此同时，系统将启动原理图编辑器。

将新建的原理图文件更名为"单片机系统电路.SchDoc"后也保存在目录"D：\Chapter3\单片机系统电路"中。

3.8.3 设置原理图图纸参数

新建原理图文件后，接下来的工作是设置原理图图纸参数。在当前原理图空白处单击鼠标右键，从弹出的右键菜单中选择【Options】→【Document Options】选项，即可打开【Document Options】对话框。

在【Document Options】对话框的【Units】选项卡中选择单位类型为"Imperial Unit System"（英制单位），英制单位的基本单位选择为"Dxp Defaults"，如图 3-67 所提示的，1 Dxp Defaults = 10mils。

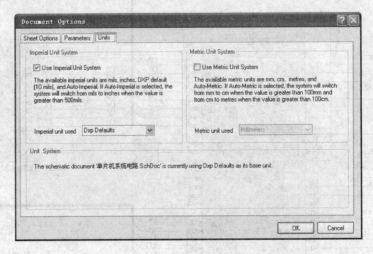

图 3-67 【Units】选项卡

在【Document Options】对话框的【Sheet Options】选项卡中修改原理图图纸参数，本例中，原理图栅格中的【Snap】栅格和【Visible】栅格的编辑框全部设置为 5mil，设置图纸尺寸为 A4，图纸方向为横向，如图 3-68 所示。

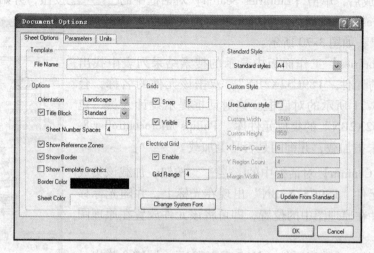

图 3-68 【Sheet Options】选项卡

3.8.4 放置元件

在原理图图纸参数设置完成后，接下来就进入到真正的电路原理图设计过程，即需要向图纸中放置各种电气对象。首先需要向原理图中放置构成电路原理图的核心对象——元件。

通常，电路由少数几个核心元件以及周边的附属元件组成，因此在绘制电路原理图时，应首先布置核心元件。本设计实例中，核心元件是名为"P89C52X2BN"和"MC74HC373N"的芯片，但是在系统默认加载的元件库中并没有这两个元件，因此需要查找并加载这两个元件所在的集成元件库，具体操作步骤如下。

1）单击工作区右侧的【Libraries】标签，打开【Libraries】工作面板。

2）单击【Libraries】工作面板上的 Search... 按钮，打开【Libraries Search】对话框，并在对话框上部的编辑框内输入"P89C52"，在【Scope】区域中选择【Librries on path】选项，同时要确保【Path】区域内的【Path】编辑框中输入的是 Protel DXP 2004 系统元件库所在的默认路径，如图 3-69 所示。

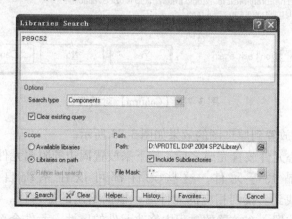

图 3-69 【Libraries Search】对话框

3）设置完成后，单击【Libraries Search】对话框中的 Search... 按钮，开始搜索。搜索完毕，在【Libraries】工作面板上将显示所有与关键字"P89C52"相关的搜索结果，如图 3-70 所示。

4）从【Libraries】工作面板内显示的搜索结果列表中找出原理图中需要的元件"P89C52X2BN"，双击该元件的名称，会弹出一个如图 3-71 所示的对话框。该对话框提示设计人员，包含元件"P89C52X2BN"的集成元件库"Philips Microcontroller 8-Bit. IntLib"尚未被加载，并询问是否马上加载。

5）单击【Confirm】对话框中的 Yes 按钮，加载该集成元件库，此时元件"P89C52X2BN"出现在光标上，并随光标移动，根据该元件在原理图中的位置，即可将该元件放置在原理图之上。

6）用上述的方法搜索元件"MC74HC373N"，同样会弹出一个【Confirm】对话框询问是否加载集成元件库"Motorola Logic Latch. IntLib"，如图 3-72 所示，单击 Yes 按钮后加载该集成元件库，并将元件"MC74HC373N"放入到原理图编辑器工作区中的适当位置。

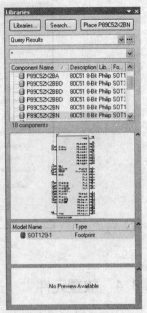

图 3-70　搜索结果

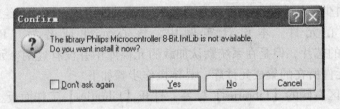

图 3-71　是否加载元件库对话框

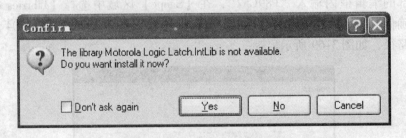

图 3-72　【Confirm】对话框

7）两个核心元件放置到原理图的效果如图 3-73 所示。

在电路的两个核心元件放置完成之后，接下来放置周边的附属元件。本例中的附属元件包括电阻、电容、晶振等元件，这些元件都可以在系统自带库"Miscellaneous Devices. IntLib"库中找到。找到相应的元件后，根据给出的原理图，将它们放在原理图编辑器工作区中合适的位置，在放置的过程中修改元件的属性。元件全部放置完的电路原理图如图 3-74 所示。

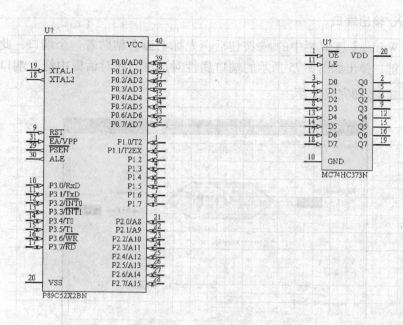

图 3-73　放置两个核心元件

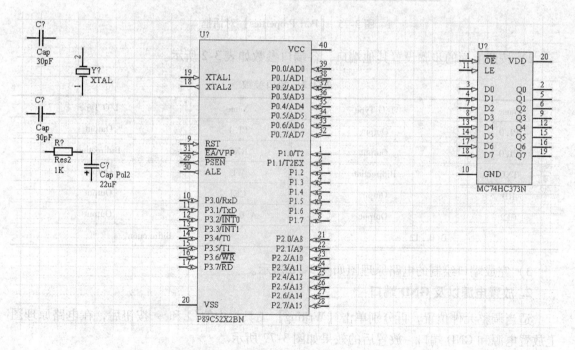

图 3-74　元件全部放置完的电路原理图

3.8.5　放置其他电气对象

在电路原理图中所有的元件全部放置完成后，接下来需要为原理图放置其他的电气对象，包括放置输入/输出端口、电源以及 GND 端口、导线、总线和总线入口、网络标签等电气对象。

1. 放置输入/输出端口

1）单击【Writing】工具栏中的 按钮后，光标上面会粘贴着一个端口，此时按下键盘上的【Tab】键，弹出如图3-75所示的端口属性对话框，在对话框中修改端口名称和方向，单击 OK 按钮完成设置。

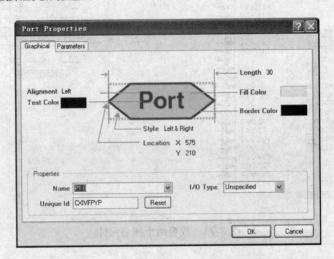

图3-75 【Port Properties】对话框

2）按照上面的步骤设置其他端口，各端口参数如表3-2所示。

表3-2 端口参数

Name	I/O Type	Name	I/O Type
P1. 0	Output	P1. 1	Output
P1. 0	Output	RXD	Bidirection
TXD	Bidirection	WE	Output
RD	Output	CE1	Output
CE2	Output	A[0..7]	Output
D[0..12]		Bidirection	

3）完成端口绘制的电路原理图如图3-76所示。

2. 放置电源以及 GND 端口

适当调整元件位置，再分别单击【Writing】工具栏中的 和 按钮后，在电路原理图上放置电源和 GND 端口，放置后的效果如图3-77所示。

3. 绘制总线、总线入口和导线

1）绘制总线。单击【Writing】工具栏中的 按钮，进入绘制总线状态，此时按下键盘上的【Tab】键，弹出如图3-78所示的总线属性对话框，本例中保持系统默认设置。

2）在工作区中的合适位置上单击鼠标左键，然后绘制总线，如果总线需要改变方向，则在拐角处单击左键后继续绘制即可，绘制完成后单击鼠标右键，总线绘制结束。绘制完总线的电路原理图如图3-79所示。

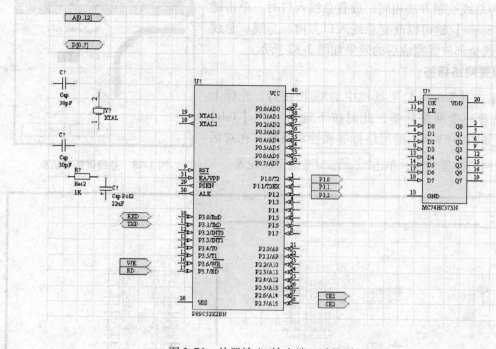

图 3-76　放置输入/输出端口后的原理图

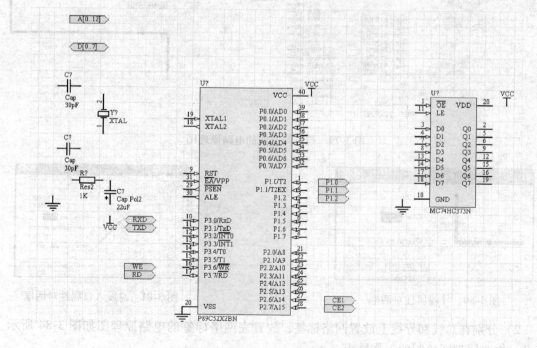

图 3-77　放置电源和电源地后的原理图

3）绘制导线及放置总线入口。分别单击【Writing】工具栏中的 ≈ 和 ↖ 按钮，进入绘制导线和放置总线入口的状态，此时按下键盘上的【Tab】键，分别弹出如图 3-80 和图3-81 所示的导线属性和总线入口属性对话框，本例中保持系统默认设置。

4）与总线绘制方法相同，放置总线入口时，单击键盘上的【Space】键可以改变总线入口方向。总线、总线入口和导线全部放置完成后的效果如图3-82所示。

4. 放置网络标签

1）单击【Writing】工具栏中的 按钮后，光标上面会粘贴着一个网络标签，此时按下键盘上的【Tab】键，弹出如图3-83所示的网络标签属性对话框，在对话框中修改网络标签名称，单击 OK 按钮完成设置。

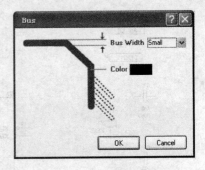

图3-78　总线属性对话框

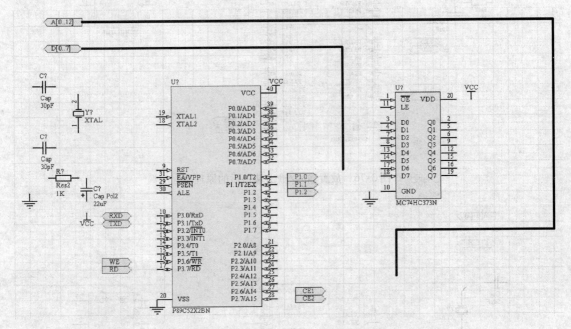

图3-79　绘制完总线的电路原理图

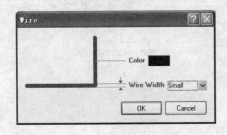

图3-80　导线属性对话框

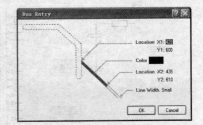

图3-81　总线入口属性对话框

2）分别在总线和导线上放置网络标签，放置完网络标签的电路原理图如图3-84所示。至此，电路原理图绘制的工作结束。

3.8.6　元件注释

在原理图绘制完毕后，需要对所有的元件进行注释。其步骤如下。

1）执行菜单命令【Tools】→【Annotate】，弹出如图3-85所示的元件注释对话框，在对

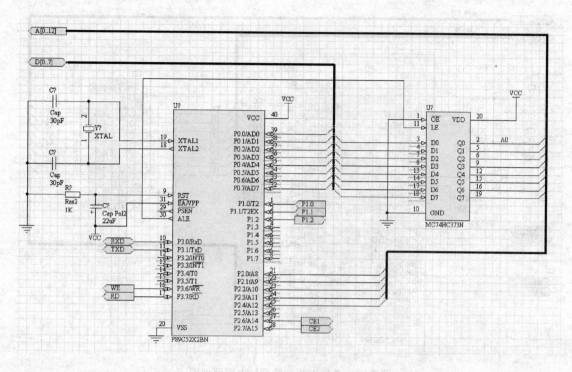

图 3-82　绘制完总线、总线入口和导线的电路原理图

话框中进行设置，在【Order of Processing】区域中的编辑框中设置"Down Then Across"，其余设置保持默认。

2）设置完成后，单击 Update Changes List 按钮，弹出【DXP Information】对话框，提示有 7 个元件需要注释，如图 3-86 所示。

3）单击 OK 按钮关闭该对话框，可以看到在【Annotate】对话框中的【Proposed Change List】区域给出了元件注释后的编号，如图 3-87 所示。

4）单击【Annotate】对话框中的 Accept Changes (Create ECO) 按钮，弹出【Engineering Change Order】对话框，单击 Validate Changes 按钮和 Execute Changes 按钮对变化进行检查并执行变化。

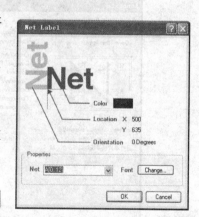

图 3-83　网络标签属性对话框

5）如图 3-88 所示，如果没有任何错误，关闭【Engineering Change Order】对话框回到【Annotate】对话框，在【Annotate】对话框中的【Proposed Change List】区域可以看到 7 个元件已经全部注释完成，如图 3-89 所示。

6）注释后的单片机系统电路原理图如图 3-90 所示。

3.8.7　电气规则检查

在上述电路原理图全部绘制工作完成后，就需要对原理图所在的项目进行编译及查错。

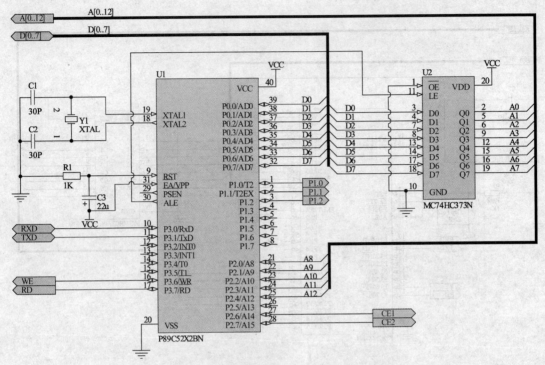

图 3-84　放置网络标签后的电路原理图

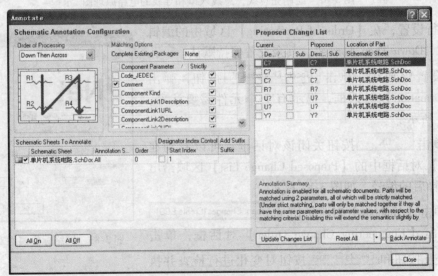

图 3-85　【Annotate】对话框

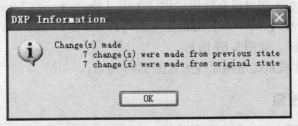

图 3-86　【DXP Information】对话框

Current			Proposed		Location of Part
De... ↗		Sub	Desi...	Sub	Schematic Sheet
☐ C?	☐		C1		单片机系统电路.SchDoc
☐ C?	☐		C2		单片机系统电路.SchDoc
☐ C?	☐		C3		单片机系统电路.SchDoc
☐ R?	☐		R1		单片机系统电路.SchDoc
☐ U?	☐		U1		单片机系统电路.SchDoc
☐ U?	☐		U2		单片机系统电路.SchDoc
☐ Y?	☐		Y1		单片机系统电路.SchDoc

图 3-87　元件被注释

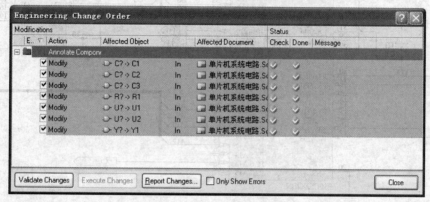

图 3-88　【Engineering Change Order】对话框

在 Protel DXP 2004 原理图编辑器的主界面上执行菜单命令【Project】→【Compile PCB Project 单片机系统电路.PrjPCB】，执行项目的编译操作。编译项目后，在【Messages】工作面板上可以看到是否有错误或警告的信息，然后根据这些提示信息对原理图进行修改。编译后的【Messages】工作面板如图 3-91 所示。

Current			Proposed		Location of Part
Designator ↗		Sub	Design...	Sub	Schematic Sheet
☐ C1	☐		C1		单片机系统电路.SchDoc
☐ C2	☐		C2		单片机系统电路.SchDoc
☐ C3	☐		C3		单片机系统电路.SchDoc
☐ R1	☐		R1		单片机系统电路.SchDoc
☐ U1	☐		U1		单片机系统电路.SchDoc
☐ U2	☐		U2		单片机系统电路.SchDoc
☐ Y1	☐		Y1		单片机系统电路.SchDoc

图 3-89　元件注释全部完成

本例中只有警告信息出现，主要是元件的端口在自定义时设置为双向类型，而在电路设计时，根据信号的实际流向，将与元件端口连接的输入/输出端口设为单向，由此系统提示警告。对这种错误，只要保证设计的正确性，可以不做修改。

3.8.8　原理图报表

在原理图设计、编译完成后，可以根据设计的要求创建各种报表，如网络表和元件清单报表等。

1. 网络表

执行菜单命令【Design】→【Netlist for Document】→【Protel】为原理图文件"单片机系统电路"生成网络表。该网络表文件自动保存在目录"D：\Chapter3\单片机系统电路\Project Outputs for 单片机系统电路"中。与此同时，在【Projects】工作面板中的该项目下也显示出与原理图文件同名的网络表文件"单片机系统电路.NET"，如图 3-92 所示。可以看到，在原理图网络表中显示的是原理图文件中包含的所有元件及电气连接。

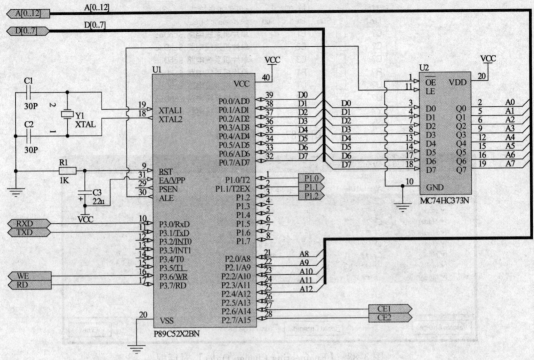

图 3-90　注释后的单片机系统电路原理图

Messages

Class	Document	Source	Message	Time	Date	No.
[Warning]	单片机系统...	Comp...	NetU1_1 contains IO Pin and Input Port objects (Port P1.0)	上午 06:...	2011-10-5	1
[Warning]	单片机系统...	Comp...	NetU1_2 contains IO Pin and Input Port objects (Port P1.1)	上午 06:...	2011-10-5	2
[Warning]	单片机系统...	Comp...	NetU1_3 contains IO Pin and Output Port objects (Port P1.2)	上午 06:...	2011-10-5	3
[Warning]	单片机系统...	Comp...	NetU1_16 contains IO Pin and Output Port objects (Port WE)	上午 06:...	2011-10-5	4
[Warning]	单片机系统...	Comp...	NetU1_17 contains IO Pin and Output Port objects (Port RD)	上午 06:...	2011-10-5	5
[Warning]	单片机系统...	Comp...	NetU1_27 contains IO Pin and Output Port objects (Port CE1)	上午 06:...	2011-10-5	6
[Warning]	单片机系统...	Comp...	NetU1_28 contains IO Pin and Output Port objects (Port CE2)	上午 06:...	2011-10-5	7
[Warning]	单片机系统...	Comp...	Net NetC1_2 has no driving source (Pin C1-2,Pin U1-19,Pin Y1-2)	上午 06:...	2011-10-5	8
[Warning]	单片机系统...	Comp...	Net NetC3_2 has no driving source (Pin C3-2,Pin R1-2,Pin U1-9)	上午 06:...	2011-10-5	9

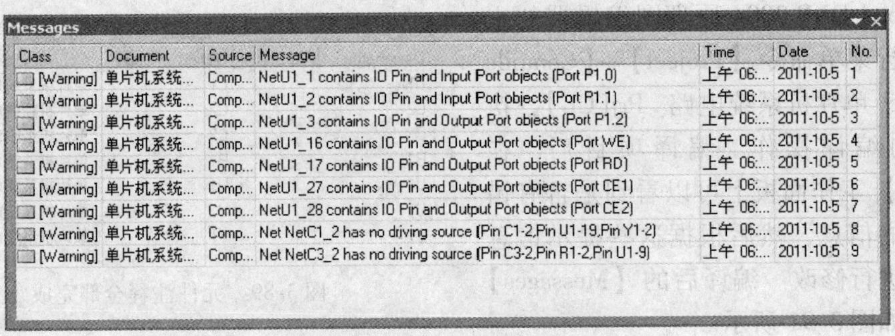

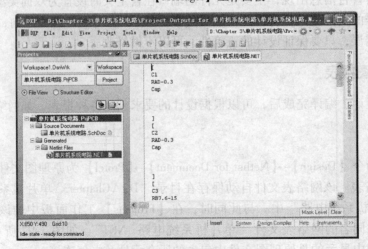

图 3-91　【Messages】工作面板

图 3-92　原理图文件的网络表

网络表文件"单片机系统电路.NET"的详细信息如图 3-93 所示。

[		GND	U1-30	(
C1	]	C1-1	U2-11	D4
RAD-0.3		C2-1	)	U1-35
Cap		R1-1	(	U2-13
		U1-20	VCC	)
	[	U2-1	C3-1	(
	U1	U2-10	U1-31	D5
]	SOT129-1	)	U1-40	U1-34
[	P89C52X2BN		U2-20	U2-14
C2			)	)
RAD-0.3			(	(
Cap		NetC1_2	D0	D6
	]	C1-2	U1-39	U1-33
	[	U1-19	U2-3	U2-17
	U2	Y1-2	)	)
]	738-03	)	(	(
[	MC74HC373N	(	D1	D7
C3		NetC2_2	U1-38	U1-32
RB7.6-15		C2-2	U2-4	U2-18
Cap Pol2		U1-18	)	)
	]	Y1-1	(	(
	[	)	D2	
	Y1	(	U1-37	
]	R38	NetC3_2	U2-7	
[	XTAL	C3-2	)	
R1		R1-2	(	
AXIAL-0.4		U1-9	D3	
Res2		)	U1-36	
	]	(	U2-8	
(		NetU1_30	)	

图 3-93 网络表文件的详细信息

2. 元件清单报表

执行菜单命令【Reports】→【Bill of Material】，弹出【Bill of Material For Project】对话框，对话框中列出了原理图设计项目中包含的所有元件，如图 3-94 所示。

单击对话框右下角的 Report... 按钮，在弹出的【Report Preview】对话框中单击 Export... 按钮，系统将弹出保存文件对话框，如图 3-95 所示。

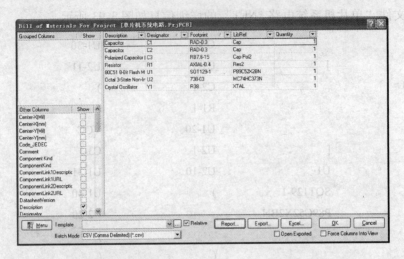

图 3-94 【Bill of Material For Project】对话框

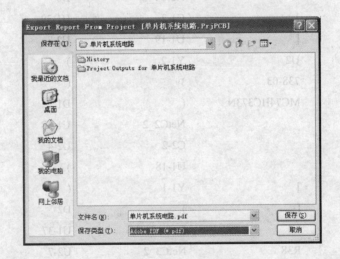

图 3-95 保存元器件列表

将该元件列表以 PDF 文件的形式保存到项目所在的目录下，生成的 PDF 文件"单片机系统电路 . pdf"的形式如图 3-96 所示。

Report Generated From DXP

Description	Designator	Footprint	LibRef	Quantity
Capacitor	C1	RAD-0.3	Cap	1
Capacitor	C2	RAD-0.3	Cap	1
Polarized Capacitor (Axial)	C3	RB7.6-15	Cap Pol2	1
Resistor	R1	AXIAL-0.4	Res2	1
80C51 8-Bit Flash Microcontroller Family, 8 kI	U1	SOT129-1	P89C52X2BN	1
Octal 3-State Non-Inverting Transparent Latcl	U2	738-03	MC74HC373N	1
Crystal Oscillator	Y1	R38	XTAL	1

图 3-96 保存为 PDF 文件的元器件列表

3.8.9 文件保存

在【Projects】工作面板中的当前项目上单击鼠标右键，将该项目和文件保存到指定目录 "D：\Chapter3\单片机系统电路"下。

3.9 思考与练习

1. 简述原理图编辑器【Wiring】工具栏中各个功能按钮的作用。

2. 总线和导线有什么区别，使用中应注意哪些事项？

3. 练习使用快捷键对元件进行旋转和翻转。

4. 在原理图中任意放置6个电阻，练习电阻元件的各种排列和对齐。

5. 练习在【Libraries】工作面板中移出当前加载的所有集成元件库，再练习使用【Libraries】工作面板加载集成元件库"Miscellaneous Devices. IntLib"和"Miscellaneous Connectors. IntLib"。

6. 练习建立一个名为"MyProject_3A. PrjPCB"的PCB项目，在项目下添加一个原理图文件"MySheet_3A. SchDoc"，按照图3-97给出的电路原理图绘制电路，要求使用群体编辑的功能，隐藏原理图中所有元器件的数值，绘制完成后进行电气规则检查，最后将项目和文件全部保存到目录"D：\Chapter3\MyProject"中。

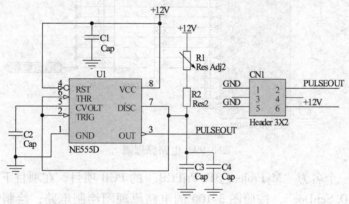

图3-97 电路原理图

7. 练习建立一个名为"MyProject_3B. PrjPCB"的PCB项目，在项目下添加一个原理图文件"MySheet_3B. SchDoc"，按照图3-98的电路原理图绘制电路，隐藏电阻、电容元件的注释，并进行电气规则检查，绘制完成后将项目和文件全部保存到目录"D：\Chapter3\MyProject"中，并要求将该原理图复制到Word文件中。

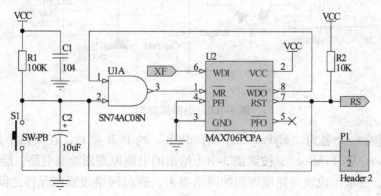

图3-98 电路原理图

8. 练习建立一个名为"MyProject_3C. PrjPCB"的 PCB 项目,在项目下添加一个原理图文件"MySheet_3C. SchDoc",按照图 3-99 的电路原理图绘制电路,要求对元件进行自动注释,顺序为"Across Then Down",绘制完成后进行电气规则检查,最后将项目和文件全部保存到目录"D:\Chapter3\MyProject"中。

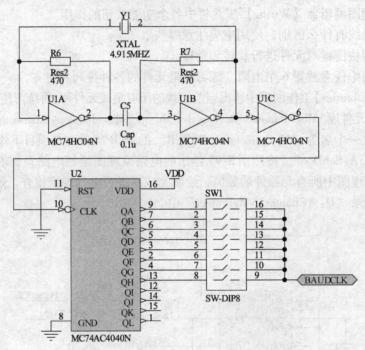

图 3-99   电路原理图

9. 练习建立一个名为"MyProject_3D. PrjPCB"的 PCB 项目,在项目下添加一个原理图文件"MySheet_3D. SchDoc",按照图 3-100 的电路原理图绘制电路,绘制完成后进行电气规则检查,要求输出该电路原理图的元件清单报表,最后将项目和文件全部保存到目录"D:\Chapter3\MyProject"中。

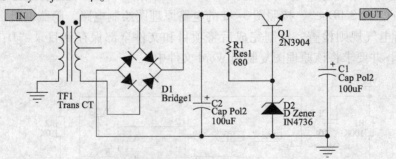

图 3-100   电路原理图

10. 练习建立一个名为"MyProject_3E. PrjPCB"的 PCB 项目,在项目下添加一个原理图文件"MySheet_3E. SchDoc",按照图 3-101 给出的电路原理图绘制电路,绘制完成后进行电气规则检查,要求生成该电路原理图的网络报表,通过网络表观察元件之间的网络连接,最后将项目和文件全部保存到目录"D:\Chapter3\MyProject"中。

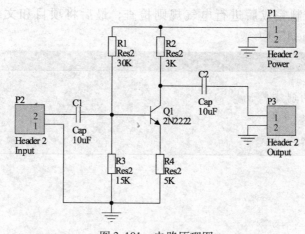

图 3-101 电路原理图

11. 练习建立一个名为"MyProject_3F. PrjPCB"的 PCB 项目,在项目下添加一个原理图文件"MySheet_3F. SchDoc",按照图 3-102 给出的电路原理图绘制电路,绘制过程中要求使

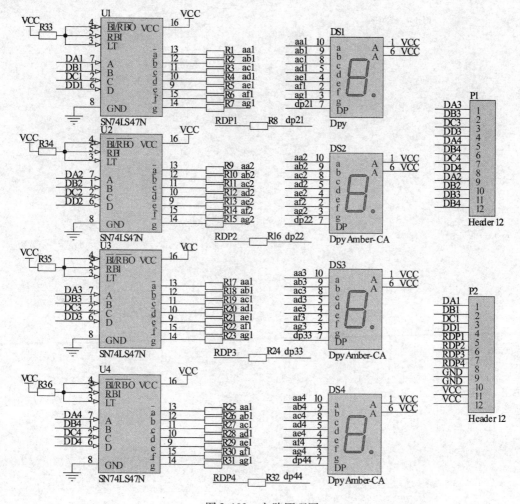

图 3-102 电路原理图

用粘贴队列命令，绘制完成后进行电气规则检查，最后将项目和文件全部保存到目录"D：\Chapter3\MyProject"中。

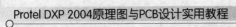

1. 原理图文件的创建。
2. 放置电气对象。
3. 原理图编辑的高级技巧。

第4章

层次原理图设计

层次电路原理图简介 ┫
- 层次原理图的设计方法 ┫
  - 自顶向下的设计方法
  - 自底向上的设计方法
- 层次原理图中的电气对象

层次原理图设计

层次原理图的设计步骤 ┫
- 自顶向下设计层次原理图
- 自底向上设计层次原理图
- 层次原理图的切换 ┫
  - 由母图切换到子图
  - 由子图切换到母图
- 层次原理图的报表 ┫
  - 项目层次报表
  - 网络表
  - 元件清单报表

随着科学技术的发展，出现了越来越庞大、越来越复杂的电路原理图，如果这种原理图全部绘制在一张较大的图纸上，就会显得非常庞杂、臃肿，检测和修改起来也相当困难，而利用 Protel DXP 2004 的层次原理图设计，就可以很好地解决这个问题。层次化原理图是针对大型设计项目采取的最佳设计方式，Protel DXP 2004 支持原理图的层次化设计。

本章主要讲述层次原理图的基本知识、设计方法以及层次原理图之间的切换、生成网络表文件等内容，使设计人员对层次原理图有一个初步的认识，并能够设计出自己需要的层次原理图。

4.1 层次电路原理图简介

采用层次化设计之后，复杂的电路原理图按照某种标准可划分为若干个功能模块，再把这些功能模块分别绘制在多张原理图纸上，这些图纸就被称为设计系统的子原理图。同时，这些子原理图由另外一张原理图来说明它们之间的联系，描述单张原理图之间关系的这张原理图就被称为设计系统的母原理图。各张子原理图与母原理图之间通过输入/输出端口建立起电气连接，这样就形成了设计系统的层次原理图。

4.1.1 层次原理图的设计方法

通常，层次原理图的设计有两种方法，它们分别是自顶向下的设计方法和自底向上的设计方法。其中，自顶向下的设计方法比较常用。

1. 自顶向下设计层次原理图

层次原理图的自顶向下设计方法是指按照电路的功能，将整个电路划分成不同功能的模块，这些电路模块在母原理图上以图纸符号（方块电路）的形式联系起来，然后由母原理图中的图纸符号生成子原理图。自顶向下方法的设计流程如图 4-1 所示。

2. 自底向上设计层次原理图

自底向上设计层次原理图是指由模块电路的子原理图在母原理图中生成图纸符号，再在母原理图中用导线或总线将图纸符号连接起来。因此在绘制层次原理图之前，要首先设计出模块电路的子原理图，设计流程如图 4-2 所示。

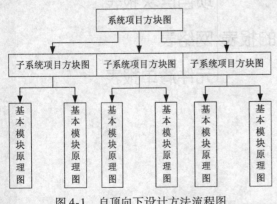

图 4-1　自顶向下设计方法流程图

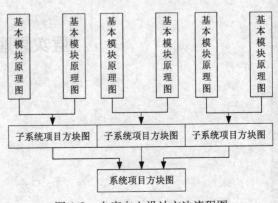

图 4-2　自底向上设计方法流程图

4.1.2 层次原理图中的电气对象

1. 层次原理图的构成

层次原理图有以下两大构成因素。

（1）母原理图

描述子原理图之间关系的母原理图。母原理图中包含代表子原理图的图纸符号和图纸入口，还包括建立起电气连接的导线和总线。

（2）子原理图

构成整个系统的单张原理图，即子原理图。子原理图中包含本模块中的元器件及相关电气连接。

2. 放置对象与输入/输出端口

在进行层次原理图设计时，设计人员除了使用层次原理图专有放置对象，即图纸符号和图纸入口之外，还会使用到联系子原理图和母原理图的输入/输出端口。

（1）图纸符号

图纸符号是母原理图中基本的放置对象，每一个图纸符号代表实现某一个具体功能的子原理图。

单击【Wiring】工具栏中的 █ 按钮，或者执行菜单命令【Place】→【Sheet Symbol】，系统将处于放置图纸符号的状态，此时光标上粘贴着一个图纸符号的轮廓。在原理图图纸的适当位置单击鼠标左键确定图纸符号的起始点，然后拉至合适大小再单击鼠标左键确定图纸符号的终点，这样就完成了一个图纸符号的放置。可以连续放置图纸符号，单击鼠标右键可取消放置图纸符号的操作。

在图纸符号放置完毕后，可以双击图纸符号，进行图纸符号属性的设置，即在【Sheet Symbol】对话框中修改其标号和名称，如图4-3所示。

【Sheet Symbol】对话框中主要包括两个区域。

对话框上方为图形设置区域，其主要功能如下。

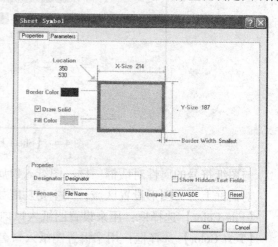

图4-3 【Sheet Symbol】对话框

【Location】编辑框：用来设置图纸符号左上角的横坐标和纵坐标。

【X-Size】、【Y-Size】编辑框：用来设置图纸符号的宽度和高度。

【Border Color】选择框：用来设置图纸符号的边框颜色，默认为棕色。

【Fill Color】选择框：用来设置图纸符号的填充颜色，默认为绿色。

【Border Width】选择栏：用来设置图纸符号的边框宽度。

【Draw Solid】复选框：用来设置是否填充该图纸符号。如果选中该复选框，图纸符号用指定的颜色进行填充；否则，不进行填充操作。

对话框下方为【Properties】区域，其主要功能如下。

【Designator】编辑框：用来设置图纸符号的标号。标号也可以是一个名称，如"单片机系统电路"，它的作用和元件的标号 U1、C1 相同。

【Filename】编辑框：用来设置图纸符号所代表的子原理图文件名称。

【Show Hidden Text Fields】复选框：用来设置是否显示隐藏的文本区域。如果选中该复选框，则在原理图中将显示隐藏的文本区域；否则，在原理图中将不显示隐藏的文本区域。

【Unique Id】编辑框：系统给定的图纸符号的唯一标号，无须修改。

（2）图纸入口

母原理图要与对应的子原理图建立相应的电气连接，就必然有相应的输入/输出端口。母原理图中的输入/输出端口为图纸入口。

单击【Wiring】工具栏中的 ▣ 按钮，或者执行菜单命令【Place】→【Add Sheet Entry】，系统将处于放置图纸入口的命令状态，移动光标到需要放置图纸入口的图纸符号中，单击鼠标左键后光标上将粘贴着一个图纸入口轮廓，再次单击鼠标左键后即可放置一个图纸入口。图纸入口放置完成后，可以双击图纸入口，在弹出的【Sheet Entry】对话框中进行图纸入口属性的设置，如图4-4所示。

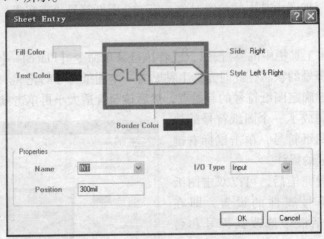

图 4-4　【Sheet Entry】对话框

与图纸符号的属性对话框一样，图纸入口属性对话框也包括两大区域。

对话框上方为图形设置区域，其主要功能如下。

【File Color】选择框：用来设置图纸入口内部的填充颜色。

【Text Color】选择框：用来设置图纸入口名称的显示颜色。

【Border Color】选择框：用来设置图纸入口的边框颜色。

【Side】选择栏：用来设置图纸入口在图纸符号中的放置位置，共有4种。

【Style】选择栏：用来设置图纸入口的类型，共有8种。

对话框下方为【Properties】区域，其主要功能如下。

【Name】编辑框：用来设置图纸入口的名称。

【I/O Type】选择栏：用来设置图纸入口的类型，共有4种I/O口类型。

【Position】编辑框：用来设置图纸入口距顶部或左侧边界的距离。一般情况下，设计人员不需要设置该项，只需要在放置图纸入口时拖动鼠标即可。

（3）输入/输出端口

输入/输出端口也用于联系子原理图和母原理图。输入/输出端口放置在层次原理图中的子原理图中，与母原理图中的图纸入口是一一对应的关系。

在第 3 章中已经详细介绍过输入/输出端口的属性，这里只强调如图 4-5 所示的【Port Properties】对话框中最常用的设置项。

【Name】编辑框：用来设置输入/输出端口的名称。

【I/O Type】选择栏：用来设置输入/输出端口的类型，它将给系统的电气规则检测提供依据。端口类型共有 4 种：Unspecified（未定义端口）、Output（输出端口）、Input（输入端口）、Bidirectional（双向端口）。

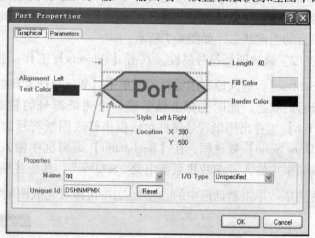

图 4-5 【Port Properties】对话框

4.2 层次原理图的设计步骤

本节使用层次原理图的两种设计方法，即自顶向下的方法和自底向上的方法对 PCB 项目"单片机应用电路"进行层次原理图设计，以求建立一个层次原理图设计的完整过程。

PCB 项目"单片机应用电路"由一张母原理图和三张子原理图组成，母原理图命名为"单片机应用电路.SchDoc"，三张子原理图分别是"单片机系统电路.SchDoc""扩展存储器电路.SchDoc"以及"扩展显示及键盘电路.SchDoc"。

4.2.1 自顶向下设计层次原理图

采用自顶向下的方法设计层次原理图，先要根据"单片机应用电路"的功能，将整个电路划分成 3 个功能模块，形成 3 个图纸符号放置在母原理图上，如图 4-6 所示，每一个图纸符号分别对应一个子原理图。自顶向下设计方法的具体操作步骤如下。

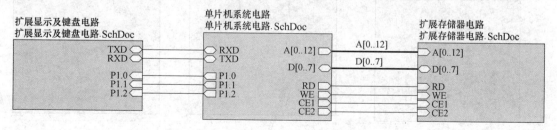

图 4-6 层次原理图中的母原理图

1）建立项目和母原理图文件。执行菜单命令【File】→【New】→【PCB Project】建立一个名为"单片机应用电路.PrjPCB"的 PCB 项目,然后执行菜单命令【File】→【New】→【Schematic】,在该项目下建立一个名为"单片机应用电路.SchDoc"的原理图文件,将项目和文件都保存到目录"D:\Chapter4\单片机应用电路"中,【Projects】工作面板显示出项目的当前状态,如图 4-7 所示。

2)修改图纸符号属性。双击【Projects】工作面板上的原理图文件"单片机应用电路.SchDoc",进入原理图编辑器。单击【Wiring】工具栏中的 按钮,系统将处于放置图纸符号的状态,此时光标上粘贴着一个图纸符号的轮廓。在图纸符号处于悬浮状态时按下【Tab】键弹出图纸符号属性对话框来修改图纸符号的属性。在图纸符号属性对话框中勾选【Draw Solid】复选框,在【Designator】编辑框中输入"单片机系统电路",在【Filename】编辑框中输入"单片机系统电路.SchDoc",其他各项保持系统默认值,如图 4-8 所示。设置完毕,单击对话框中的 OK 按钮即可完成图纸符号属性的设置。

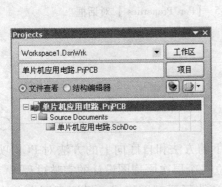

图 4-7 【Projects】工作面板显示
项目的当前状态

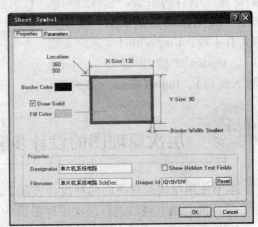

图 4-8 设置图纸符号属性对话框

3)放置图纸符号。移动光标到原理图图纸中的合适位置,单击鼠标左键确定图纸符号的左上角顶点,然后拖动光标到合适的位置,再单击鼠标左键确定图纸符号的右下角顶点,从而完成一个图纸符号的放置工作,如图 4-9 所示。

4)重复上面的操作完成另外两个图纸符号的放置工作,如图 4-10 所示。

图 4-9 单片机系统电路图纸符号

图 4-10 放置其他两个图纸符号

5）放置图纸入口以及修改图纸入口属性。单击【Wiring】工具栏中的 ▣ 按钮，系统处于放置图纸入口的命令状态。移动光标到需要放置图纸入口的图纸符号"单片机系统电路"中，单击鼠标左键后光标上将粘贴着一个图纸入口的轮廓。此时按下【Tab】键弹出图纸入口属性对话框。在图纸入口属性对话框的【Name】编辑框中输入"D[0..7]"，在【I/O Type】下拉列表框中选择"Bidirectional"，其他各项保持系统默认值。设置完毕，单击对话框中的 OK 按钮即可完成图纸入口的属性设置工作，如图4-11所示。

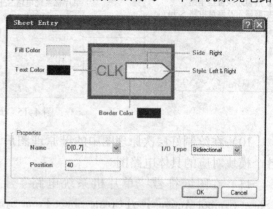

6）将图纸入口移动到图纸符号"单片机系统电路"的右侧，单击鼠标左键即可完成一个图纸入口的放置，如图4-12所示。

图4-11 【Sheet Entry】对话框

7）此时，系统仍处于放置图纸入口的命令状态下，重复相同的操作完成图纸符号"单片机系统电路"中所有图纸入口的放置，如图4-13所示。

图4-12 放置一个图纸入口

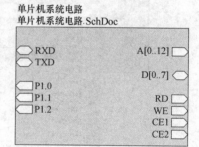

图4-13 图纸入口全部放置完成

8）完成另外两个图纸符号的全部图纸入口放置，如图4-14所示。

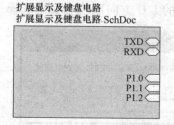

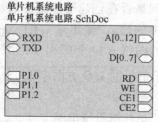

图4-14 放置图纸入口

9）连接图纸符号。最后需要根据电路的电气特性采用导线和总线将3个图纸符号连接起来，其中采用总线连接图纸入口"A[0..12]"和"D[0..7]"，并在总线上放置网络标号"A[0..12]"和"D[0..7]"，用导线连接其他的图纸入口，完成的母原理图如图4-15所示。

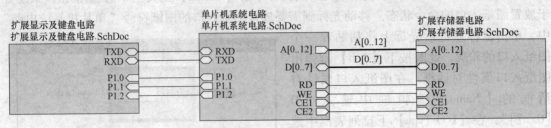

图4-15 母原理图

10）在绘制好层次原理图中的母原理图后，接下来就可以分别绘制子原理图，以完成各个模块对应的具体电路图。

11）在图纸符号"单片机系统电路"上单击鼠标右键，弹出右键菜单，选择命令【Sheet Symbol Actions】→【Create Sheet From Symbol】，如图4-16所示。采用此操作来创建图纸符号"单片机系统电路"对应的子原理图。

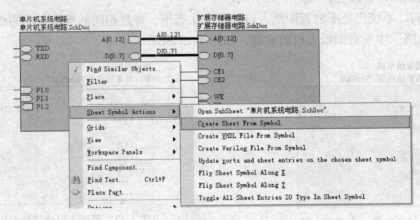

图4-16 生成子原理图的操作

12）执行命令【Sheet Symbol Actions】→【Create Sheet From Symbol】后，弹出如图4-17所示的【Confirm】对话框，询问是否在创建子原理图时将信号的I/O方向取反。如果选择【Yes】，那么创建的子原理图中的输入/输出端口的I/O特性将与对应图纸符号中的图纸入口全部相反，因此单击 No 按钮，表示信号的I/O方向不取反。

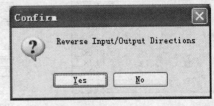

图4-17 【Confirm】对话框

13）系统自动为图纸符号"单片机系统电路"生成一个名为"单片机系统电路.SchDoc"的子原理图，并根据在图纸符号中放置的图纸入口，系统自动在该原理图中生成相应的输入/输出端口。系统自动创建的子原理图如图4-18所示。

14）重复同样的操作，生成子原理图"扩展存储器电路.SchDoc"和"扩展显示及键盘电路.SchDoc"，【Projects】工作面板显示出项目当前的状态，如图4-19所示。

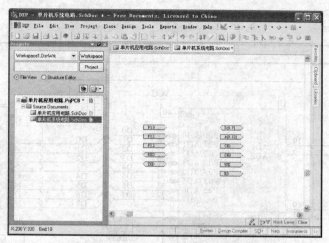

图 4-18　系统自动创建子原理图

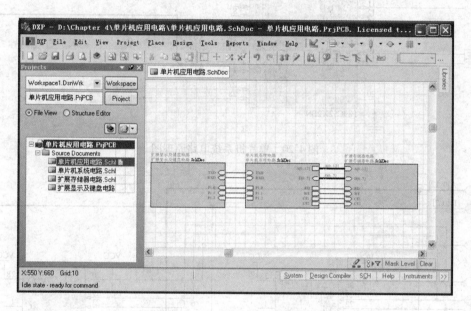

图 4-19　生成 3 个子原理图

15）加载相应的元件库，按照图 4-20～图 4-22 所示，分别绘制子原理图"单片机系统电路 . SchDoc""扩展存储器电路 . SchDoc"以及"扩展显示及键盘电路 . SchDoc"。

16）在上述步骤完成后，还需要对层次原理图进行编译。在【Projects】工作面板中的 PCB 项目"单片机应用电路 . PrjPCB"上单击鼠标右键，从弹出的右键菜单中选择命令【Compile PCB Project 单片机应用电路 . PrjPCB】后，在【Projects】工作面板中可以发现母原理图图标超前 3 个子原理图图标，形成树状结构，说明了母原理图包含子原理图的这种层次关系，如图 4-23 所示。

17）最后对项目和文件进行保存，保存到目录"D：\ Chapter4 \ 单片机应用电路"中，自此完成整个自顶向下的层次原理图设计。

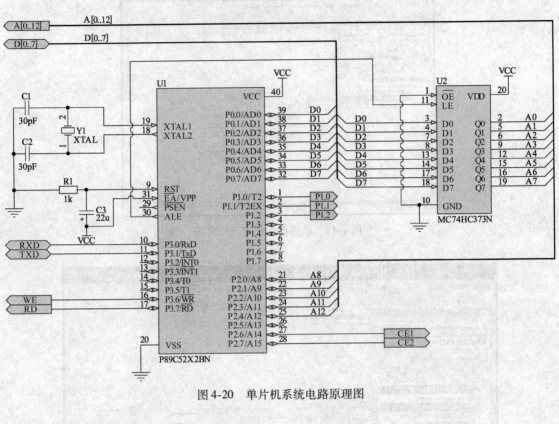

图 4-20　单片机系统电路原理图

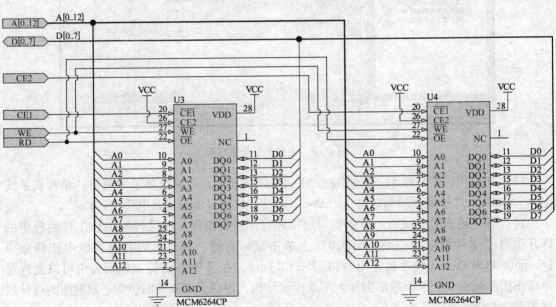

图 4-21　扩展存储器电路原理图

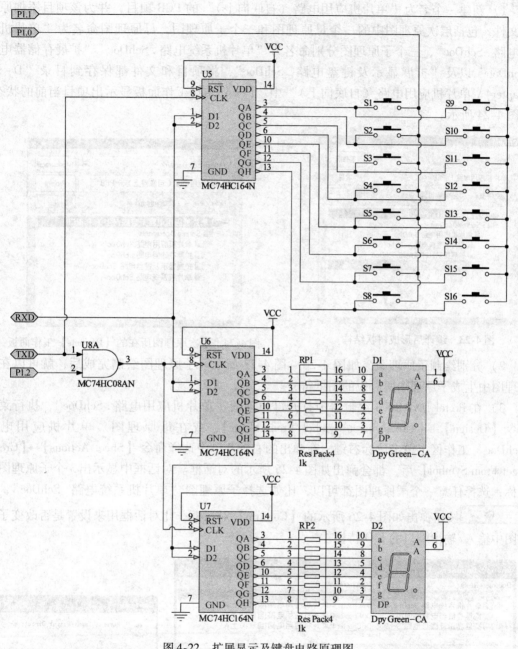

图 4-22 扩展显示及键盘电路原理图

4.2.2 自底向上设计层次原理图

自底向上的层次原理图设计方法刚好与前面介绍的自顶向下设计层次原理图的设计方法相反，首先要绘制好子原理图，然后由子原理图生成图纸符号，从而产生母原理图。这样，由底而上，层层集中，最后完成母原理图的设计。

下面还是以 PCB 项目"单片机应用电路"为例介绍自底向上层次原理图设计方法的具体操作步骤。

1）新建一个名为"单片机应用电路（自底向上）"的 PCB 项目，并为该项目添加原理图文件，包括层次原理图中的一个母原理图和三个子原理图，母原理图命名为"单片机应用电路 . SchDoc"，三个子原理图分别命名为"单片机系统电路 . SchDoc""扩展存储器电路. SchDoc"以及"扩展显示及键盘电路 . SchDoc"，将项目和文件都保存到目录"D：\ Chapter4\ 单片机应用电路（自底向上）"中。【Projects】工作面板显示出项目当前的状态，如图 4-24 所示。

图 4-23 编译后形成树状结构   图 4-24 层次原理图所在的【Projects】工作面板

2）分别绘制子原理图，如图 4-20 ~ 图 4-22 所示。子原理图绘制完成后，就可以在母原理图中生成子原理图所对应的图纸符号。

3）在 Protel DXP 2004 编辑器中打开母原理图"单片机应用电路 . SchDoc"，执行菜单命令【Design】→【Creat Sheet Symbol From Sheet】，或在母原理图"单片机应用电路. SchDoc"工作区上单击鼠标右键，在弹出的右键菜单中选择命令【Sheet Actions】→【Create Sheet From Symbol】后，都会弹出如图 4-25 所示的对话框。对话框中显示出 3 个子原理图的名称，选择任意一个子原理图都可以，比如选择子原理图"单片机系统电路 . SchDoc"，单击 OK 按钮弹出如图 4-26 所示的【Confirm】对话框。此对话框用来设置是否改变子原理图中输入/输出端口的 I/O 特性。

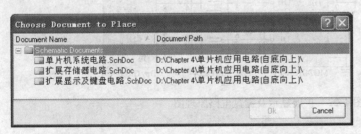
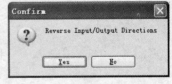

图 4-25 由子原理图生成母原理图对话框   图 4-26 【Confirm】对话框

4）单击 No 按钮确认不改变信号的输入/输出方向后，会在母原理图中生成一个图纸符号，如图 4-27 所示。采用同样的操作依次将 3 个子原理图全部生成图纸符号。可以看到，图纸符号的编号、对应的文件名以及端口都已经被系统设置好了。如果对系统生成的图纸符号的形状或图纸入口的位置不满意，还可以手动进行修改。

5）最后用导线和总线连接母原理图中的 3 个图纸符号，并在总线上放置网络标号，如

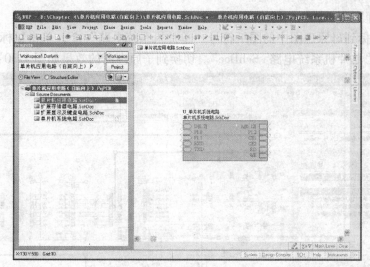

图4-27 生成一个图纸符号

图4-28所示。

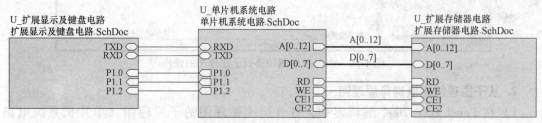

图4-28 采用自底向上的设计方法生成的母原理图

6）在层次原理图的绘制过程中，无论是采用自顶而下的设计方法还是采用自底而上的设计方法，最终都要对项目进行编译，形成母原理图包含子原理图的关系。在【Projects】工作面板中的 PCB 项目"单片机应用电路（自底向上）.PrjPCB"上单击鼠标右键，从弹出的右键菜单中选择命令【Compile PCB Project 单片机应用电路（自底向上）.PrjPCB】后，在【Projects】工作面板中母原理图图标超前3个子原理图图标，形成树状结构，说明项目中原理图之间的层次关系，如图4-29所示。

7）保存项目和文件，完成整个自底向上的层次原理图设计过程。

4.2.3 层次原理图的切换

在系统比较复杂的时候，经常需要在层次原理图之间进行切换。层次原理图的切换指的是从母原理图切换到某个图纸符号对应的子原理图上，或者从某一个子原理图切换到母原理图上。

图4-29 母原理图包含子原理图

1. 从母原理图切换到图纸符号对应的子原理图

1）在 Protel DXP 2004 编辑器中，单击打开层次原理图的母原理图。执行菜单命令【Tools】→【Up/Down Hierarchy】，或者单击【Schematic Standard】工具栏中的 按钮。此时系统处于母原理图和子原理图切换状态。

2）移动光标到母原理图中的图纸符号"单片机系统电路"上，单击鼠标左键，即可切换到子原理图"单片机系统电路.SchDoc"。切换到子原理图的效果如图4-30所示。

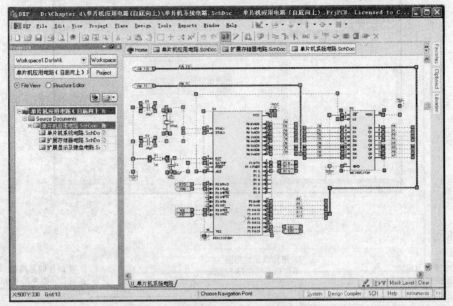

图4-30 由母原理图切换到子原理图的操作

2. 从子原理图切换到母原理图

1）在 Protel DXP 2004 编辑器中，打开层次原理图的子原理图"单片机系统电路.SchDoc"。

2）在子原理图"单片机系统电路.SchDoc"中执行【Tools】→【Up/Down Hierarchy】命令，或单击【Schematic Standard】工具栏中的 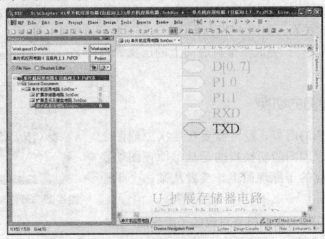 按钮。此时系统处于切换状态，然后单击子原理图"单片机系统电路.SchDoc"中的任意一个输入/输出端口，如输入/输出端口"TXD"，即可切换到母原理图。切换到母原理图的效果如图4-31所示。

图4-31 由子原理图切换到母原理图

4.3 层次原理图的报表

在层次原理图设计完成后，也可以根据设计的要求创建各种报表，如项目层次报表、网络表和元件清单报表等。

4.3.1 项目层次报表

项目层次报表用来描述一个层次原理图的层次结构。下面以项目"单片机应用电路（自底向上）. PrjPCB"为例说明生成项目层次报表的方法。

首先打开项目"单片机应用电路（自底向上）. PrjPCB"以及项目下包含的原理图文件，并对项目进行编译。执行菜单命令【Reports】→【Report Project Hierarchy】，系统将生成该层次原理图的项目层次报表"单片机应用电路（自底向上）. REP"。该报表自动保存在"D：\ Chapter4 \ 单片机应用电路（自底向上）\ Project Outputs for 单片机应用电路（自底向上）"中。与此同时，在【Projects】工作面板的该项目下也显示出与项目同名的项目层次报表。打开该报表文件，如图4-32 所示，从报表中可以很明显地看出层次原理图的层次关系。

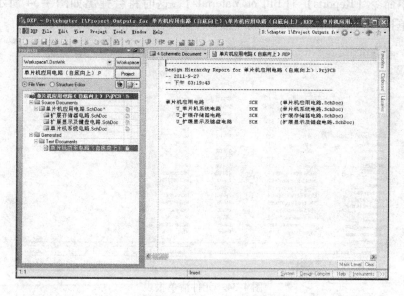

图4-32 项目层次报表

4.3.2 网络表

执行菜单命令【Design】→【Netlist for Project】→【Protel】，这时将会生成整个项目的报表——网络表，如图4-33 所示。项目的网络表显示的是整个项目中所包含的元件及电气连接。

图 4-33　项目的网络表

4.3.3　元件清单报表

执行菜单命令【Reports】→【Bill of Materials】，这时将会弹出如图 4-34 所示的对话框，显示元件清单报表。元件清单报表有助于后期 PCB 的制作和元件的购买。

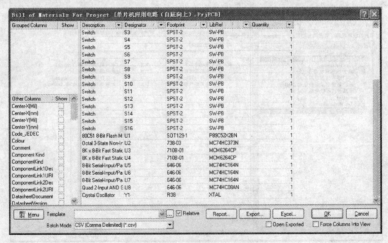

图 4-34　元件清单报表

4.4　思考与练习

1. 大型系统为什么要采用层次化设计？
2. 层次原理图由哪两个部分构成？层次原理图的设计主要有哪两种设计方法？
3. 如何在层次原理图中的母原理图和子原理图之间进行切换？

4. 如何由图纸符号生成子原理图中的 I/O 端口符号？

5. 如何由子原理图文件生成母原理图中的图纸符号？

6. 层次原理图设计的最后需要什么步骤？其作用是什么？

7. 建立一个名为"MyProject_4. PrjPCB"的 PCB 项目，要求利用层次原理图的设计方法，采用自底而上的设计方法对图 4-35 的电路进行设计。要求将该电路拆分为 3 个子原理图文件，3 个子原理图文件分别命名为"MCU. SchDoc""MAX232. SchDoc"和"Mic. SchDoc"，母原理图文件命名为"单片机局部电路. SchDoc"。电路绘制完成后进行电气规则检查，最后将项目和文件全部保存到目录"D：\ Chapter4 \ MyProject"中。

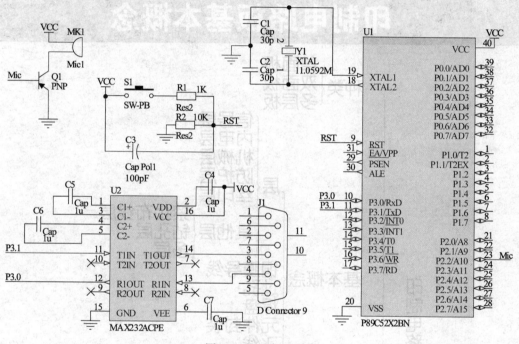

图 4-35　电路原理图

本章要点

1. 层次原理图的设计方法及相关操作。

2. 层次原理图之间的切换。

3. 各种报表的生成。

4. 层次原理图设计实例。

第5章

印制电路板基本概念

印制电路板基本概念
- 种类
  - 单面板
  - 双面板
  - 多层板
- 层
  - 信号层
  - 内电层
  - 机械层
  - 防护层
  - 丝印层
  - 其他层
    - 禁止布线层
    - 钻孔层
    - 多层
- 基本概念
  - 铜膜导线
  - 过孔
  - 焊盘
  - 元件封装
  - 飞线
  - 安全间距
- 元件封装
  - 通孔直插式
  - 表面粘贴式
- PCB 组成
  - 元器件
  - 铜箔
  - 丝印层
  - 绝缘基板
- 制作过程
  - 下料
  - 丝网漏印
  - 腐蚀和去除印料
  - 孔加工
  - 助焊剂和阻焊漆
  - 印标注
  - 成品分割和检查测试
- 设计的基本流程

PCB 是英文 Printed Circuit Board 的缩写，译为印制电路板。简称电路板或 PCB。PCB 是用印制的方法制成导电线路和元件封装，它的主要功能是实现电子元器件的固定安装以及引脚之间的电气连接，从而实现电器的各种特定功能。制作正确、可靠、美观的 PCB 是电路板设计的最终目的。

本章介绍一些 PCB 的基础概念、常用元件封装以及 PCB 设计的流程等，为后几章的学习做好准备。

5.1 PCB 的种类

PCB 的种类可以根据元件导电层面的多少分为单面板、双面板、多层板 3 种。

1. 单面板

单面板是一种一面覆铜而另外一面没有覆铜的电路板。在覆铜的一面上包含有用于焊接的焊盘和用于连接元器件的铜箔导线，在没有覆铜的一面上注有元件的型号、参数以及电路的说明等，以便满足元器件的安装、电路的调试和维修等需求。由于单面板只有一面覆铜，因此所有导线都集中在这一面中，很难满足复杂连接的布线要求，因此只适用于比较简单的电路。

图 5-1 所示为单面板。

2. 双面板

双面板是上、下两面均有覆铜的电路板。因此双面板的顶层和底层都有用于连接元器件的铜箔导线，两层之间是通过金属化过孔来连接。一般来说，双面板的全部元件或多数元件仍安装在顶层，因此元件的型号和参数也多是在顶层上印制，而底层还是用于元器件的焊接。双面板降低了布线难度，同时又提高了电路板的布线密度，可以适应较为复杂的电气连接的要求，是目前应用较为广泛的电路板。

图 5-2 所示为双面板。

图 5-1　单面板

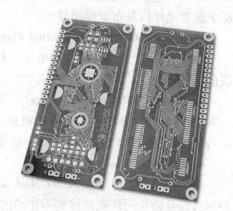

图 5-2　双面板

3. 多层板

对于比较复杂的电路，双面板已不能满足布线和电磁屏蔽要求，这时一般采用多层板设计。多层板结构复杂，它由电气导电层和绝缘材料层交替粘合而成，成本较高，导电层数目一般为偶数，层间的电气连接同样利用层间的金属化过孔实现。随着集成电路技术的不断发展，元件集成度越来越高，电路中元件连接关系越来越复杂，使多层板的应用越来越广泛。

5.2 PCB 设计的基本概念

本节将介绍一些在 PCB 设计中涉及的基本概念。理解相关 PCB 的概念有助于后续章节的学习。

5.2.1 PCB 的工作层面

PCB 的铜箔导线是在一层（或多层）敷着整面铜箔的绝缘基板上通过化学反应腐蚀出来的，元件标号和参数是制作完电路板后印刷上去的，因此在加工、印刷实际电路板过程中所需要的板面信息，在 Protel DXP 2004 的 PCB 编辑器中都有一个独立的层面（Layer）与之相对应。PCB 设计者通过层面（Layers）给 PCB 厂家提供制作该板所需的印制参数，因此理解层面对于设计 PCB 至关重要，只有充分理解各个板层的物理作用以及它和 Protel DXP 2004 中层面的对应关系，才能更好地利用 PCB 编辑器进行电路板设计。

Protel DXP 2004 提供了不同类型的工作层面，分别为：32 个信号层（Signal Layers）、16 个内部电源/接地层（Internal Planes）、16 个机械层（Mechanical Layers）、4 个防护层（Mask Layers）[包括 2 个阻焊层（Solder Mask Layers）和 2 个焊锡膏层（Paste Mask Layers）]、2 个丝印层（Silkscreen Layers）以及 4 个其他层（Other Layers）[包括 1 个禁止布线层（Keep Out Layer）、2 个钻孔层（Drill Layers）和 1 个多层（Multi Layer）]。

1. 信号层（Signal Layers）

信号层包括顶层（Top Layer）、底层（Bottom Layer）和中间信号层（Mid Layer 1 ~ Mid Layer 30），它们主要用来布置信号线。常见的 PCB 双面板设计是在顶层信号层和底层信号层上放置元件以及布置铜箔导线。

2. 内部电源/接地层（Internal Planes）

内部电源/接地层，简称内电层，在 PCB 设计过程中主要为多层板提供放置电源线和地线的专用布线层。

3. 机械层（Mechanical Layers）

Protel DXP 2004 提供了 16 个机械层，用于设置电路板的外形尺寸、对齐标记、数据标记等机械信息。在 PCB 设计过程中最常使用 Mechanical 1 层绘制电路板的外形。

4. 防护层（Masks Layers）

防护层包括阻焊层（Solder Mask Layer）和焊锡膏层（Paste Mask Layer），主要用于保护铜线以及防止元件被焊接到不正确的地方。

阻焊层分为顶部阻焊层（Top Solder Mask Layer）、底部阻焊层（Bottom Solder Mask Layer）两层，为焊盘以外不需要焊锡的铜箔上涂覆一层阻焊漆，主要用于阻止焊盘以外的导线、覆铜区等上锡，从而避免相邻导线焊接时短路，还可防止电路板长期使用时出现的氧化腐蚀。

焊锡膏层，有时也称做助焊层，用来提高焊盘的可焊性能，在 PCB 上比焊盘略大的各浅色圆斑即为所说的焊锡膏层。在进行波峰焊等焊接时，在焊盘上涂上助焊剂，可以提高 PCB 的焊接性能。

5. 丝印层（Silkscreen Layers）

丝印层分为顶层丝印层（Top Overlayer）和底层丝印层（Bottom Overlayer）。丝印层是通过丝印的方式在电路板上印制上元件或电路的基本信息，例如元件封装、元件标号和参数、电路的说明等，以便于元件的安装以及电路的调试。

6. 其他层（Other Layers）

其他层（Other Layers）包括 1 个禁止布线层（Keep Out Layer）、2 个钻孔层（Drill Layers）和 1 个多层（Multi Layer）。

在禁止布线层上绘制一个封闭区域作为自动布线时的区域，可以将电路中的元件和布线有效地控制在该区域内，该区域外不能进行布线。

钻孔层分为钻孔位置层（Drill Guide Layer）和钻孔绘图层（Drill Drawing Layer）。钻孔位置层用于标识印制电路板上钻孔的位置，钻孔绘图层用于设定钻孔形状，多层（Multi Layer）针对通孔焊盘和过孔而设，通孔焊盘和过孔都设置在多层上，关闭此层，则焊盘和过孔将无法显示。

以上介绍的层面基本上都存在和实际电路板相对应的板面，在 PCB 设计过程中经常用到以上各层面的概念，因此务必理解清楚，有关层面的具体解释在以后章节中还会详细介绍。

5.2.2 铜膜导线

铜膜导线是覆铜板经过蚀刻后形成的铜膜布线，简称为导线。铜膜导线是电路板的实际走线，用于连接元件的各个焊盘，是 PCB 的重要组成部分。导线的主要属性是导线宽度，它取决于承载电流的大小和铜箔的厚度。

5.2.3 过孔

在 PCB 中，过孔的主要作用是用来连接不同板层间的导线。在工艺上，过孔的孔壁圆柱面上用化学沉积的方法镀上一层金属，用以连通中间各层需要连通的铜箔，而过孔的上下两面做成圆形焊盘形状。通常，过孔有 3 种类型，它们分别是从顶层到底层的穿透式过孔（通孔）、从顶层通到内层或从内层通到底层的盲过孔（盲孔）、内层间的深埋过孔（埋孔）。过孔的形状只有圆形，主要参数包括过孔尺寸和孔径尺寸。

5.2.4 焊盘

焊盘是在 PCB 上为了固定元件引脚，并使元件引脚和导线导通而加工的具有固定形状的铜膜。焊盘形状一般有圆形（Round）、方形（Rectangle）和八角形（Octagonal）3 种，一般用于固定通孔直插式元件的焊盘有孔径尺寸和焊盘尺寸两个参数，表面粘贴式元件常采用方形焊盘。

5.2.5 元件封装

元件封装是实际元器件焊接到 PCB 上时，在 PCB 上所显示的外形和焊盘位置关系，因此元件封装是实际元器件在 PCB 上的外形和引脚分布关系图。

元件封装的两个要素是外形和焊盘。制作元件封装时必须严格按照实际元器件的尺寸和焊盘间距来制作，否则装配 PCB 时有可能因焊盘间距不正确而导致元器件不能装到电路板上，或者因为外形尺寸不正确，而使元器件之间发生干涉。

5.2.6 飞线

飞线有以下两重含义：

1）在 PCB 设计系统中导入元件之后，在自动布线之前，元件的相应引脚之间出现供观察用的类似橡皮筋的灰色网络连接线，这些灰色连线是系统根据规则自动生成的、用来指引布线的一种连线，一般俗称为飞线。

2）有些厂商在设计 PCB 的布线时，由于技术实力原因往往会导致最后的 PCB 存在不足的地方。这时需要采用人工修补的方法来解决问题，就是用导线连通一些电气网络，有时候也称这种导线为"飞线"，这就是飞线的第二重含义。

注意： PCB 设计中的飞线与铜膜导线有着本质的区别。飞线只是一种形式上的连线，它只是形式上表示出各个焊点之间的连接关系，没有实际电气的连接意义；而铜膜导线则是根据飞线指示的焊点间连接关系布置的具有电气连接意义的连接线路。

5.2.7 安全间距

在设计 PCB 的过程中，设计人员为了避免或者减小导线、过孔、焊盘以及元件之间的相互干扰现象，需要在这些对象之间留出适当的距离，这个距离一般称为安全间距。

5.3 常用元件封装

5.3.1 元件封装的分类

按照元件安装方式，元件封装可以分为通孔直插式封装和表面粘贴式封装两大类。

通孔直插式元件及元件封装如图 5-3 所示。通孔直插式元件焊接时先要将元件引脚插入焊盘通孔中，然后再焊锡。由于元件引脚贯穿整个电路板，所以其焊盘中心必须有通孔，焊盘至少占用两层电路板，因此通孔直插式元件焊盘属性对话框中，Layer（层）的属性必须为"Multi Layer"。

表面粘贴式元件及元件封装如图 5-4 所示。此类封装的焊盘没有导通孔，焊盘与元件在

图 5-3　通孔直插式元件及元件封装　　　　图 5-4　表面粘贴式元件及元件封装

同一层面，元件直接贴在焊盘上焊接。所以表面粘贴式封装的焊盘只限于 PCB 表面板层，即顶层或底层。因此表面粘贴式元件焊盘属性对话框中，Layer（层）的属性必须为单一板层，例如"Top Layer"或"Bottom Layer"。

5.3.2 常用元件封装介绍

根据元件的不同封装，本节将封装分成两大类：一类为分立元件的封装；另一类为集成电路元件的封装。下面介绍几种最基本、最常用的封装形式。

1. 分立元件的封装

（1）电容

电容分普通电容和贴片电容。

普通电容又分为极性电容和无极性电容。

极性电容（如电解电容）根据容量和耐压的不同，体积差别很大，如图 5-5 所示。极性电容封装编号为 RB∗-∗，如 RB5-10.5，其中数字"5"表示焊盘间距，而数字"10.5"表示电解电容的外形直径，单位是 mm。

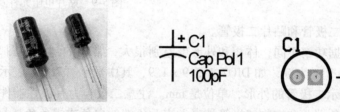

图 5-5 电解电容元件、原理图符号和元件封装

无极性电容根据容量不同，体积外形也差别较大，如图 5-6 所示。无极性电容封装编号为 RAD-∗，如 RAD-0.1，其中数字"0.1"代表焊盘间距，单位是 in（1in = 0.0254m）。

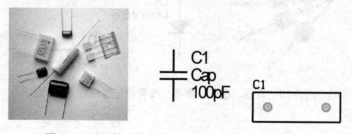

图 5-6 无极性电容元件、原理图符号和元件封装

贴片电容的外形如图 5-7 所示，它们的体积与传统的直插式电容比较而言非常细小，有的只有芝麻粒般大小，已经没有元件引脚，两端白色的金属端直接通过锡膏与电路板的表面焊盘相接。贴片电容封装编号为 CC∗∗-∗∗，如 CC2012-0805，其中"-"后面的数字"0805"分成两部分，前面"08"是表示焊盘间距，后面"05"表示焊盘的宽度，两者的单位都是 in，即 0.08in 与 0.05in，"-"前面的数字"2012"是与"0805"相对应的公制尺寸，单位为 mm，即 2.0mm 与 1.2mm。

（2）电阻

电阻分普通电阻和贴片电阻。

普通电阻是电路中使用最多的元件之一,如图 5-8 所示。根据功率不同,电阻体积差别很大,普通电阻封装编号为 AXIAL - *,如 AXIAL-0.4,其中数字"0.4"代表焊盘间距,单位为 in。

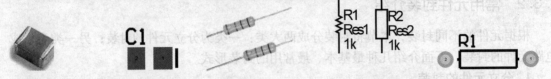

图5-7　贴片电容元件及元件封装　　　　图5-8　普通电阻元件、原理图符号和封装

贴片电阻和贴片电容在外形上非常相似,所以它们可以采用相同的封装,贴片电阻的外形如图 5-9 所示。贴片电阻封装编号为 R * - *,如 R2012-0805,其含义和贴片电容的含义基本相同。

图5-9　贴片电阻元件及元件封装

（3）二极管

二极管分普通二极管和贴片二极管。

普通二极管根据功率不同,体积和外形也差别很大,常用的封装如图 5-10 所示。以封装编号为 DIO * - * × * 为例,如 DIO7.1-3.9×1.9,其中数字"7.1"表示焊盘间距,而数字"3.9×1.9"表示二极管的外形,单位是 mm。注意二极管为有极性器件,封装外形上画有短线的一端代表负端,和实物二极管外壳上表示负端的白色或银色色环相对应。

贴片二极管可用贴片电容的封装套用。

图5-10　普通二极管、普通二极管的原理图符号和封装

（4）晶体管

晶体管分普通晶体管和贴片晶体管。

普通晶体管根据功率不同,体积和外形差别较大,常用的封装如图 5-11 所示,以封装编号为"BCY-W * /E *"为例,如"BCY-W3/E4"。

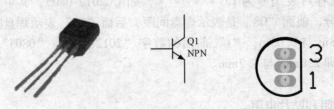

图5-11　普通晶体管、原理图符号和封装

贴片晶体管封装如图 5-12 所示,以封装编号为"SO-G * /C * "为例,如"SO-G3/C2.5"。

（5）电位器

电位器即可调电阻,在电阻参数需要调节的电器中广泛采用,根据材料和精度不同,在体积外形上也差别很大,如图 5-13 所示。常用的封装为 VR 系列,从 VR2 ~ VR5,这里后缀的数字也只是表示外形的不同,而没有实际尺寸的含义,其中 VR5 一般为精密电位器封装。

图 5-12 贴片晶体管及封装

（6）单排直插元件

单排直插元件如用于不同电路板之间电信号连接的单排插座,单排集成块等。一般在元件原理图库中单排插座的常用名称为"Header"系列,其常用的封装一般采用"HDR"系列。图 5-14 所示为封装 HDR1 ×8。

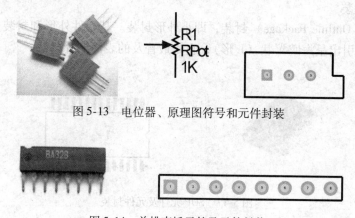

图 5-13 电位器、原理图符号和元件封装

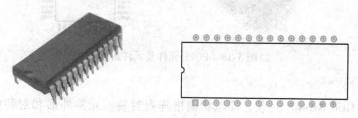

图 5-14 单排直插元件及元件封装

其他分立封装元件大部分在"Miscellaneous Devices. IntLib"库中,这里不再具体说明,但必须熟悉各个元件的命名,这样在调用时就一目了然了。

2. 集成电路元件的封装

（1）DIP 封装

DIP（Dual In-line Package）封装,即双列直插式封装。其元件外形和封装如图 5-15 所示。这种封装的外形呈长方形,引脚从封装两侧引出,引脚数量少,一般不超过 100 个,绝大多数中小规模集成电路芯片（IC）均采用这种封装形式。DIP 封装编号为"DIP * ",如"DIP14",其后缀数字表示引脚数目。

图 5-15 DIP 元件及元件封装

（2）PLCC 封装

PLCC（Plastic Leaded Chip Carrier）封装，即塑料有引线芯片载体封装。其元件外形和封装如图 5-16 所示，引脚从封装的 4 个侧面引出，引脚向芯片底部弯曲，呈 J 字形。J 形引脚不易变形，但焊接后的外观检查较为困难。

图 5-16　PLCC 元件及元件封装

（3）SOP 封装

SOP（Small Outline Package）封装，即小外形封装。其元件外形和封装如图 5-17 所示，引脚从封装两侧引出呈海鸥翼状（L 形），它是最普及的表面贴片封装。

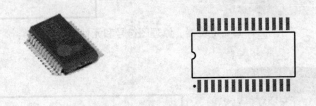

图 5-17　SOP 元件及元件封装

（4）PQFP 封装

PQFP（Plastic Quad Flat Package）封装，即塑料方形扁平式封装。元件外形和封装图如图 5-18 所示。该封装的元件 4 边都有引脚，引脚向外张开。该封装在大规模或超大规模集成电路封装中经常被采用，因为它四周都有引脚，所以引脚数目较多，而且引脚距离也很短。

图 5-18　PQFP 元件及元件封装

（5）BGA 封装

BGA（Ball Grid Array）封装，即球状栅格阵列封装。元件外形和封装如图 5-19 所示。该封装表面无引脚，其引脚成球状矩阵式排列于元件底部。该封装引脚数多，集成度高。

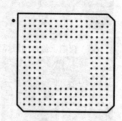

图 5-19　BGA 元件及元件封装

（6）PGA 封装

PGA（Pin Grid Array）封装，即引脚网格阵列封装。元件外形和封装图如图 5-20 所示。该封装结构和 BGA 封装很相似，不同的是其引脚引出元件底部呈矩阵式排列，它是目前 CPU 的主要封装形式。

图 5-20　PGA 元件外形和封装图

5.4 PCB 的基本组成

PCB 是包含一系列元器件，由绝缘板支撑，通过绝缘板上的铜箔进行电气连接的电路板，在电路板表面上还有对 PCB 起注释作用的丝印层。

一般来说，印制电路板包括以下 4 个基本组成部分：

1）元器件。用于实现电路功能的各种元器件，如芯片、电阻、电容、电感、晶体管等。每一个元器件都包含若干个引脚，通过这些引脚，电信号被引入元器件内部进行处理，从而完成相应的功能。

2）绝缘板。采用绝缘材料制成，用于支撑整个电路板。

3）铜箔。在电路板上表现为导线、焊盘、过孔和覆铜等。例如，为了实现两个元器件之间引脚的电气连接，需要使用导电能力较强的铜箔导线连接在元器件引脚对应的焊盘之间。

4）丝印。在电路板上标注的元器件外形、文字或符号，用来对电路板上的元器件或电路功能进行注释，方便电路和元器件的组装及辨识。

图 5-21 所示为 PCB 样板。

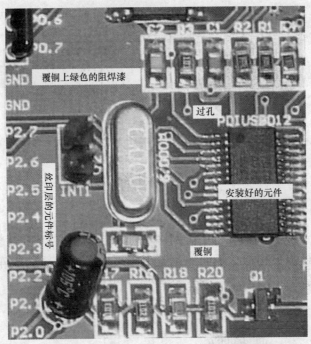

图 5-21　PCB 样板

5.5　PCB 的制作过程

　　PCB 的制作过程包括下料、丝网漏印、腐蚀和去除印料、孔加工等一系列步骤，如图 5-22 所示。本节中以一个单面板制作为例，简单介绍 PCB 的制作过程。

　　1）下料。一般是指选取材料、厚度合适，整个表面铺有较薄铜箔的整张基板。

　　2）丝网漏印。为了制作元件引脚间相连的铜箔导线，必须将多余的铜箔部分利用化学反应腐蚀掉，而使铜箔导线在化学反应的过程中保留下来，所以必须在腐蚀前将元件引脚间相连的铜箔导线利用特殊材料印制到铺有较薄铜箔的整张基板上。该特殊材料可以保证其下面的铜箔与腐蚀液隔离。将特殊材料印制到基板上的过程就是丝网漏印。

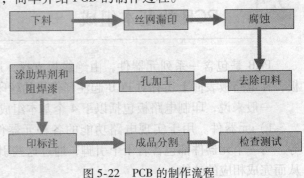

图 5-22　PCB 的制作流程

　　3）腐蚀和去除印料。将丝网漏印后的基板放置在腐蚀化学液中，将裸露出来的多余铜箔腐蚀掉，接下来再利用化学溶液将保留下来铜箔上的特殊材料清洗掉。以上步骤就制作出了裸露的铜箔导线。

　　4）孔加工。为了实现元件的安装，还必须为元件的引脚提供安装孔。可利用数控机床在基板上钻孔。对于双面板而言，为了实现上下层导线的互连，还必须制作过孔。过孔的制作较为复杂，钻孔后还必须在过孔中电镀上一层导电金属膜，该过程就是孔加工。

5）助焊剂和阻焊漆。经过以上步骤，电路板已经初步制作完成，但为了更好地装配元件和提高可靠性，还必须在元件的焊盘上涂抹一层助焊剂。该助焊剂有利用焊盘与元件引脚的焊接。而在焊接过程中为了避免和附近其他导线短接的可能性，还必须在铜箔导线上涂上一层绿色的阻焊漆，同时阻焊漆还可保护其下部的铜箔导线在长期恶劣的工作环境中被氧化腐蚀。

6）印标注。为了元件装配和维修的过程中识别元件，还必须在电路板上印上元件的编号以及其他必要的标注。

7）成品分割和检查测试。将整张制作完成的电路板分割为小的成品电路板。最后还要对电路板进行检查测试。

5.6 PCB 设计的基本流程

对于初次接触 PCB 的设计人员而言，往往不知道 PCB 设计应当从哪里开始，都有哪些步骤，因此在进行 PCB 设计之前，设计人员有必要了解 PCB 设计的基本流程。PCB 设计的基本流程大致可以分为以下几个步骤，流程图如图 5-23 所示。

（1）设计电路原理图

电路原理图的设计是进行 PCB 设计的先期准备工作，是绘制 PCB 的基础步骤。

（2）启动 Protel DXP 2004 的 PCB 编辑器

设计人员通过新建或者打开 PCB 文件来启动 PCB 编辑器，只有进入到了 Protel DXP 2004 的 PCB 编辑器中，设计人员才能够开始进行 PCB 设计。

（3）PCB 设计的基本设置

在 PCB 的设计过程中，基本设置主要包括 3 个方面的设置，它们分别是工作层面的设置、环境参数的设置和电路板的规划设置。

工作层面的设置时在图层堆栈管理器内，根据设计人员的需要，将 PCB 设计成单面板、双面板和多层板 3 种。

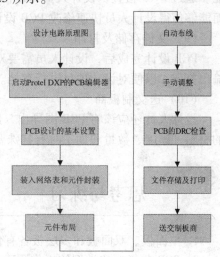

图 5-23　PCB 的设计流程

设计人员根据自己的习惯去设置环境参数，包括栅格的大小，光标捕捉区域的大小、工作层面颜色等，对初学者来说大多数参数都可以采用系统默认值。

规划电路板是指在进行具体的 PCB 设计之前，设计人员要根据设计要求来设置电路板的外形、尺寸、禁止布线边界、安装方式等。

（4）装入网络表和元件封装

PCB 编辑器只有载入网络表和元件封装之后才能开始绘制电路板。网络表是联系原理图编辑器和 PCB 编辑器的桥梁和纽带。电路板的自动布线是根据网络表来进行。

需要注意的是，在原理图设计的过程中，ERC 检查不会涉及元器件的封装问题。因此，在对原理图进行设计时，元器件的封装很可能被遗忘，在引进网络表时可以根据设计情况来修改或补充元器件的封装。

（5）元件布局

元件布局应该从 PCB 的机械结构、散热性、抗电磁干扰能力以及布线的方便性等方面进行综合考虑。元件布局的基本原则是先布局与机械尺寸有关的元件，然后是电路系统的核心元件和规模较大的元件，最后再布局电路板的外围小的元件。

（6）自动布线

Protel DXP 2004 在 PCB 的自动布线上引入了人工智能技术，设计人员只需要在自动布线之前进行简单的布线参数和布线规则设置，自动布线器就会根据设计人员的具体设置选取最佳的自动布线策略来完成 PCB 的自动布线。

（7）手动调整

虽然自动布线具有极大的优越性并且布通率接近于 100%，但在某些情况下自动布线还是难以满足 PCB 设计的要求。这时，设计人员就需要采取手工调整，以满足设计需求，如某些绕得太多的线重新设置、消除部分不必要的过孔等，从而优化 PCB 的设计效果。

（8）PCB 的 DRC 检查

完成 PCB 的自动布线后，设计人员还需要对 PCB 的正确性进行检查。Protel DXP 2004 设计系统为设计人员提供了功能十分强大的设计规则检查（Design Rule Check，DRC）功能。通过 DRC 检查，设计人员可以检查所设计的 PCB 是否满足先前所设定的布线要求，从而能够使得设计人员快速修改 PCB 设计中出现的问题。

（9）文件存储及打印

PCB 设计完成后，设计人员需要对 PCB 设计过程中产生的各种文件和报表进行存储和输出打印，以便对设计项目进行存档。

（10）送交制板商

设计人员还应该将 PCB 图导出，用来送交给制造商来制作所需要的 PCB，应当注明板的材料、厚度、数量和加工时有特殊要求的地方。

5.7 思考与练习

1. 单面板、双面板和多层板各有什么特点？
2. PCB 包括哪些类型的工作层面？
3. 过孔一般分为哪几种类型？
4. 按照元件安装方式，元件封装分哪几类？
5. PCB 通常由哪几部分组成？
6. 简述 PCB 设计的基本流程？

本章要点

1. PCB 设计中的基本概念。
2. 常用元件封装。
3. PCB 的种类及基本组成。
4. PCB 的设计流程。

第6章

PCB设计基础

PCB 设计基础

- 编辑器
  - PCB 编辑器界面
  - PCB 工作面板
- 电路板的规划设置
  - 板层和颜色设置
  - 规划 PCB 的物理边界
  - 规划 PCB 的电气边界
- 工作参数的设置
  - 图纸参数设置
  - PCB 优先选项
- 视图操作
  - 工作区的缩放
  - 刷新 PCB 图
  - PCB 图纸栅格的设置
  - 飞线显示
- 设计的基本操作
  - 创建 PCB 文件
  - 导入元件和网络表
- 放置工具
  - 方法
    - 利用配线工具栏进行放置
    - 利用菜单命令进行放置
    - 利用菜单选项快捷键进行放置
  - 对象
    - 导线
    - 焊盘
    - 过孔
    - 元件封装
    - 矩形填充
- 布线
  - 自动布线
  - 手动布线
  - 取消布线

本章主要介绍 PCB 设计的基本操作，包括 PCB 编辑器的相关介绍、PCB 文件的建立、PCB 主要对象的放置以及布线的方法，熟练掌握这些基本操作为下一章的学习做好准备。

6.1 PCB 编辑器

与新建一个原理图文件的操作完全相同，设计人员可以通过使用菜单命令新建一个 PCB 文件，即执行菜单命令【File】→【New】→【PCB】来创建一个新的 PCB 文件。新建一个 PCB 文件即可打开 PCB 编辑器。熟练使用 PCB 编辑器对设计人员能否顺利完成 PCB 的设计尤为重要。设计人员创建 PCB 文件后，系统将自动进入如图 6-1 所示的 PCB 编辑器界面。

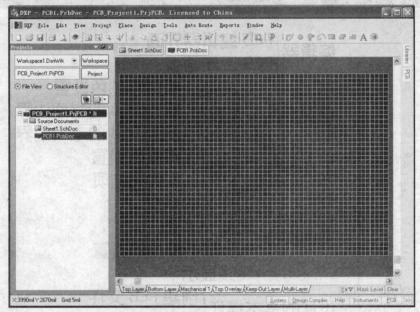

图 6-1　PCB 编辑器的界面

6.1.1 PCB 编辑器界面

PCB 编辑器的工作界面在整体布局上与原理图编辑器的界面布局完全类似，还是由菜单栏、工具栏、工作区和各种管理工作面板、命令状态栏以及面板控制区组成，只是相应区域的功能有所不同。

1. 菜单栏

Protel 的 PCB 编辑器的主菜单包括 11 个菜单项，如图 6-2 所示。该菜单中包括了与 PCB 设计有关的所有操作命令。

　DXP　**File**　**Edit**　**View**　**Project**　**Place**　**Design**　**Tools**　**Auto Route**　**Reports**　**Window**　**Help**

图 6-2　PCB 编辑器界面中的主菜单

【File】菜单：用于文件的打开、关闭、保存、打印及输出等操作。

【Edit】菜单：用于对象的选择、复制、粘贴、移动、排列和查找等操作。

【View】菜单：用于视图的各种操作，如工作窗口的放大和缩小、各种面板、工具栏、状态栏的显示和隐藏等。

【Project】菜单：用于与项目有关的各种操作，如编译文件和项目，创建、删除和关闭文件等操作。

【Place】菜单：用于在 PCB 设计中放置各种对象。

【Design】菜单：用于导入网络表及元件封装、设置 PCB 设计规则、PCB 层颜色和对象类的设置。

【Tools】菜单：为 PCB 设计提供各项工具，如 DRC、元件布局等。

【Auto Route】菜单：与 PCB 自动布线相关的操作。

【Reports】菜单：用于生成 PCB 设计报表以及 PCB 中的测量等。

【Window】菜单：对窗口进行平铺和控制的操作。

【Help】菜单：提供帮助。

2. 工具栏

PCB 编辑器的工具栏包括【Standard】、【Navigation】、【Filter】、【Wiring】、【Utilities】5 个工具栏，如图 6-3 ~ 图 6-7 所示，可以根据需要选择显示或隐藏这些工具栏。

【Standard】工具栏：该工具栏中大部分的工具按钮与原理图标准工具栏功能相同，包括对文件的操作、对视图的操作以及对象的剪切、复制、粘贴、移动等功能。

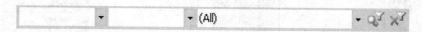

图 6-3 【Standard】工具栏

【Navigation】工具栏：该工具栏指示文件所在的路径，支持文件之间的跳转及转至主页等操作。

图 6-4 【Navigation】工具栏

【Filter】工具栏：该工具栏用于设置屏蔽选项，在【Filter】工具栏中的编辑框下选择屏蔽条件后，PCB 工作区只显示满足用户需求的对象，如某一个网络或元件等。

图 6-5 【Filter】工具栏

【Wiring】工具栏：该工具栏主要提供在 PCB 编辑环境中电气对象的放置操作，如放置铜膜导线、焊盘、过孔、PCB 元件封装等电气对象。

【wiring】工具栏中各个按钮的功能如下：

按钮用于放置导线；◎按钮用于放置焊盘；按钮用于放置过孔；按钮用于放置圆弧；按钮用于放置填充；按钮用于放置铜区域；按钮用于放置覆铜；按钮用于放置 PCB 元件封装。

【Utilities】工具栏：该工具栏中的工具按钮用于在 PCB 编辑环境中绘制不具有电气意义

的非电气对象，如绘制直线、圆弧、坐标、标准尺寸等。

图 6-6 【Wiring】工具栏 　　　　　　　　　　　　　　　　图 6-7 【Utilities】工具栏

【Utilities】工具栏中各个按钮的功能如下：

单击绘图按钮　，弹出如图 6-8 所示的工具栏，该工具栏中的按钮用于绘制直线、圆弧等非电气对象。

与绘图按钮　的操作完全相同，依次单击其他按钮同样可以弹出具有不同功能的工具栏，如图 6-9 ~ 图 6-13 所示。其中，对齐按钮　用于对齐选择的对象；查找按钮　用于查找元件或者元件组；标注按钮　用于标注 PCB 图中的尺寸；Room 按钮　用于在 PCB 图中绘制各种分区；栅格按钮　用于设置 PCB 图中的对齐栅格的大小。

图 6-8 展开绘图按钮

图 6-9 展开对齐按钮

图 6-10 展开查找按钮

图 6-11 展开标注按钮

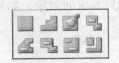
图 6-12 展开 Room 按钮

图 6-13 展开栅格按钮

6.1.2 PCB 工作面板

在 Protel DXP 2004 的各个编辑器中都提供了一些有助于管理的工作面板，PCB 编辑器同样也提供了丰富的工作面板，例如【Filter】工作面板、【List】工作面板、【Inspector】工作面板和【PCB】工作面板等。

其中，【PCB】工作面板是 PCB 设计中最为经常使用的工作面板。通过【PCB】工作面板可以观察到电路板上所有对象的信息，还可以对元件、网络等对象的属性直接进行编辑。

对【PCB】工作面板的熟练操作有益于提高设计工作效率。

单击 PCB 编辑器右下角工作面板区的【PCB】标签，选择其中的【PCB】选项，如图 6-14 所示，此时会弹出如图 6-15 所示的【PCB】工作面板。

在【PCB】工作面板中包括 6 个区域：对象类型选择区域、命令选择区域、对象列表区域、对象浏览区域、对象描述区域以及 PCB 浏览窗口。

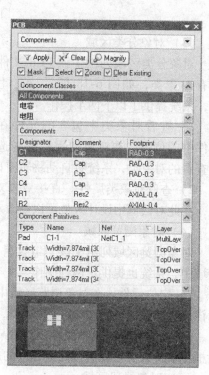

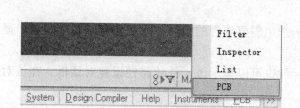

图 6-14　选择【PCB】选项　　　　　　　图 6-15　【PCB】工作面板

（1）对象类型选择区域

对象类型选择区域列出 PCB 文件中所有对象的分类情况，如图 6-16 所示。其中的【Nets】、【Components】、【Rules】、【From-To Editor】、【Split Plane Editor】选项分别表示查看该 PCB 文件中所有的网络、元件、规则、焊点位置、Plane 编辑项。

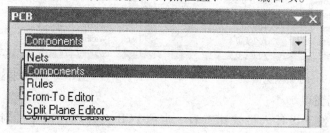

图 6-16　对象类型选择区域

（2）命令选择区域

命令选择区域要求选择被查找对象的显示方式。系统提供了以下几种选择方式，如图 6-17 所示。

【Mask】选项：勾选此选项，选中的对象将高亮，未选中的对象被屏蔽。

【Select】选项：勾选此选项，选中的对象处于被选择状态。

【Zoom】选项：勾选此选项，选中对象以适合的大小出现在窗口中。

【Clear Existing】选项：勾选此选项，撤销上次操作结果的高亮显示状态。

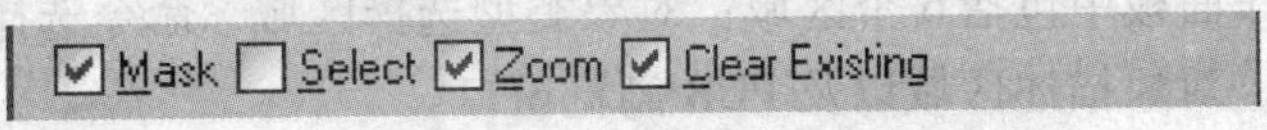

☑ Mask ☐ Select ☑ Zoom ☑ Clear Existing

图 6-17　命令选择区域

（3）对象分类区域

对象分类区域列出了该 PCB 文件中的所有对象类，如图 6-18 所示。在此区域中，系统提供了以下两个操作。

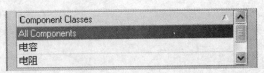

图 6-18　对象分类区域

1）查看对象类中包含的元件在 PCB 文件中的位置。在对象列表栏单击选中需要查看的对象类，系统将自动跳转窗口，显示该对象类的所有元件。

2）查看对象类属性。直接双击对象类的名称，系统自动弹出对象类的属性设置对话框，在此对话框中设计人员可以修改对象类的属性。

（4）对象浏览区域

对象浏览区域列出了该 PCB 文件中某个对象类中所包含的元件，如图 6-19 所示。在此区域中，系统也提供了两种操作。

1）定位元件。在对象浏览区域中单击选中需要查看的元件，系统将自动跳转窗口，显示该元件所在的位置。

2）查看元件的基本属性。双击某个元件也可以显示该元件的属性设置对话框。在该对话框中设计人员可以直接修改元件的属性。

（5）对象描述区域

对象描述区域列出了在对象浏览区域中被选元件包含的所有组件，如图 6-20 所示。在此区域中，系统提供了与对象浏览区域功能完全相同的操作。

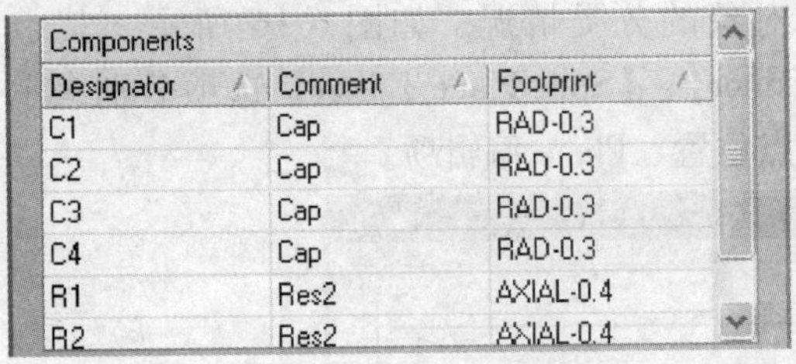

Components		
Designator	Comment	Footprint
C1	Cap	RAD-0.3
C2	Cap	RAD-0.3
C3	Cap	RAD-0.3
C4	Cap	RAD-0.3
R1	Res2	AXIAL-0.4
R2	Res2	AXIAL-0.4

图 6-19　对象浏览区域

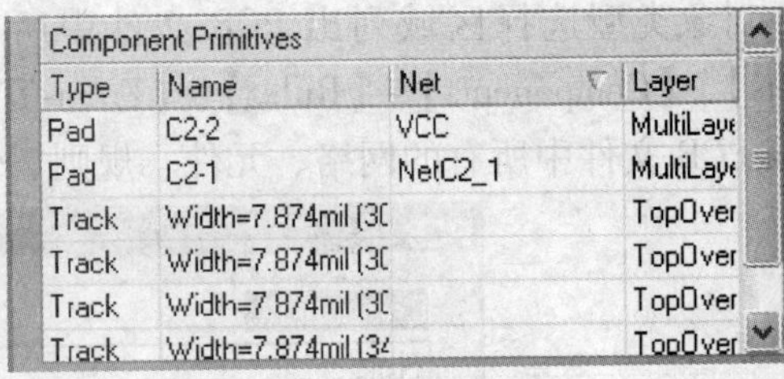

Component Primitives			
Type	Name	Net	Layer
Pad	C2-2	VCC	MultiLaye
Pad	C2-1	NetC2_1	MultiLaye
Track	Width=7.874mil (30		TopOver
Track	Width=7.874mil (30		TopOver
Track	Width=7.874mil (30		TopOver
Track	Width=7.874mil (34		TopOver

图 6-20　对象描述区域

（6）PCB 浏览窗口

PCB 浏览窗口便于设计人员快速查看、定位 PCB 文件工作区中的对象，如图 6-21 所示。该窗口提供两种操作。

1）单击【PCB】工作面板上的 ▽ Apply 按钮，系统将定位到对象分类区域、对象浏览区域或对象描述区域中被选中的对象上。

2）调整 PCB 浏览窗口中的白色方框的大小可以缩放 PCB 的观察范围。同时，如果移

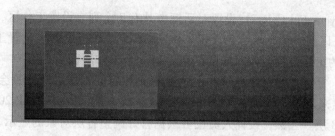

图 6-21　PCB 浏览窗口

动光标到 PCB 浏览窗口中的白色方框，光标将呈十字形。此时拖动白色方框，可以观察 PCB 的局部细节。

在本节对【PCB】工作面板的介绍中，是以对象选择区域选择【Components】为例的，对其他的对象选择区域选择项的操作基本是大同小异，本节不再详细描述。对于【PCB】工作面板，建议设计人员熟练掌握，以提高 PCB 设计的效率。

6.2　电路板的规划设置

6.2.1　板层和颜色设置

Protel DXP 2004 提供了 6 种不同类型的工作层，包括信号层、内电层、机械层、屏蔽层、丝印层以及其他层，总共 74 个工作层。

进入 PCB 编辑器后，执行菜单命令【Design】→【Board Layers & Colors】或快捷键 L，将弹出如图 6-22 所示的【Board Layers and Colors】对话框。

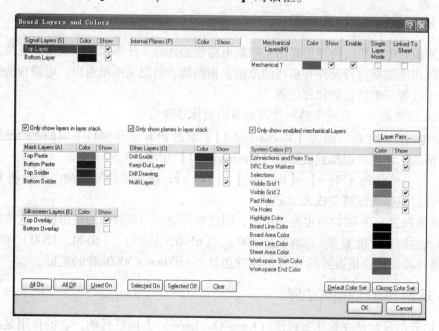

图 6-22　【Board Layers and Colors】对话框

在【Board Layers and Colors】设置对话框中共有 7 个列表设置工作区，包括 6 个工作板层列表设置工作区以及 1 个系统颜色设置工作区。6 个工作板层列表设置工作区分别用于设置 PCB 中要显示的工作层面以及对应的颜色，每一个工作层面后面都有一个【Color】选择框和一个【Show】复选框，选中【Show】复选框则相应的工作层面标签会在 PCB 编辑器的工作平面中显示出来。为了区别各 PCB 板层，默认状态下，Protel DXP 2004 使用不同的颜色表示不同的 PCB 层。当然，设计人员也可根据喜好调整各层对象的显示颜色，用鼠标左键单击【Color】选择项，将弹出颜色选择对话框，对系统中每一个层面的显示颜色进行设置。

在系统颜色设置工作区，设计人员可以采用同样的操作定义下列项目的颜色，以及部分项目显示与否。

【Connections and From Tos】：PCB 中的电气连接预拉线。

【DRC Error Markers】：PCB 中的 DRC 检查错误标志。

【Selections】：PCB 中的选中区域。

【Visible Grid1】：可视栅格 1。

【Visible Grid2】：可视栅格 2。

【Pad Holes】：焊盘中心孔。

【Via Holes】：过孔中心孔。

【Board Line Color】：PCB 边框线颜色。

【Board Area Color】：PCB 区域颜色。

【Sheet Line Color】：PCB 图纸边框线颜色。

【Sheet Area Color】：PCB 图纸区域颜色。

【Workspace Start Color】：工作窗口面板的起始颜色。

【Workspace End Color】：工作窗口面板的结束颜色。

6.2.2　规划 PCB 的物理边界

一般来说，电路板的物理边界用来限制电路板的外形、外部尺寸以及安装孔位置等；而电气边界则用来限制放置元件和布线的范围。根据两者的定义不难看出，电路板的电气边界一般要小于或等于电路板的物理边界。

在 PCB 编辑器中，确定电路板物理边界的具体步骤为

1）设定当前的工作层面为【Mechanical 1】。单击 PCB 工作窗口下面的 Mechanical 1 标签，便可将当前的工作层面切换到机械层【Mechanical 1】层面。

2）执行菜单命令【Place】→【Keepout】→【Track】，激活绘制导线命令来绘制 PCB 的物理边界，此时鼠标光标将变成大十字形。

3）这里设置 PCB 的物理边界为矩形，因此要求绘制一个封闭的矩形框，这个矩形框的 4 个顶点坐标分别设置为（2000，4500）、（6500，4500）、（6500，1500）和（2000，1500），可以看出，这里设置的 PCB 的物理边界为 4500mil × 3000mil 的矩形。

6.2.3　规划 PCB 的电气边界

电气边界的设定是在禁止布线层（Keep-Out Layer）上面进行的，它的作用是将所有的焊盘、过孔和布线限定在适当的范围之内。电气范围的边界不能大于物理边界，也可将电气

边界的大小设置为与物理边界相同。规划电气边界时，单击 PCB 设计工作窗口下面的 <Keep-Out Layer> 标签，这样就可以将 PCB 的工作层面切换到禁止布线层。电路板的电气边界的设置方法与设置物理边界类似，这里不再重复介绍。

6.3 PCB 工作参数的设置

在开始布线之前，首先要对 PCB 的工作参数进行设置，PCB 工作参数的设置是 PCB 设计过程中非常重要的一步，它将直接影响到后续 PCB 的设计。PCB 工作参数的设置包括图纸参数设置和 PCB 优先选项两部分。

6.3.1 图纸参数设置

图纸参数的设置主要包括设置图纸的尺寸、栅格的大小和栅格的显示方式等。

在 PCB 编辑器中，单击鼠标右键弹出快捷菜单，选择【Options】→【Board Options】，将会弹出 PCB 的图纸参数设置对话框，如图 6-23 所示。

通过该对话框，可以进行 PCB 图纸参数设置。

（1）【Measuerment Unit】设置区域

该区域用来设置 PCB 中的度量单位，单击【Unit】下拉列表框中的 ▼ 按钮可以选择英制（Imperial）单位或者公制（Metic）单位。

（2）【Snap Grid】设置区域

该区域用来设置光标捕获到网格的最小距离。光标捕获到网格的最小距离，指按一次键盘上的方向键后光标移动的距离。设

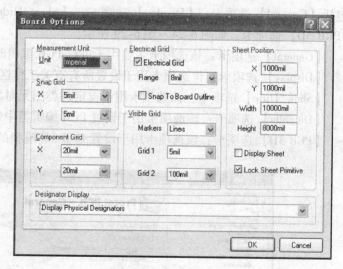

图 6-23 PCB 图纸参数设置对话框

计人员既可以直接输入数值进行设置，也可以通过单击按钮 ▼ 来选择捕获网格的数值。

（3）【Component Grid】设置区域

该区域用来设置 PCB 中元件移动的最小距离，即使用鼠标移动元件时，鼠标移动一次元件移动的最小距离。元件网格与捕获网格设置的方法相同。

（4）【Electrical Grid】设置区域

该区域用来设置 PCB 中的电气网格，即系统以光标为中心，在电气网格设置的数值为半径的圆形区域内自动搜索电气节点。

（5）【Visible Grid】设置区域

该区域用来设置 PCB 图纸上可视网格的距离。可视网格的功能主要是为了方便电气对象的对齐。该区域包括 3 项设置：

【Markers】选择栏：用来设置可视网格的类型，单击选择栏右键的 按钮可以选择 Dots（点状）可视网格和 Lines（线状）可视网格。

【Grid 1】、【Grid 2】输入选择栏：用来设置 PCB 中的第一和第二可视网格。

（6）【Sheet Position】设置区域

该区域用来设置 PCB 图纸的位置。该区域包括 5 项设置。

【X，Y】输入栏：用来设置 PCB 图纸左下角起始点的坐标值。

【Width】、【Heigh】输入栏：用来设置 PCB 图纸的宽度和高度。

【Display Sheet】复选框：用来设置是否显示 PCB 的图纸。

【Lock Sheet Primitive】复选框：用来设置是否锁定 PCB 的图纸。

6.3.2 PCB 优先选项

PCB 优先选项主要设置在 PCB 文件编辑时的一系列参数，以方便设计人员的操作，同时系统允许设计人员对这些功能进行设置，使其更符合自己的操作习惯。但是对于一般的设计人员来说，建议采用系统默认设置即可。

执行菜单命令【Tools】→【Preferences】，系统弹出【Preferences】对话框。该对话框中包括【General】选项卡、【Display】选项卡、【Show/Hide】选项卡、【Defaults】选项卡、【PCB 3D】选项卡，如图 6-24 ~ 图 6-29 所示。

【General】选项卡：该选项卡主要用于进行 PCB 编辑时的通用设置。

【Display】选项卡：该选项卡用于设置所有有关工作区显示的方式。

【Show/Hide】选项卡：该选项卡用于设定各类图元对象显示模式。

【Defaults】选项卡：该选项卡用于设置 PCB 编辑器中每个图元对象的默认值。

【PCB 3D】选项卡：该选项卡用于设置 PCB 3D 模型的参数。

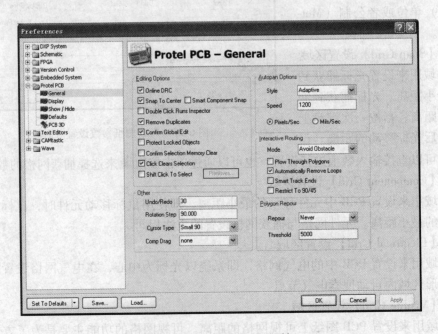

图 6-24 PCB 优先选项对话框

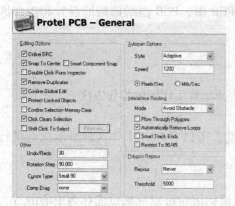

图 6-25 【General】选项卡

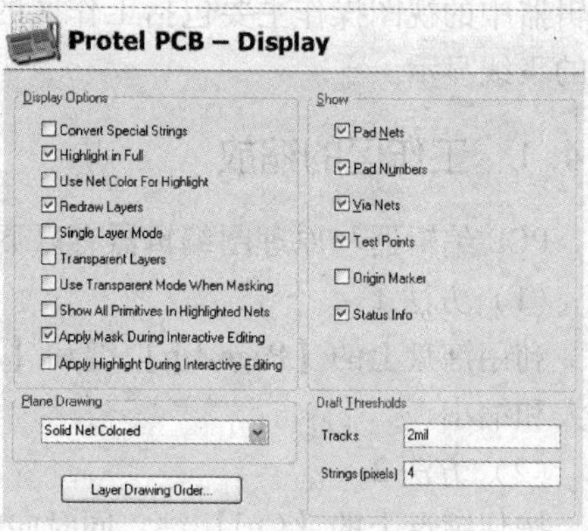

图 6-26 【Display】选项卡

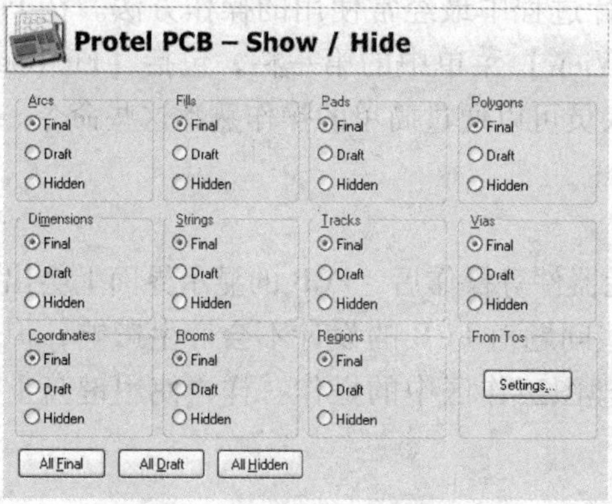

图 6-27 【Show/Hide】选项卡

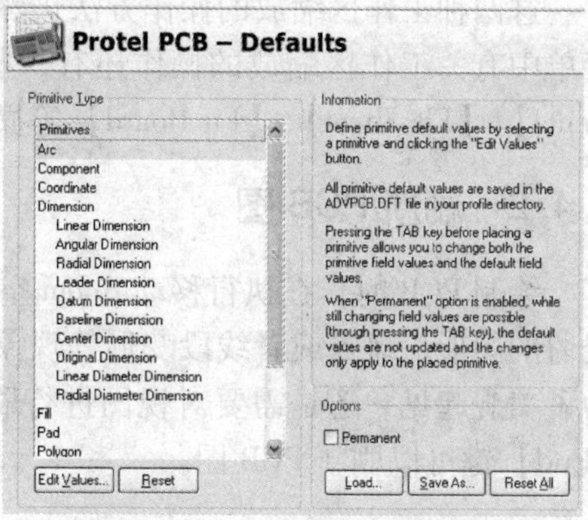

图 6-28 【Defaults】选项卡

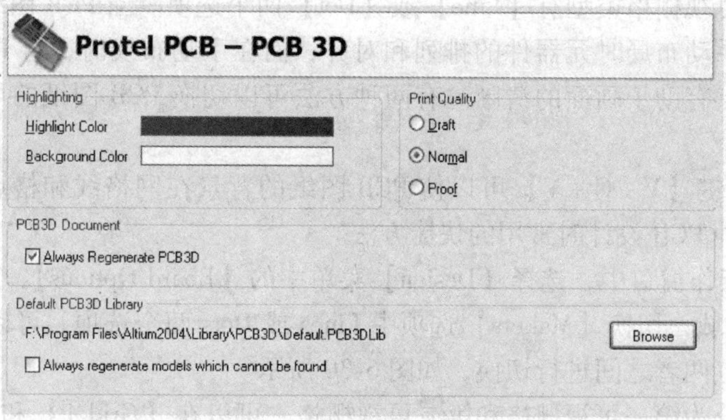

图 6-29 【PCB 3D】选项卡

6.4 PCB 中的视图操作

与原理图编辑器一样，在 PCB 编辑器中也提供了方便快捷的视图操作。PCB 编辑器中的视图操作很大部分和原理图编辑器是相同的，当然也有属于 PCB 编辑器独有的操作。PCB

编辑器中的视图操作主要包括工作区的缩放、刷新 PCB 图、PCB 图纸栅格的设置和工作区中的飞线显示。

6.4.1 工作区的缩放

PCB 编辑器与原理图编辑器有以下两种相同的快捷缩放工作区的操作方法。

（1）方法 1

利用键盘上的【Page Up】键和【Page Down】键，可以对 PCB 工作区的显示比例进行放大和缩小。

（2）方法 2

按住键盘上的【Ctrl】键，同时向前或向后滚动鼠标滚轮可以完成以光标为中心的放大和缩小工作区的操作。

这两种工作区缩放的操作方法仍然是 PCB 设计过程中最经常使用的操作方法。在 PCB 菜单中有关工作区缩放的操作还有一些，例如【View】菜单中的第一栏，包括【Fit Documents】、【Fit Sheet】、【Fit Board】等操作，设计人员可以通过简单的操作熟悉这些命令。

6.4.2 刷新 PCB 图

绘制 PCB 时，在执行移动 Room 空间、移动元器件等操作后，PCB 的显示界面上会出现残留的图形、斑点或者线段变形等现象。虽然这些问题对 PCB 的设计不会产生影响，但是为了美观起见，还是需要对视图进行刷新。与原理图工作区中的操作一样，使用键盘上的【End】键可以刷新 PCB 图。

6.4.3 PCB 图纸栅格的设置

PCB 图纸的可视栅格类型有【Line】或【Dot】两个选项。当 PCB 图纸上的可视栅格为网格线时有助于手动布局时元器件的排列和对齐；而在手动布线时，将 PCB 图纸的可视栅格类型切换为格点有助于画面的清晰。有两种方法可以切换 PCB 图纸的可视栅格类型。其方法有如下两种。

1）使用快捷键【V+G+V】可以使 PCB 图纸的背景在网格线和格点两者之间快速进行切换，这是一种 PCB 设计时常用的快捷方法。

2）在 PCB 工作窗口中，选择【Design】菜单中的【Board Options】，从弹出的窗口中的【Visible Grid】区域，切换【Makers】选项中 Lines 或 Dots 两个选项，可以使 PCB 图纸的背景在网格线和格点两者之间进行切换，如图 6-30 所示。

可视栅格还分为第一可视栅格和第二可视栅格，可以在【Grid 1】和【Grid 2】中分别设定它们的尺寸，系统默认第一可视栅格的尺寸为 5mil，第二可视栅格的尺寸为 100mil，将 PCB 工作窗口逐渐放大，就可以显示第一可视栅格，如果一直没有显示，执行菜单命令【Design】→【Board Layers&Colors】，注意【System Colors】区域中的选项【Visible Grid1】后的复选框是否勾选，勾选后即可在 PCB 设计中显示第一可视栅格。

6.4.4 工作区中的飞线显示

在 PCB 编辑器中导入元器件之后，在自动布线之前，元器件的相应引脚之间出现供观

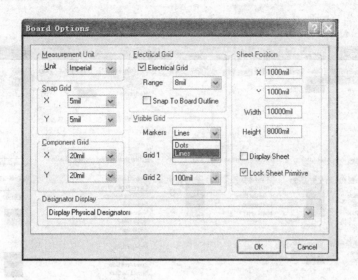

图6-30 【Board Options】对话框

察用的类似橡皮筋的灰色连接线。这些灰色连线是系统根据规则自动生成的、用来指引布线的一种连线，一般俗称为飞线。在PCB中，飞线将具有电气连接的元器件引脚连接起来，是元器件之间电气连接的示意。注意：飞线与PCB上实际的走线意义是不同的，飞线可以相互交叉。

飞线的显示是很重要的，一旦在设计过程中，由于某种操作导致飞线隐藏起来，那么在手动布线或者自动布线后的手动修改的时候，由于不能直接显示元器件引脚之间的连接关系，将给手动布线和手动修改带来很大的困难。因此，在对PCB设计的时候，有必要掌握飞线的显示和隐藏方法。飞线在工作区中有以下两种显示和隐藏的方法，两种方法必须全部掌握，在飞线隐藏的时候，可以尝试分别用这两种方法来恢复显示飞线。

（1）方法1

在Protel DXP 2004设计系统主界面执行菜单命令【View】→【Connections】，通过子菜单中【Show Net】→【Hide Net】、【Show Component Nets】→【Hide Component Nets】、【Show All】→【Hide All】3对操作来实现对工作区中单个元件或单个网络或全部网络中飞线的显示与隐藏，如图6-31所示。这种飞线显示和隐藏的方法也可以使用快捷键【N】来操作，功能是一样的。

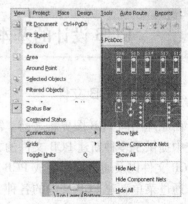

图6-31 【View】菜单中的
【Connections】项

（2）方法2

执行命令【Design】→【Board Layers and Colors】（或在工作区中使用快捷键【L】），弹出【Board Layers and Colors】对话框，通过对【System Colors】区域中的【Connections and From Tos】后的【Show】复选框的勾选实现飞线的显示和隐藏。如图6-32所示。

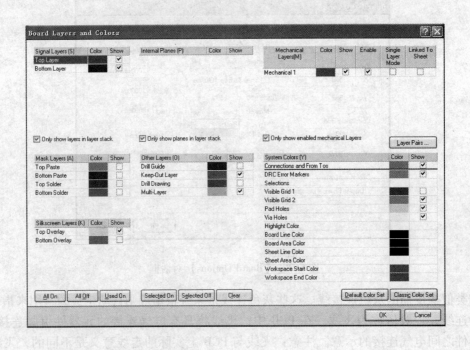

图 6-32 【Board Layers and Colors】对话框

飞线的显示和隐藏是一项非常好用的功能，在 PCB 手动布局和手动布线的时候，两项功能的使用可以使操作更为简便。

6.5 PCB 设计的基本操作

6.5.1 新建 PCB 文件

由原理图向 PCB 图更新之前，需要先建立一个新的 PCB 文件。在 Protel DXP 2004 设计系统中提供了多种新建 PCB 文件的方法，它们分别是通过向导生成 PCB 文件、通过菜单生成 PCB 文件以及通过模板生成 PCB 文件。

通过菜单新建 PCB 文件的各种方法与在原理图编辑器中的操作基本是一致的，这里不再重复介绍。通过向导生成 PCB 文件也是一种常用的方法，本节将重点介绍这种方法。在 Protel DXP 2004 设计系统中，利用 PCB 生成向导来新建 PCB 文件的具体步骤如下。

1）在 Protel DXP 2004 设计系统的主界面上，单击主界面右下角面板控制区的【System】标签，选择其中的【Files】选项，这时将会弹出如图 6-33 所示的【Files】工作面板。在【Files】工作面板中，单击面板底部【New from template】区域中的【PCB Board Wizard】选项，弹出如图 6-34 所示的 PCB 文件生成向导对话框。

图6-33 【Files】工作面板　　　　　图6-34　PCB文件生成向导对话框

2）单击【PCB Board Wizard】对话框的 Next> 按钮，系统弹出【Choose Board Units】界面，如图6-35所示，在【Choose Board Units】界面中，系统为设计人员提供了两种度量单位，它们分别是：

"英制"选择项：系统的度量单位为英制中的"mil"，其中1000mil＝1in。这里，该选择项是系统默认的度量单位。

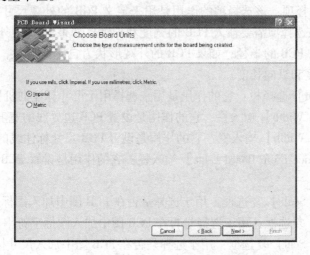

图6-35 【Choose Board Units】界面

"公制"选择项：系统的度量单位为公制中的"mm"，英制中的"mil"与公制中的"mm"之间的换算关系为：1mil＝0.0254mm。

由于多数元件封装都采用英制单位，因此选取系统默认的英制度量单位。

3）单击 Next> 按钮，这时 PCB 文件生成向导将会进入到【Choose Board Profiles】界面，如图 6-36 所示，在界面中的 PCB 类型列表中，系统为设计人员提供了多种工业标准板型。如果设计人员对提供的各种工业标准板型不满意，那么可以在板型列表中选择【Custom】（自定义形式），然后根据设计的需要输入自定义尺寸。这里，选择自定义形式【Custom】选择项。

4）单击 Next> 按钮，这时生成向导将会进入到如图 6-37 所示的【Choose Board Details】界面。【Choose Board Details】界面中各个选择项的具体功能如下。

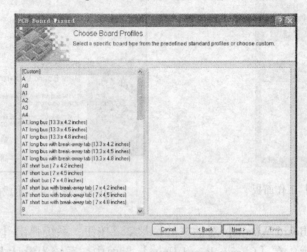

图 6-36 【Choose Board Profiles】界面

【Outline Shape】选择项：该选择项的作用是用来定义 PCB 的外观形状，系统为设计人员提供了 3 种形状，它们分别是矩形、圆形和自定义形状。

【Board Size】选择项：该选择项的作用是用来定义 PCB 的外观尺寸。如果 PCB 的外观形状为矩形，那么该选择项需要输入 PCB 的宽度和长度；如果 PCB 的外观形状为圆形，那么该选择项需要输入 PCB 的半径；如果 PCB 的外观形状为自定义形状，那么该选择项需要输入 PCB 的横向长度和纵向长度。

【Dimension Layer】选择栏：它的作用是用来选择用于尺寸标注的机械层。

【Boundary Track Width】输入栏：它的作用是设置 PCB 边界线的宽度。

【Dimension Line Width】输入栏：它的作用是设置 PCB 尺寸标注线的宽度。

【Keep Out Distance From Board Edge】输入栏：它的作用是设置 PCB 的电气边界与物理边界之间的距离。

【Title Block and Scale】复选框：用于选择是否在 PCB 图中加入图标题和图纸比例。

【Legend String】复选框：用于选择是否在 PCB 图中加入图标字符串。

【Title Block and Scal】复选框：用于选择是否在 PCB 图中加入尺寸标注线。

【Corner Cutoff】复选框：用于选择是否需要设置 PCB 边角的截止边界。

【Inner Cutoff】复选框：用于选择是否需要设置 PCB 内层的截止边界。

如果勾选【Corner Cutoff】复选框和【Inner Cutoff】复选框，单击 Next> 按钮后，可以再看到具体的设置界面。

本例中，在【Choose Board Details】界面的【Outline Shape】选择项中把 PCB 的外观形状设置成矩形，其他选取系统的默认值。

5）单击 Next> 按钮，这时 PCB 文件生成向导将会进入到【Choose Board Layers】界面中，如图 6-38 所示。在【Choose Board Layers】界面中，可以根据设计需要设置信号层和内电层的数目。信号层是指用于布线的图层，内电层是指用整片铜膜构成的接电源或接地的图层。本例中需要设计的 PCB 为一个双面板，故有两层信号层，没有内电层。因此将 PCB 的信号层数目设置为"2"，内电层数目设置为"0"。

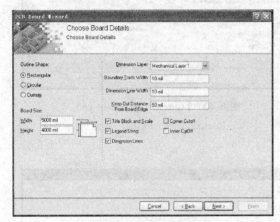

图 6-37 【Choose Board Details】界面

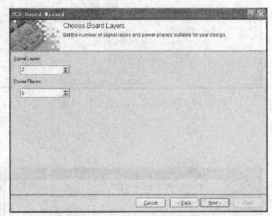

图 6-38 【Choose Board Layers】界面

6）单击 Next> 按钮，这时 PCB 文件生成向导将会进入到 PCB【Choose Via Style】界面，如图 6-39 所示。在该界面中，系统为设计人员提供了【Thruhole Vias only】（只显示通孔）和【Blind and Buried Vias only】（只显示盲孔和埋孔）两个选择项，设计人员可以通过该界面设置过孔的类型。本例中设计的 PCB 为双面板，不可能存在盲孔和埋孔，因此选择"只显示通孔"选择项，将 PCB 中的过孔类型设置为通孔。

7）单击的 Next> 按钮，这时 PCB 文件生成向导将会进入到如图 6-40 所示的【Choose Component and Routing Technologies】界面。在【Choose Component and Routing Technologies】界面中，设计人员应该根据设计的具体要求来进行选择：PCB 上需要安装的元件多数为表贴元件还是通孔直插式元件。如果为表贴元件是要求元件为单面安装还是双面安装，如果为通孔直插式元件，那么在两个元件临近的焊盘之间通过的导线数为多少。本例中，选取 PCB 所用元件主要为通孔直插式元件，临近焊盘之间通过的导线数为一根。

8）单击 Next> 按钮，这时 PCB 文件生成向导将会进入到【Choose Default Track and Via sizes】界面，如图 6-41 所示。在该设置界面中，设计人员可以设置 PCB 中导线的最小宽度、最小的过孔宽度、最小过孔孔径和最小导线间隔等参数。本例中 4 个选择项的设置均选取系统的默认值。

9）单击 Next> 按钮，这时 PCB 文件生成向导将会进入到如图 6-42 所示界面。在界面中单击 Finish 按钮，关闭向导，此时系统会自动建立根据向导设置的 PCB 文件，一个文件名为"PCB1.PcbDoc"的空白 PCB 文件将会出现在设计窗口中并且自动启动 PCB 编辑器，如图 6-43 所示。

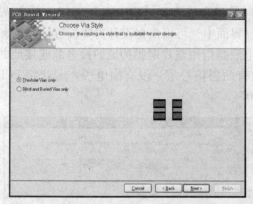

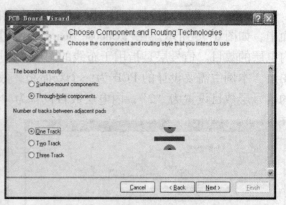

图 6-39 【Choose Via Style】界面

图 6-40 【Choose Component and Routing Technologies】界面

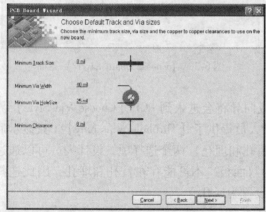

图 6-41 【Choose Default Track and Via sizes】界面

图 6-42 【Finish】界面

通过以上的操作步骤即可完成利用 PCB 文件生成向导新建 PCB 文件的全部过程。不难看出，利用 PCB 生成向导的方法能够在创建的过程中很方便地设置 PCB 的许多参数。

6.5.2 导入元件和网络表

导入元件和网络表就是从原理图更新 PCB 图的操作，是将原理图中的元件和导线转换成 PCB 中的元件封装和网络。Protel DXP 2004 设计系统为设计人员提供了以下两种载入元件和网络表的方法。

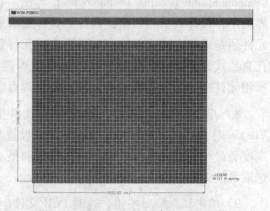

图 6-43 用 PCB 向导创建的 PCB 文件

（1）利用 PCB 编辑器中的【Design】菜单命令载入元件和网络表

利用 PCB 编辑器中的【Design】菜单命令载入元件和网络表的具体操作步骤如下。

1）新建一个 PCB 项目，向项目中添加原理图文件"单片机系统电路.SchDoc"并编译，再向项目中添加新建的 PCB 文件"单片机系统电路.PcbDoc"，将会启动 Protel DXP 2004 设计系统中的 PCB 编辑器，保存该 PCB 文件。

2）执行命令【Design】→【Import Changes From 单片机系统电路.PrjPCB】后，会弹出如图 6-44 所示的对话框。

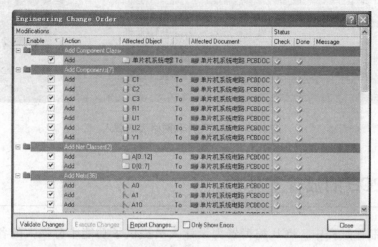

图 6-44 【Engineering Change Order】对话框

3）单击 Validate Changes 功能按钮后可以检查即将加载到 PCB 编辑器中的文件"单片机系统电路.PcbDoc"中的网络和元件封装是否正确。如果网络和元件封装检查正确，那么【Status】区域中的【Check】栏中出现表示正确的符号 ✓；如果网络和元件封装的装入操作不正确，那么相应的栏中将出现表示错误的 ✗ 符号。对于具有 ✗ 符号的元件来说，一般是没有找到正确的元件封装，原因大多是因为没有装载正确的集成元件库，只要仔细对照原理图设计时引用的各个元件库，基本上可以将错误改正过来。

4）如果上面的检查没有错误，那么单击 Execute Changes 功能按钮就可以将网络和元件封装加载到 PCB 文件中。这时，PCB 编辑器将会一项一项地执行网络和元件封装的装入操作。如果网络和元件封装的装入操作正确的话，【Status】区域中的【Done】栏中将出现表示正确的 ✓ 符号；如果错误，将出现 ✗ 符号。如果网络和元件封装的装入操作都没有错误，那么就实现了从原理图向 PCB 的更新。

5）单击 Close 按钮关闭【ECO】对话框，这时可以看到网络和元件封装已经载入到当前的"单片机系统电路.PcbDoc"文件中了，如图 6-45 所示。

（2）利用原理图编辑器中的【Design】菜单命令载入元件和网络表

这种方法与利用 PCB 编辑器中的【Design】菜单命令载入元件和网络表的过程几乎完全一样，只不过这里是利用原理图编辑器中的【Design】菜单命令来载入元件和网络表。执行原理图菜单命令【Design】→【Update PCB Document 单片机系统电路.PcbDoc】，将弹出同样如图 6-44 所示的【Engineering Change Order】对话框，其余步骤与上面所述完全一致。

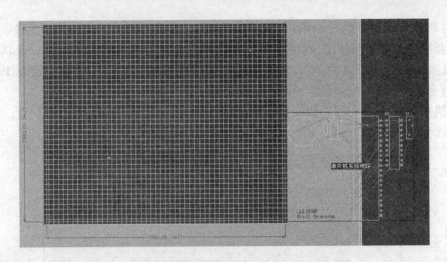

图 6-45 完成元件和网络表的载入

6.6 PCB 的放置工具

在 PCB 的制作过程中，PCB 编辑器为设计人员提供了功能十分强大的各种放置工具，其中最为经常放置的电气对象是元件、导线、焊盘和过孔。本节将详细介绍元件、导线、焊盘和过孔等电气对象的放置操作和它们的属性设置操作。

6.6.1 放置方法

在 Protel DXP 2004 设计系统的 PCB 编辑器中，进行各种放置操作有以下 3 种方法。

（1）利用配线工具栏进行放置操作

执行菜单命令【View】→【Toolbars】→【Writing】，就可以打开相应的配线工具栏进行各种放置操作。

（2）利用菜单命令进行放置操作

在 PCB 编辑器中，放置工具栏中的大多数按钮的功能实现也可以通过执行菜单命令【Place】中的各个对应菜单命令来实现。这个【Place】菜单中提供了与放置工具栏中的各个按钮相对应的菜单命令，各个菜单命令前面的图标就是与其对应的功能按钮。

（3）利用菜单选项快捷键进行放置操作

菜单选项快捷键是指对菜单选项中带有下画线字母的操作。例如，依次按下【P】键、【P】键，即为利用菜单选项快捷键放置焊盘的操作，两个【P】键为菜单命令【Place（P）】→【Pad（P）】中的带有下画线的字母。

6.6.2 放置对象

1. 放置导线

导线是电气连接中最基本的部分，放置导线的具体操作步骤如下。

1）首先单击放置工具栏中的 按钮，PCB 编辑器将处于放置导线的命令状态，光标将变成大十字形。

2）移动光标到 PCB 中的合适位置，单击鼠标左键即可确定放置导线的起点，这时会发现一条导线随着光标移动，然后移动光标到导线的下一个端点处单击鼠标左键即可确定该段导线的终点，同时它也是下一段导线的起点，再移动光标到下一个合适位置，单击鼠标左键确定新的导线段，直至确定整个导线的终点，最后单击鼠标右键或者按下【Esc】键即可完成一条连续导线的放置工作。

在放置导线的过程中，设计人员同时按下【Shift】键和【Space】键可以使导线模式在任意角度模式、90 度模式、45 度模式和自动布线模式之间进行切换，这一点与原理图中导线的绘制操作是完全一样的。

在绘制导线的过程中，设计人员可以对导线属性进行编辑，在鼠标处于绘制导线状态时按下【Tab】键即可打开如图 6-46 所示的导线属性设置对话框。

导线属性设置对话框由两个区域组成。

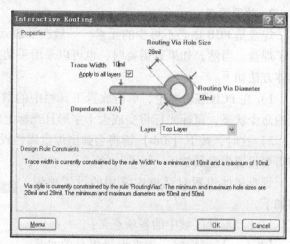

图 6-46　导线属性设置对话框

（1）【Properties】区域

该区域用于设置连线和过孔的属性。该区域中的【Trace Width】编辑框用于设置连线宽度。【Routing Via Hole Size】和【Routing Via Diameter】编辑框用来设置与该连线相连的过孔的内径和外径。【Layer】编辑框用来设置当前布线的 PCB 板层。

（2）【Design Rule Constraints】区域

该区域用于显示设计规则参数。

（3）Menu 按钮

该按钮用于打开设置设计规则参数的下拉菜单。

在绘制好导线后，也可以对导线进行编辑，用鼠标双击导线，系统会弹出导线属性设置对话框，如图 6-47 所示。

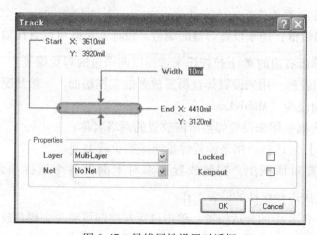

图 6-47　导线属性设置对话框

该对话框中各项说明如下。

【Width】编辑框：用于设置导线宽度。

【Layer】下拉列表框：用来选择导线所在的PCB板层。

【Net】下拉列表框：用于设置导线的网络名称。

【Locked】复选框：用于设置是否锁定导线。

2. 放置焊盘

焊盘是PCB中必不可少的元素。一般在加载元器件的时候，元器件的封装上就已经包含了焊盘。当然，如果有需要时，也可以采用手动方式在需要的位置放置焊盘。放置焊盘的具体方法如下。

1）在PCB编辑器中，单击放置工具栏中的◎按钮，这时PCB编辑器将会处于放置焊盘的命令状态，鼠标光标将变成大十字形且光标上粘贴着一个焊盘的虚线框。

2）这时，按下【Tab】键将会弹出焊盘属性设置对话框，如图6-48所示。放置焊盘之前需要设置焊盘属性。

焊盘属性设置对话框中常用的设置项说明如下。

尺寸和形状区域中的各项意义：

【X-Size】编辑框：用来设置焊盘的水平直径尺寸。

【Y-Size】编辑框：用来设置焊盘的垂直直径尺寸。

【Shape】下拉列表框：用来设置焊盘的形状。在PCB编辑器中，系统为设计人员提供了3种焊盘形状，它们分别是圆形（Round）、矩形（Rectangle）和八角形（Octagonal）。一般来说，设计人员经常使用的是圆形焊盘和矩形焊盘。

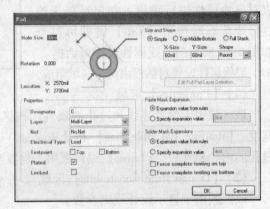

图6-48　焊盘属性设置对话框

【Hole Size】编辑框：用来设置焊盘的孔径尺寸。

属性区域中的各项意义：

【Designator】编辑框：用来设置焊盘的编号。设计人员既可以直接输入想要放置的焊盘编号，也可以通过单击右边的下拉按钮来选择以前用过的焊盘编号。

【Layer】下拉列表框：用来设置焊盘所需放置的工作层面。一般情况下，多层电路板中的焊盘放置工作层面设为"Multi-Layer"。

【Net】下拉列表框：用来设置焊盘所需放置的网络名称。

【Electrical Type】复选框：用来设置焊盘连接的负载类型。

在焊盘属性设置对话框中，按照放置要求对上面的各个选择项设置完毕后，单击 OK 按钮即可完成焊盘属性的设置工作。

3）移动光标到PCB中的合适位置，单击鼠标左键即可将一个焊盘放置在光标所在的位置处。放置完一个焊盘后，PCB编辑器仍然处于放置焊盘的命令状态下，这时可以重复上面的操作来完成多个焊盘的放置工作。

4）完成所有的焊盘放置工作后，单击鼠标右键或者按下【Esc】键就可以退出放置焊盘的命令状态。

3. 放置过孔

过孔又称为导孔。在双面板和多层板中，为连通各层之间的印制导线，在各层需要连通的导线的交汇处钻上一个公共孔，即过孔。过孔的孔壁圆柱面上用化学沉积的方法镀上一层金属，用于连通中间各层需要连通的铜箔。而过孔的上下两面做成圆形焊盘形状。如果在手工放置连线或者自动布线时改变了布线所在的电气层，过孔会被自动放置。手动放置过孔的步骤如下。

1）在 PCB 编辑器中，单击放置工具栏中的 按钮，这时 PCB 编辑器将会处于放置过孔的命令状态，鼠标光标将变成大十字形且光标上粘贴着一个过孔的虚线框。

2）按下【Tab】键将会弹出过孔属性设置对话框，如图 6-49 所示。

3）设置过孔的参数，过孔的参数主要包括孔的外径和孔径。

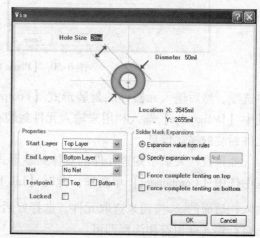

图 6-49　过孔属性设置对话框

【Hole Size】编辑框：用来设置过孔的孔径尺寸。

【Diameter】编辑框：用来设置过孔的直径尺寸。

【Start Layer】下拉列表框：用来设置过孔的起始层。如果是通孔，多层电路板中过孔的起始层设为"Top Layer"（顶层）；如果是盲孔或者埋孔，则根据需要设置。

【End Layer】下拉列表框：用来设置过孔的终止层。如果是通孔，过孔的终止层设为"Bottom Layer"（底层）。

【Net】下拉列表框：用来设置过孔所在的网络名称。

4）在过孔属性设置对话框中，对上面的各个选择项按照放置要求设置完毕后，单击 OK 按钮即可完成过孔属性的设置工作。

5）完成所有的过孔放置工作后，单击鼠标右键或者按下【Esc】键就可以退出放置过孔的命令状态。

4. 放置元件封装

PCB 编辑器为设计人员提供了两种放置元件封装的方法：一种方法是利用网络表来装入元件封装；另外一种方法是利用手工放置的方法来进行元件封装的放置操作。本节介绍通过手工方法放置元件封装。

在 PCB 编辑器中，放置元件封装的具体操作步骤如下：

1）单击放置工具栏中的 按钮，或者执行菜单命令【Place】→【Component】，这时系统将会弹出如图 6-50 所示的放置元件封装对话框。

如果设计人员已经知道了元件的封装形式，那么可以直接在对话框中选中【Footprint】

图6-50 【Place Component】对话框

单选项，然后输入元器件的封装形式【Footprint】、标号【Designator】和注释【Comment】。其中【Designator】输入栏用来输入元件封装在PCB中的序号，【Comment】输入栏用来输入元件封装的描述信息。

如果设计人员不知道元件的具体封装形式，而只知道元件的名称，那么可以直接在对话框中选中【Component】单选项，此时【Lib Ref】输入栏高亮，在此输入元件名称，或单击输入栏后面的 按钮来选取元件，选择好后，【Footprint】栏自动显示该元件对应的封装，再自行输入标识符和注释即可。

注意： 上面这种在放置元件封装对话框中直接写入元器件名称或封装的方法是对PCB编辑器中当前加载的库进行的操作，如果元器件名称或封装不在当前系统中已加载的库中，上面的方法是不可行的。

2）以放置元件封装为例，如果设计人员在系统加载的元件库中没有找到需要的元件封装，还可以单击放置元件封装对话框中【Footprint】编辑栏右边的 按钮，弹出如图6-51所示的【Browse Libraries】对话框，选择【Libraries】下拉列表框右边的 Find... 按钮，便可以在Protel DXP 2004提供的整个元件库中查找所需的封装形式。这个步骤的操作方法在以前的章节中已经详细介绍过，这里不再详细介绍。这样，选取了合适的元件封装后，单击 OK 按钮返回到图6-50所示的【Place Component】对话框中。

3）选取完合适的元件封装后，单击【Place Component】对话框中的 OK 按钮。此时系统将进入到放置元件封装的状态，鼠标光标将变成大十字形并且粘贴着选择好的元件封装。移动光标到PCB中的合适位置，单击鼠标左键即可完成一个元件封装的放置工作。完成一个元件封装的放置工作后，PCB编辑器仍然处于放置元件封装的命令状态，并且光标上仍然粘贴着一个与刚才放置完全一样的元件封装。这时重复上面的操作可以进行多个元件封装的放置工作。

4）在完成所有元件封装的放置工作后，单击鼠标右键或者按下【Esc】键后又将会弹出如图6-50所示的放置元件封装对话框，这时单击对话框中的 Cancel 按钮即可退出放置元件封装的命令状态。

同样，如果设计人员对PCB中的一些元件封装的属性设置感到不满意，那么可以利用

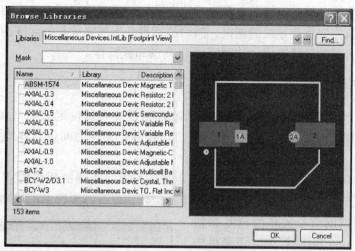

图 6-51 【Browse Libraries】对话框

前面介绍的更改对象属性的方法来对元件封装的属性进行更改。

5. 放置矩形填充

在 PCB 设计过程中，有时需要放置大面积的电源/接地区域以提高电路系统的抗干扰性能。单击放置工具栏中的 ■ 按钮即可执行矩形填充的操作。矩形填充的属性设置对话框如图 6-52 所示，各个属性也与前面所讲内容类似。

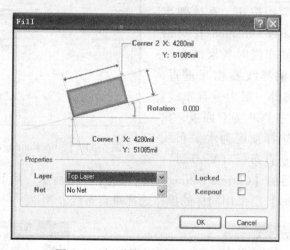

图 6-52 矩形填充属性设置对话框

6.7 PCB 的布线

在 PCB 的设计过程中，布线是 PCB 设计的最为重要的一个环节。本节将详细介绍布线操作。

布线操作根据布线所在的板层分为单面布线、双面布线和多层布线。布线的方法分为自动布线和手动布线两种，自动布线是系统根据事先设定的规则自动完成所有布线，手动布线是设计人员根据飞线之间的连接关系来手动绘制导线，通常采用两者结合的方式，即在布线前期采用手动布线完成重要导线的连接，然后进行自动布线完成其他导线的连接，最后通过手动方式修改不合理的导线连接，从而完成 PCB 的布线操作。

6.7.1 自动布线

自动布线是 PCB 编辑器内的自动布线系统根据设计人员设定的电气规则和布线规则，依照一定的拓扑算法，按照事先生成的网络自动在各个元件之间进行连线，从而完成 PCB 的布线工作。

相关的自动布线规则包括布线优先级、走线的宽度、布线的拐角模式、过孔孔径尺寸等，具体的设置方法见 7.1 节，本节对规则先不做任何修改，全部采用规则的默认设置。

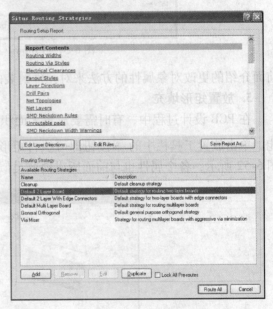

所有自动布线的命令全部在 PCB 编辑器的主菜单项【Auto Route】中。该菜单中包括对全部对象、网络、元件、指定区域的自动布线命令等。本节以对全部对象自动布线为例，详细介绍自动布线操作。

1）执行菜单命令【Auto Route】→【All】，系统弹出如图 6-53 所示的【Situs Routing Strategies】对话框。

2）单击 Edit Layer Directions... 按钮，系统弹出如图 6-54 所示的【Layer Directions】对话框。在此可以选择自动布线时各层的布线方向。一般相邻两层的导线要相互垂直，即一层为水平布线，另外一层为垂直布线。由图 6-54 可知，本例中 PCB 为双面板，只有顶层和底层，因此选择顶层为水平布线（Horizontal），底层为垂直布线（Vertical）。

图 6-53 【Situs Routing Strategies】对话框

单击【Top Layer】层后的【Current Setting】项，如图 6-55 所示，从下拉列表框中选择水平布线，对【Bottom Layer】层采用同样的操作选择垂直布线。

图 6-54 【Layer Directions】对话框

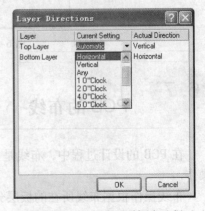

图 6-55 在方向对话框中选择

3）单击 [Edit Rules...] 按钮进入 PCB 规则设置，如图 6-56 所示。本节中对 PCB 规则采用默认设置。

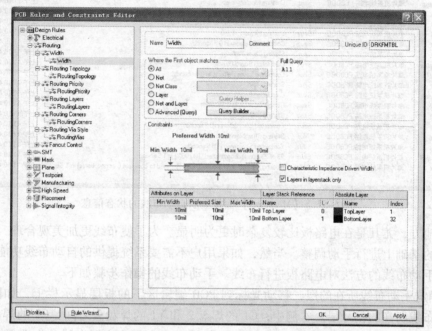

图 6-56 【PCB Rules and Constraints Editor】对话框

4）自动布线器策略对话框中的布线策略有 6 种选择，设计人员可以添加并修改自动布线策略。建议一般的设计人员采用系统默认设置，修改自动布线策略主要是提供给高级用户。

Cleanup：默认优化的布线策略。

Default 2 Layer Board：默认的双层板策略。

Default 2 Layer With Edge Connectors：默认的边界有连接器的双层板策略。

Default Multi Layer Board：默认的多层板策略。

General Orthogonal：默认的常规正交布线策略。

Via Miser：默认的最大程度减少使用过孔的布线策略。

5）在自动布线器策略对话框中选择【Lock All Pre-routes】复选项锁定全部预布线。有些比较重要的网络需要先进行手动预布线，在自动布线时选中该复选项，可以防止预布线被重新布线。

6）在自动布线器策略对话框中单击 [Route All] 按钮，系统即可根据自动布线器策略和自动布线参数规则设置对 PCB 进行自动布线。在自动布线的过程中，系统弹出【Messages】工作面板，给出的相应自动布线的状态信息如图 6-57 所示。

自动布线效率高、速度快，特别是对复杂的电路板设计更能体现 Protel DXP 2004 自动布线功能的优越性。

6.7.2 手动布线

尽管 Protel DXP 2004 提供了强大的自动布线功能，但是自动布线时总会存在一些令人

Messages							
Class	Document	Source	Message		Time	Date	N..
Situs Event	单片机系统电路.PCBDOC	Situs	Routing Started		上午 11:10:42	201..	1
Routing Status	单片机系统电路.PCBDOC	Situs	Creating topology map		上午 11:10:42	201..	2
Situs Event	单片机系统电路.PCBDOC	Situs	Starting Fan out to Plane		上午 11:10:42	201..	3
Situs Event	单片机系统电路.PCBDOC	Situs	Completed Fan out to Plane in 0 Seconds		上午 11:10:42	201..	4
Situs Event	单片机系统电路.PCBDOC	Situs	Starting Memory		上午 11:10:42	201..	5
Situs Event	单片机系统电路.PCBDOC	Situs	Completed Memory in 0 Seconds		上午 11:10:42	201..	6
Situs Event	单片机系统电路.PCBDOC	Situs	Starting Layer Patterns		上午 11:10:42	201..	7
Routing Status	单片机系统电路.PCBDOC	Situs	Calculating Board Density		上午 11:10:42	201..	8
Situs Event	单片机系统电路.PCBDOC	Situs	Completed Layer Patterns in 0 Seconds		上午 11:10:42	201..	9
Situs Event	单片机系统电路.PCBDOC	Situs	Starting Main		上午 11:10:42	201..	10
Routing Status	单片机系统电路.PCBDOC	Situs	Calculating Board Density		上午 11:10:43	201..	11
Situs Event	单片机系统电路.PCBDOC	Situs	Completed Main in 0 Seconds		上午 11:10:43	201..	12
Situs Event	单片机系统电路.PCBDOC	Situs	Starting Completion		上午 11:10:43	201..	13
Situs Event	单片机系统电路.PCBDOC	Situs	Completed Completion in 0 Seconds		上午 11:10:43	201..	14
Situs Event	单片机系统电路.PCBDOC	Situs	Starting Straighten		上午 11:10:43	201..	15
Situs Event	单片机系统电路.PCBDOC	Situs	Completed Straighten in 0 Seconds		上午 11:10:43	201..	16
Routing Status	单片机系统电路.PCBDOC	Situs	23 of 23 connections routed (100.00%) in 1 Second		上午 11:10:43	201..	17
Situs Event	单片机系统电路.PCBDOC	Situs	Routing finished with 0 contentions(s). Failed to complete 0 connection(s) in 1 Second		上午 11:10:43	201..	18

图 6-57   【Messages】面板显示自动布线的状态信息

不满意的地方，尤其是在电路板比较复杂时更为明显。为了使布线更加美观合理，就需要在自动布线的基础上进行手动调整。当然，如果用户不需要系统提供的自动布线功能，也可以直接采用手动布线的方法对电路板进行布线。手动布线的操作步骤如下。

1）确定手动布线所在的层，移动光标到 PCB 编辑区下的板层显示栏上，如图 6-58 所示。选择布线所在的信号层。本例中，C1 的焊盘 2 和 Y1 的焊盘 2 之间，C2 的焊盘 2 和 Y1 的焊盘 1 之间为顶层布线，C1 的焊盘 1 和 C2 的焊盘 1 之间为底层布线。先选择顶层布线，移动光标到【Top Layer】，单击鼠标左键即选中该层。

\Top Layer/Bottom Layer/Mechanical 1/Top Overlay/Keep-Out Layer/Multi-Layer/

图 6-58   板层显示栏

2）单击放置工具栏中的 按钮，执行命令后，光标变成"十"字形状，移动光标到元件 C2 的焊盘 2 上，此时焊盘中心出现一个八边形，单击鼠标左键选中该焊盘，此时电路板变暗。

3）拖动光标到与选择的焊盘有电气连接的 Y1 的焊盘 1 上，同样当该焊盘中心出现八边形时，先单击鼠标左键，然后单击鼠标右键，两个焊盘之间连接的导线就绘制完成了。从图 6-59 中可以看见，两个焊盘之间的导线为红色，说明是在顶层布线。

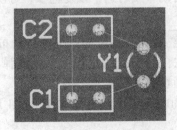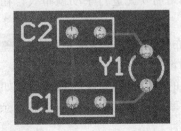

图 6-59   手动布线前后

4）此时光标仍为"十"字形状，按照同样的方法绘制 C1 的焊盘 2 和 Y1 的焊盘 2 之间的导线。

5）再选择底层布线，移动光标到 PCB 编辑区下的板层显示栏的【Bottom Layer】，单击鼠标左键选择该层。按照同样的方法绘制 C1 的焊盘 1 和 C2 的焊盘 1 之间的导线。

上面只是一个简单的示例，对于双面板来说，如果在布线的过程中，需要通过过孔到另外一层去布线，可以在执行导线放置命令的同时，按下数字键盘上的【*】键，则可以完成该操作。

6.7.3 取消布线

如果对现有布线不满意而想将其取消，可以执行菜单命令【Tool】→【Un-Route】，弹出取消布线的菜单选项，如图 6-60 所示。通过这些菜单选项就可以拆除 PCB上不满意的布线。

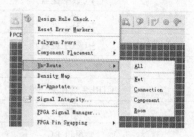

图 6-60　取消布线命令

取消布线有 5 个菜单选项，分别对电路板上的所有导线、指定网络、指定连接、指定元件和指定空间进行拆线操作。拆除电路板上的所有导线的操作很简单，只要执行菜单命令即可。本节中，对拆除指定网络的导线作详细介绍。

执行菜单命令【Tool】→【Un-Route】→【Net】，启动拆除网络上导线命令，此时光标变为"十"字形状。移动光标到连接元件 Y1 和 C2 的网络上，单击鼠标左键，即可拆除两个元件引脚之间的连线。此时系统仍处于拆线命令下，可以继续拆除其他的连接，然后单击鼠标右键退出拆线命令。

图 6-61 所示为拆线前的电路。图 6-62 所示为拆除元件 Y1 和 C2 之间的连接。

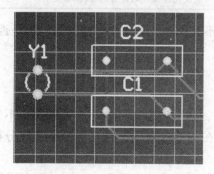

图 6-61　拆线前的电路

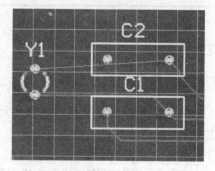

图 6-62　拆除元件 Y1 和 C2 之间的连接

6.8 常用快捷键和常见问题

6.8.1 常用快捷键

同原理图设计一样，对 PCB 进行设计时，设计人员也需要掌握一些常用的快捷键。在PCB 设计过程中经常使用的快捷键见表 6-1。

表 6-1　PCB 设计中的常用快捷键

快捷键	相关操作
V + G + V	切换网络栅格
G	弹出捕获栅格菜单
Shift + S	切换单层模式开/关
∗（数字键盘）	切换至下一布线层
+（数字键盘）	切换工作层为下一层
−（数字键盘）	切换工作层为上一层
L 键 + 选中的元器件	使元器件封装在顶层和底层之间切换
CTRL + 选择某一导线	该导线所属的网络处于过滤高亮状态
L	浏览【Board Layers and Colors】对话框
Shift + C	清除当前的过滤
End	刷新 PCB 图纸的显示画面
PageUp、PageDown	用来实现图纸的放大和缩小显示
Ctrl + 滚轮上滑、Ctrl + 滚轮下滑	用来实现图纸的放大和缩小显示
Shift + 滚轮上滑、Shift + 滚轮下滑	实现图纸的左右移动
X 、Y	以十字光标为轴水平、垂直翻转
Q	单位切换
Tab	元件处于悬浮状态时，对元件属性修改
Space	使元件按逆时针方向旋转 90 度

注意：在快捷键的使用过程中，如果发现快捷键不起作用，首先应该检查输入法是否在英文状态。

6.8.2　常见问题及解决

在向 PCB 编辑器加载网络表和元件封装的过程中，初学者由于经验不多或者操作不当，在操作时经常出现的一些奇怪现象，不知如何解决。在本节中对一些常见的问题加以分析，以便于初学者能够及时地解决。

现象一：在原理图编辑器下没有菜单命令【Design】→【Update PCB Document ∗. PcbDOC】。

原因：原理图文件和 PCB 文件未添加到项目下。

解决方法：在原理图编辑环境下，想进行向 PCB 编辑器加载网络表和元件封装，但是发现没有导入网络表的菜单命令【Design】→【Update PCB Document ∗. PcbDOC】。此时应该注意【Projects】工作面板，检查原理图文件和 PCB 文件是否已全部添加到当前的项目下。如果原理图文件和 PCB 文件中的任意一个文件或者两个文件都没有添加到当前项目下，就会出现这种现象。将原理图文件和 PCB 文件全部添加到当前项目下，现象消失。

现象二：在原理图编辑器或者 PCB 编辑器中执行导入网络表的菜单命令后，出现如图 6-63 所示的 DXP 错误的提示。

原因：新建 PCB 文件未保存。

解决方法：在原理图编辑器中执行菜单命令【Design】→【Update PCB Document ＊.PcbDOC】或者在PCB编辑器中执行菜单命令【Design】→【Import Change From ＊.PrjPCB】之后，出现如图6-63所示的错误提示，注意问题的产生原因是新建的PCB文件没有被保存所导致，保存PCB文件后问题消失。

图6-63　DXP提示对话框

现象三：在【Engineering Change Order】对话框中某一个或某几个元件的检查项后出现表示错误的 ✕ 符号，如图6-64所示。

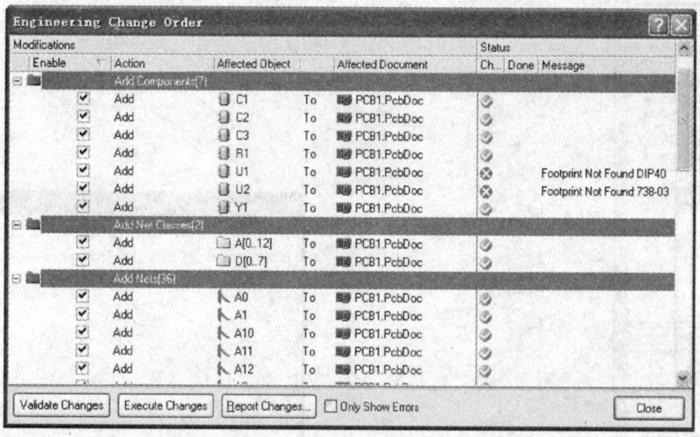

图6-64　【Engineering Change Order】对话框

原因：出现在【Engineering Change Order】对话框中类似上面的 ✕ 符号，一般是在绘制原理图的过程中，没有为该元件添加封装或者封装形式定义不正确，或者元件本身有封装，但是相应的元件封装库或集成元件库没有加载到PCB编辑器中。

解决方法：对于具有错误标识的元件，可以返回到原理图编辑器，查看元件是否有封装或者封装形式定义是否正确，要确保所有的元件都指定了封装，对缺少封装形式的元件要求添加相应的封装。如果上一步没有问题，再检查该元件的封装库或集成元件库是否加载到PCB编辑器中，按照前面几节讲的方法将封装库或集成元件库加载到PCB编辑器中。

现象四：在【Engineering Change Order】对话框中全部元件的检查项后都出现 ✕ 符号，如图6-65所示。

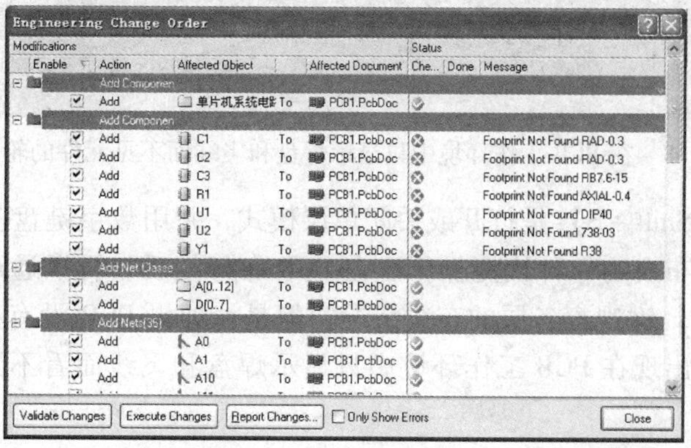

图6-65　出现错误的【Engineering Change Order】对话框

原因：在转换的过程中，如果单击【Engineering Change Order】对话框中 Validate Changes 按钮后，在【Add Component】区域的【Check】项后全部为 ✕ 符号，错误的原因可能是在 PCB 编辑器中未加载任何的集成元件库或封装库，例如基本的集成库 Miscellaneous Devices. Intlib 和 Miscellaneous Connectors. IntLib 没有加载。

解决方法：单击图 6-66 所示的 PCB 编辑器中【Libraries】工作面板上方的【Libraries】按钮，弹出如图 6-67 所示的【Available Libraries】对话框，单击其中的【Installed】选项卡，发现没有添加任何的集成元件库，单击【Install】按钮，按照项目要求逐一添加即可。

图 6-66 【Libraries】工作面板

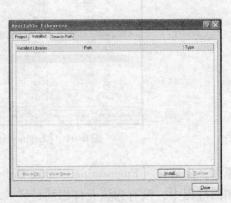

图 6-67 【Available Libraries】对话框

现象五：在对 PCB 设计的过程中，装入元件并进行某些操作之后，在 PCB 工作环境中只显示焊盘和飞线而看不到元件的轮廓线，如图 6-68 所示。

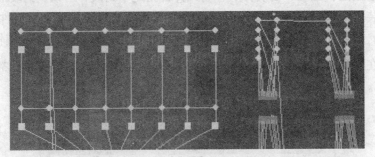

图 6-68 在 PCB 工作环境中只显示焊盘和飞线而不见元件的轮廓线

原因：快捷键【Shift + S】是打开或关闭单层模式，并用数字键盘上的【＊】键在单层之间进行切换、观察布线的一种快捷操作。在 PCB 布好线后，可以通过快捷键【Shift + S】和数字键盘上的【＊】键观察各层的布线情况。但是，如果 PCB 没有布线而同时又使用了这种快捷方式，则会出现在 PCB 工作环境中只显示焊盘和飞线而看不到元器件的轮廓线的这种现象。

解决方法：按【Shift + S】键恢复。

6.9 PCB设计实例——双面板手动布线

目前，本章中只涉及了 PCB 设计过程中的一些最基本操作，因此本节的实例将围绕本章所讲的内容介绍由原理图生成一个双面 PCB 的设计过程。实例中使用的是第 4 章中绘制的原理图文件"单片机系统电路.SchDoc"。

6.9.1 准备工作

1）在 D 盘"Chapter 6"的文件夹下新建一个名为"单片机系统电路"的文件夹，将第 4 章中经过编译的原理图文件"单片机系统电路.SchDoc"保存在该文件夹下。

2）启动 Protel DXP 2004，执行主菜单命令【File】→【New】→【Project】→【PCB】来新建一个 PCB 项目，系统自动弹出【Projects】工作面板，并且一个默认名为"PCB_project1.PrjPCB"的项目出现在【Projects】工作面板上，在新建的高亮蓝色的项目上单击鼠标右键，从弹出的菜单中选择命令【Save】，将项目重命名为"单片机系统电路.PrjPCB"并保存在"D：\ Chapter6 \ 单片机系统电路"中。

3）再在【Projects】工作面板上高亮蓝色的项目"单片机系统电路.PrjPCB"上单击鼠标右键，从弹出的菜单中选择命令【Add Existing to Project】，将原理图文件"单片机系统电路.SchDoc"加载到该项目下。

6.9.2 在项目中新建 PCB 文件

执行主菜单命令【File】→【New】→【PCB】，创建一个空白的 PCB 文件。保存文件和项目，此时系统编辑界面如图 6-69 所示。

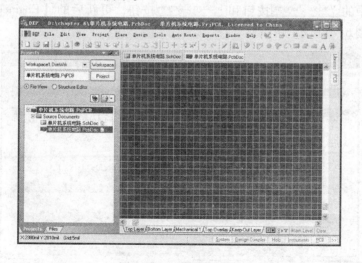

图 6-69 PCB 编辑界面

6.9.3 设置工作参数

1）图纸参数设置。在 PCB 编辑器中，单击鼠标右键弹出快捷菜单，选择【Options】→

【Board Options】，将会弹出 PCB 的图纸参数设置对话框，从中可以更改图纸参数以符合设计人员的习惯，本例中均为默认设置。

2）PCB 优先选项。执行菜单命令【Tool】→【Preference】，系统弹出【Preference】对话框，本例中无特殊要求，各项均采用默认值。

6.9.4 规划电路板

（1）绘制 PCB 的物理边界

1）单击 PCB 工作窗口下面的层标签中的 Mechanical 1 标签，便可将当前的工作层面切换到机械层 Mechanical 1 层面。

2）执行菜单命令【Place】→【Keepout】→【Track】，激活绘制导线命令来绘制 PCB 的物理边界，本例中设置的 PCB 的物理边界为 3000mil×2500mil（宽×高）的封闭矩形。

（2）绘制 PCB 的电气边界

1）单击 PCB 工作窗口下面的层标签中的 Keep-Out Layer 标签，便可将当前的工作层面切换到禁止布线层（Keep-Out Layer）层面上。

2）执行菜单命令【Place】→【Keepout】→【Track】，激活绘制导线命令来绘制 PCB 电气边界，本例中设置的 PCB 的电气边界的大小与物理边界的设置相同。

6.9.5 载入网络表和元件封装

在载入网络表和元件封装之间，要保证原理图中所有的元件都添加了正确的封装，并且所有的元器件所在的封装库都已经载入到 PCB 编辑器中。

1）在 PCB 设计系统的窗口中执行【Design】→【Import Changes From 单片机系统电路.PrjPCB】命令，打开【Engineering Change Order】对话框，依次单击【Engineering Change Order】对话框中的 Validate Changes 按钮和 Execute Changes 按钮，更新后的【Engineering Change Order】对话框如图 6-70 所示。

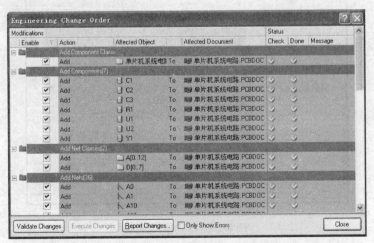

图 6-70 更新后的【Engineering Change Order】对话框

2）单击【Engineering Change Order】对话框中的 Close 按钮，关闭该对话框。至此，

原理图中的元件和网络表就导入到 PCB 中了，如图 6-71 所示。

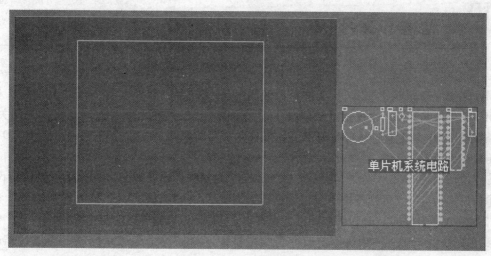

图 6-71　PCB 工作区内容

6.9.6　元件布局

从原理图更新到 PCB 后，按照图 6-72 所示将各个元件——拖放到 PCB 中的"Keep-Out Layer"区域内。本例中要求所有元件处于顶层，布置完成后的 PCB 如图 6-72 所示。

6.9.7　手动布线

本例要求手动布线，顶层为水平布线，底层为垂直布线。手动布线的操作方法不再详述。本例在对双面板手动布线的过程中，设计了几个过孔，即布线时需要通过过孔到另外一层去布线。该操作为执行导线放置命令的同时，按下数字键盘的【 * 】键，可以将布线通过过孔从一层切换到另一层。布置完成后的 PCB 如图 6-73 所示。

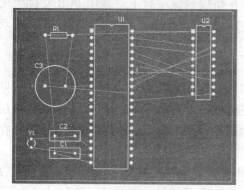

图 6-72　布局后的 PCB

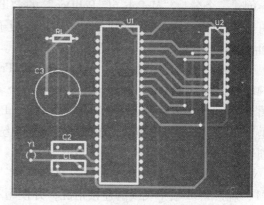

图 6-73　布置完成后的 PCB

6.9.8　保存文件

单击保存工具 按钮，保存 PCB 文件到指定目录"D：\ Chapter6 \ 单片机系统电路"下。

6.10 思考与练习

1. 练习建立一个名为"MyProject_6A. PrjPCB"的PCB项目，使用菜单命令创建一个名为"MyPcb_6A. PcbDoc"的PCB文件，再使用PCB文件生成向导创建一个PCB文件，更名为"MyPcb_6B. PcbDoc"，观察【Projects】工作面板中PCB项目和两个PCB文件之间关系，要求将两个PCB文件添加到当前项目下，操作完成后将项目和文件全部保存到目录"D：\ Chapter6 \ MyProject"中。

2. 以题1中的PCB文件"MyPcb_6A. PcbDoc"为基础，要求对PCB图纸的属性进行设置，其中单位设置为英制，可视网格中网络类型设置为线状，选择【Grid 1】输入栏为25mil，选择【Grid 2】输入栏为50mil，通过缩放图纸，观察改变前后图纸背景网格的变化情况。

3. 以题2为基础，使用快捷键改变可视网格中网格的类型为点状网格，再通过缩放操作观察图纸背景网格的变化情况。

4. 练习使用不同的方法在PCB编辑器下打开和关闭【PCB】工作面板，观察【PCB】工作面板的组成。

5. 向PCB文件中导入网络表和元件封装的方法有哪些？

6. 以题1的PCB文件"MyPcb_6A. PcbDoc"为基础，练习在PCB图纸上放置一段导线，要求设置导线宽度为20mil；放置一个圆形焊盘，要求设置焊盘孔径尺寸为35mil，直径尺寸均为40mil；放置一个过孔，要求设置过孔的孔径尺寸为20mil，过孔的直径尺寸为40mil，放置完成后观察焊盘和过孔之间的差别。

7. 以题1的PCB文件"MyPcb_6A. PcbDoc"为基础，练习在PCB编辑器中放置元件封装"DIP-8""VR4"和"SO-G16"。

8. 练习建立一个名为"MyProject_6C. PrjPCB"的PCB项目，要求使用PCB文件生成向导创建一个名为"MyPcb_6C. PcbDoc"的PCB文件并加载到该项目下，其中PCB文件生成向导的具体设置参数为英制单位、矩形、板子电气尺寸为3500mil×3000mil（宽×高）、双面板、导线宽度为8mil，其他采取默认设置。

9. 练习建立一个名为"MyProject_6D. PrjPCB"的PCB项目，在项目下添加一个名为"MySheet_6D. SchDoc"的原理图文件和一个名为"MyPcb_6D. PcbDoc"的PCB文件。按照图6-74给出的电路原理图和PCB图，练习PCB手动布局、自动布线，要求设置PCB顶层垂直布线，底层水平布线，布线宽度采用系统默认设置，绘制完成后将项目和文件全部保存到目录"D：\ Chapter6 \ MyProject"中。

10. 以题9为基础，要求拆除PCB文件"MyPcb_6D. PcbDoc"中的所有布线，移动元件U1，观察PCB板中飞线的连接情况，并使用不同的操作隐藏和显示飞线。

11. 建立一个名为"MyProject_6D. PrjPCB"的PCB项目，在项目下添加一个名为"My-Sheet_6D. SchDoc"的原理图文件和一个名为"MyPcb_6D. PcbDoc"的PCB文件。按照图6-75给出的电路原理图和PCB图，练习PCB手动布局和手动布线，要求设置PCB上所有的导线宽度均为12mil。绘制完成后将项目和文件全部保存到目录"D：\ Chapter6 \ MyProject"中。

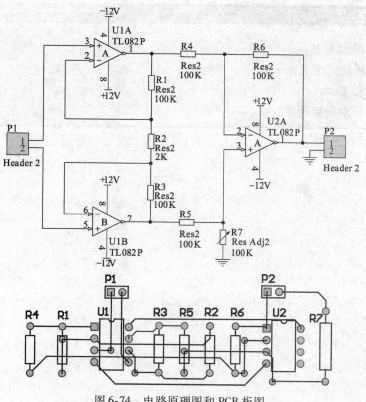

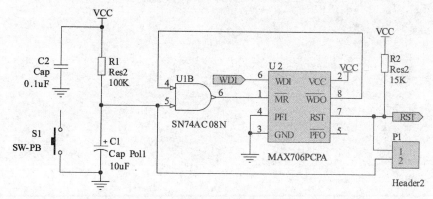

图 6-74　电路原理图和 PCB 板图

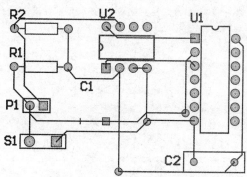

图 6-75　电路原理图和 PCB 板图

155

本章要点

1. 熟悉 PCB 编辑器。
2. 电路板的规划设置。
3. PCB 的放置工具。
4. PCB 设计中的快捷键。

第7章

PCB设计提高

PCB设计提高
├─ 设计规则
│   ├─ 基本操作
│   │   ├─ 新建设计规则
│   │   ├─ 删除规则
│   │   └─ 基本属性
│   ├─ 页面设置
│   │   ├─ 使用对象和范围
│   │   └─ 规则约束参数
│   ├─ 布线规则
│   │   ├─ Width（导线宽度）规则
│   │   ├─ Routing Topology（布线拓扑）规则
│   │   ├─ Routing priority（布线优先级别）规则
│   │   ├─ Routing Layers（布线板层）规则
│   │   ├─ Routing Corners（布线转折角度）规则
│   │   └─ Routing Via Style（布线过孔）规则
│   ├─ 电气规则
│   │   ├─ Clearance（安全间距）规则
│   │   ├─ Short-circuit（短路）规则
│   │   ├─ Un-Routed Net（末布线网络）规则
│   │   └─ Un-Connected Pin（末连线引脚）规则
│   └─ Mask 规则
│   ├─ Soler Mask Expansion 规则（阻焊层延伸量）
│   └─ Paste Mask Expansion 规则（表面粘贴元件延伸量）
└─ 高级技巧
    ├─ 网络类
    ├─ 设计规则检查
    ├─ 添加元件和网络标号
    ├─ 放置覆铜
    ├─ 补泪滴
    ├─ 添加安装孔
    └─ 双向操作
        ├─ 由原理图更新 PCB 图
        └─ 由 PCB 图更新原理图

本章主要介绍 PCB 设计的高级操作，包括 PCB 的设计规则以及 PCB 设计过程中的一些技巧和技能。掌握本章的知识有助于设计人员能力的提高。

7.1 PCB 设计规则

如同汽车在路上行驶要遵守交通规则一样，在 PCB 设计中遵循的基本规则就是 PCB 设计规则。在 Protel DXP 2004 设计系统中，系统提供了便捷的规则设置操作，设计人员可以根据需要自定义设计规则。Protel DXP 2004 提供了详尽的 10 个类别的设计规则，覆盖了电气、布线、制造、放置、信号完整要求等方面。Protel DXP 根据这些规则进行自动布线，在很大程度上，布线是否成功和布线质量的高低取决于设计规则的合理性，当然也取决于设计人员的设计经验。另外，Protel DXP 2004 提供了实时设计规则检查（DRC），不管是自动布线还是手动布线，都能提示发生的错误。

Protel DXP 2004 根据设计规则的适用范围提供了以下 10 个类别的 PCB 设计规则。

"Electrical"——电气规则类。

"Routing"——布线规则类。

"SMT"——SMT 元件规则类。

"Mask"——阻焊膜规则类。

"Plane"——内部电源层规则类。

"Testpoint"——测试点规则类。

"Manufacturing"——制造规则类。

"High Speed"——高速电路规则类。

"Placement"——布局规则类。

"Signal Integrity"——信号完整性规则类。

本章前两节将对 PCB 设计过程中最经常使用的布线规则、电气规则、Mask 规则加以介绍，其中重点介绍布线规则。

7.1.1 设计规则的概念和基本操作

为了方便地设置和管理设计规则，Protel DXP 2004 提供了设计规则编辑器，所有设计规则的管理操作均可在设计规则编辑器中完成。本节将简要介绍一些设计规则的基本概念和设计规则编辑器的基本操作。

1. 设计规则编辑器界面介绍

在 PCB 编辑器环境下，在 Protel DXP 2004 的主菜单中执行菜单命令【Design】→【Rules】，系统将弹出如图 7-1 所示的【PCB Rules and Constraints Editor】对话框。从该对话框中可以对当前 PCB 编辑器中的电路板进行设计规则的设置。

【PCB Rules and Constraints Editor】对话框由两个列表组成，左侧的是 10 个类别的设计规则列表区域（Desing Rules），单击树形列表中每个规则类名称之前的" + "可以展开该规则类，显示该规则类下属的所有规则，单击每个规则类名称前的" – "即可隐藏该规则类中的所有规则，对话框右侧的视图用于显示左侧树形列表中选中的设计规则对象的内容。

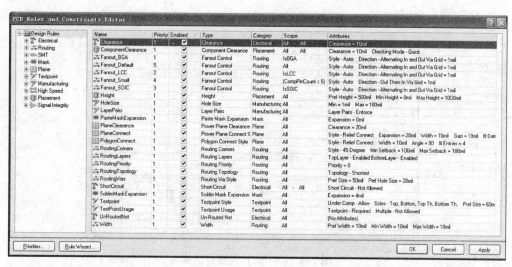

图 7-1 【PCB Rules and Constraints Editor】对话框

若在对话框的左侧树形列表区域中选择【Design Rules】，则对话框右侧视图中显示当前 PCB 中所有的设计规则列表，如图 7-1 所示。若在树形列表中选择某个规则类的名称，则右边的视图中显示该规则类下的规则列表，如图 7-2 所示。如果在树形列表中选中某项规则类下属的具体规则，则在右边的视图中显示所选规则定义的选项，便于用户修改规则。所有的设计规则的建立、修改和删除等操作均可在设计规则编辑器中完成。

图 7-2 【Routing】规则类下的规则列表

【PCB Rules and Constraints Editor】对话框的底部左侧包括两个设置按钮，用来设置规则的优先级和利用规则向导新建设计规则。在 Protel DXP 2004 中，每一个具体的设计规则都有一个优先级参数。该参数用于设置设计规则在检查时的先后次序，当同一个设计规则类中存在多个设计规则时，系统根据设计规则的优先级参数逐个执行设计规则。

2. 设计规则的基本操作

在一个 PCB 项目设计中，用户可能需要设置多个同类型的规则。例如在同一个 PCB 设计中，不同的网络由于流过的电流大小不同，铜膜导线的宽度也会不同，这样就需要新建多个有关导线宽度的设计规则应用于不同的对象。本节将介绍新建、删除设计规则的具体步骤。

（1）新建设计规则

1）在设计规则编辑器左侧的树形列表中选择需要编辑的规则，本例中选择【Routing】

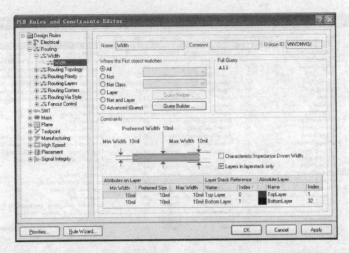

图7-3 【Width】规则对话框

设计规则类下的【Width】设计规则。单击树形列表中【Routing】规则类名称之前的"＋"可以展开该规则类，显示该规则类下属的所有规则，如图7-3所示。

2）在【Width】设计规则上单击鼠标右键，弹出如图7-4所示的右键菜单。

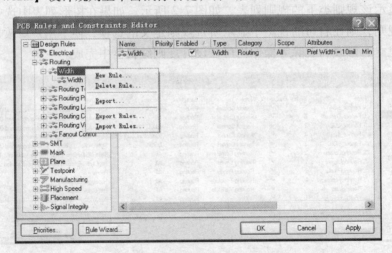

图7-4 右键菜单

3）在弹出的菜单中选择【New Rule】命令，系统在【Width】规则下新建一个默认名称为【Width_1】的规则，如图7-5所示。此时【Width】规则下的所有设计规则为加粗显示，提示该规则需要修改并保存。

4）单击【PCB Rules and Constraints Editor】对话框中的 Apply 按钮，检查并应用新建的规则。

（2）删除规则

1）在设计规则编辑器左侧的树形列表中选择欲删除的规则，本例中选择刚才新建的设计规则"Width_1"。

2）在该规则上单击鼠标右键，在弹出的菜单中选择【Delete Rule】命令，系统就会在

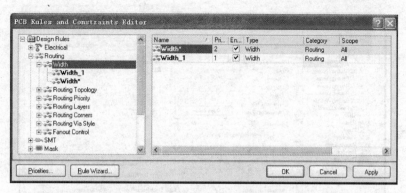

图 7-5　新建的默认名称为"Width_1"的规则

将要删除的规则名称上显示一条删除线，如图 7-6 所示，表示该规则已经设置为被删除。

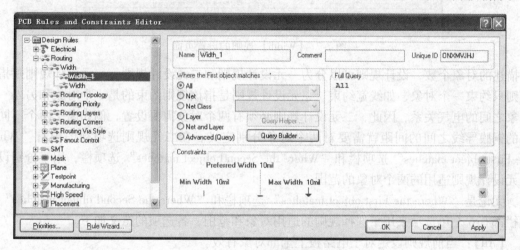

图 7-6　规则名称上显示删除线

3）单击【PCB Rules and Constraints Editor】对话框中的 Apply 按钮，就可以删除有删除线标记的规则。

3. 设计规则设置页面

在 Protel DXP 2004 的设计规则编辑器中，选中某个规则类下属的具体设计规则后，在设计规则管理器的右部，将会显示对应的设计规则设置页面。通常，所有的设计规则设置页面包括 3 个设置区域，分别是基本属性、适用对象和范围、约束参数 3 个设置区域。下面，以"Width"设计规则的设置页面为例，介绍这 3 个区域的属性。【Width】规则的设置页面如图 7-7 所示。

（1）基本属性

设计规则的基本属性包括【Name】、【Comment】和【Unique ID】3 项，用来定义规则的名称、描述信息和系统所提供的唯一编号。设计人员可以在对应的文本编辑框内设置这些基本属性。通常情况下，【Unique ID】由系统指定，不需要设计人员更改。

（2）适用对象和范围

设计规则的适用对象和范围用于指定在进行设计规则检查时的对象范围，根据设计规则

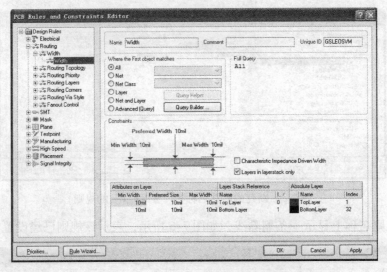

图 7-7 【Width】规则的设置页面

所描述的对象个数，设计规则可以分为一元设计规则和二元设计规则。一元设计规则是指该规则只约束一个对象，如线宽约束。二元设计规则是指该规则约束的是一个对象和另外一个对象之间的电气关系，因此，二元设计规则必须有两个对象需要设置，例如属于两个不同网络的铜膜导线之间的间距就需要对两个对象分别定义。在二元规则选项视图中有"Where the First object matches"选项栏和"Where the Second object matches"选项栏，用于分别设置二元设计规则适用的两个对象的范围。

无论是"Where the First object matches"选项栏和"Where the Second object matches"选项栏都有 6 个单选项来用于选择规则的适用对象和范围，各选项的意义如下。

【All】：当前规则设定对于电路板上全部对象有效。

【Net】：当前设定的规则对电路板上某一个选定的网络有效，设计人员可在选项栏右侧的下拉列表中选择当前的 PCB 项目中已定义的网络名称。

【Net Class】：当前设定的规则对电路板上某一个选定的网络类有效，设计人员可在选项右侧上方的下拉列表中选择已定义的网络类的名称。

【Layer】：当前设定的规则对选定的板层有效，设计人员可在选项栏右侧上方的下拉列表中选择需要设置的 PCB 板层的名称。

【Net and Layer】：当前规则对选定的某一个层上的某一个网络有效，设计人员可在选项栏的第一个下拉列表中选择 PCB 板层的名称，在第二个下拉列表中选择网络的名称。

【Advanced（Query）】：利用条件设定器，自行定义规则有效的范围。

（3）规则约束参数

规则约束参数设置区域内的选项用于设置规则的具体参数。由于每种设计规则的参数都不相同，所以规则约束设置区域的内容会各不相同。

7.1.2 布线规则

布线规则（Routing）的主要功能是用来设定 PCB 布线过程中与布线有关的一些规则，它是 DXP 设计规则设置中最重要也是最常用的规则，规则设置是否合理将直接影响布线的质量和成功率。

在【PCB Rules and Constraints Editor】对话框中，单击对话框左侧区域中的【Routing】规则类前的"＋"号，这时布线规则下的各个规则就会展开。布线规则共包括7个规则，包括【Width】（导线宽度）规则、【Routing Topology】（布线拓扑）规则、【Routing Priority】（布线优先级）规则、【Routing Layers】（布线板层）规则、【Routing Corners】（布线转折角度）规则、【Routing Via Style】（自动布线过孔）规则和【Fanout control】规则。

在制板的时候最常使用的是【Width】规则，要注意【Routing Via Style】规则在设计时经常会出现提示错误，其他的规则在设计双面板的时候一般采取默认，最后一项【Fanout control】规则一般设计人员是不会用到的。

下面将对前6个布线规则的设置进行介绍，其中对设计时最经常使用的【Width】规则进行重点讲解。

1.【Width】规则

该规则的主要功能是用来设置PCB自动布线时的导线宽度。在图7-8所示的对话框中，单击【Width】规则前的"＋"号后弹出系统默认的唯一的【Width】子规则，用鼠标左键单击【Width】子规则，这时对话框的右侧将会弹出【Width】子规则的设置界面，如图7-8所示。

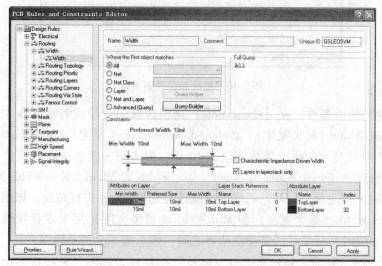

图7-8 【Width】规则

下面以在【Width】规则下新建一个名为"Width_VCC"的规则为例，介绍【Width】规则的具体设置方法。在本例中，新建的布线规则是对PCB中已定义的"VCC"网络导线宽度进行设置，要求系统自动布线时，"VCC"网络导线宽度设置为40mil。【Width】规则的具体设置方法如下。

1）新建规则。在【Width】规则上单击鼠标右键，从弹出的快捷菜单中选择【New Rule】选项，系统将自动在当前的【Width】设计规则下，添加一个默认名为"Width_1"的新设计规则，如图7-9所示。在"Width_1"设计规则上单击鼠标左键，这时对话框的右侧将会弹出一个设计规则编辑界面，如图7-10所示。

2）更改规则名称。在规则名称区域，将新建规则"Width_1"名称修改为"Width_

VCC"。

3）设置规则适用范围。在设置规则的使用对象和范围区域中只有一个【Where the First object matches】区域用来指定对象适用范围，这是因为现在只是针对导线宽度进行设置，因此只有"导线宽度"一个对象。这里选定【Net】单选项，同时在下拉列表中选择已事先设定的"VCC"网络，这时可以发现右边【Full Query】中出现InNet（）字样，其中括号里也会出现对应的"VCC"网络名。

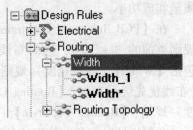

图7-9　新建规则

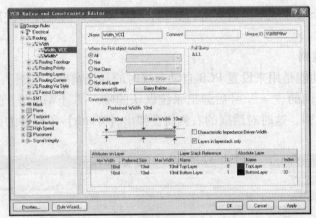

图7-10　更改新建规则名称

4）设置规则约束条件。在【Constraints】选项区域中对导线的宽度有3个选项可供设置，分别为Max Width（最大宽度）、Preferred Width（优选宽度）、Min Width（最小宽度）3个值。系统对导线宽度的每一项默认值为10mil，单击每一个选项可以直接输入数值进行更改。本例中修改Preferred Width为40mil，Min Width为30mil，Max Width为50mil，则系统在自动布线时，系统对"VCC"网络的导线按优选项40mil进行布线，如图7-11所示。

其中，Max Width（最大宽度）和Min Width（最小宽度）用来设置导线宽度的最大和最小允许值，布线时，只要导线宽度在两者之间，则系统不会提示错误。

5）单击 Apply 按钮，检查规则设置情况，如果没有错误，系统自动保存该规则的设置。设计完成效果如图7-12所示。

正如前面所介绍的，设置完规则后，还需要再设置规则优先级。注意，现在【Width】规则下有两个设计子规则，一个是系统默认的名为"Width"的布线规则，另一个是自定义的名为"Width_VCC"的布线规则，当然还可以根据电路设计需要继续向【Width】规则下添加其他的布线规则，也可以根据需要删除某些设计规则。

注意：当前的两个设计子规则的适用范围发生了冲突。在系统默认的名为【Width】的子规则中，规则的适用对象为"All"，即设置电路板中所有网络的导线宽度全部为10mil，当然也包括了"VCC"网络，即"VCC"网络的导线宽度是被设置为10mil的。而自定义的名称为"Width_VCC"规则中，"VCC"网络的导线宽度又被重新设置为40mil，那么在这两个规则的设定中，对于"VCC"网络的导线宽度进行了重复设置，而两个布线子

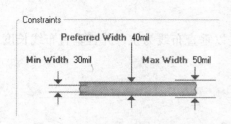

图7-11 设置导线宽度

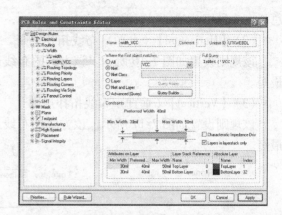

图7-12 对"VCC"网络导线宽度的设置

规则的设置是发生了冲突的。也就是说，在系统自动布线时，对于"VCC"网络，到底是应该按照两个规则中的哪一个执行呢？这即为规则优先级需要解决的。由"规则优先级"来决定PCB布线的时候，两个布线设计规则谁的优先级最高，布线时就先执行哪个布线子规则。

对规则中的优先级等级的设置，通过单击设计规则设置对话框中左下角的 Priorities... 按钮，即可弹出如图7-13所示的【Edit Rule Priorities】设置对话框。其中优先级的最高级为等级1，设计人员可以由此优先级设置对话框看出【Width】规则和【Width_VCC】规则的优先级等级。在此对话框中，【Width】规则的优先级高于【Width_VCC】规则。设计人员可以单击 Increase Priority 和 Decrease Priority 按钮增加或降低当前选中设计规则的优先级等级。这里，设置【Width_VCC】规则的优先级等级为1，【Width】规则的优先级等级为2，则系统自动布线时，"VCC"网络导线的宽度被设置为40mil，其他的网络导线宽度为10mil。更改优先级之后的优先级对话框如图7-14所示。

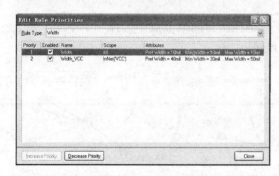

图7-13 未更改优先级的优先级对话框

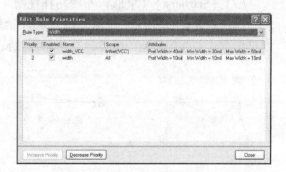

图7-14 更改优先级之后的优先级对框

2.【Routing Topology】规则

该规则用于定义自动布线时同一网络内各元件（焊盘）之间的连接方式，Protel DXP 2004中常用的布线约束为统计最短逻辑规则，当然用户也可以根据具体设计选择不同的布线拓扑规则。Protel DXP 2004提供了以下7种布线拓扑规则。

（1）【Shortest】（最短）布线拓扑规则

该规则设置如图7-15所示。该方式的布线逻辑是布线时保证所有网络节点之间的连线总长度为最短。

（2）【Horizontal】（水平）布线拓扑规则

该规则设置如图 7-16 所示。该方式的布线逻辑是以水平布线为主，并且水平布线长度最短。

（3）【Vertical】（垂直）布线拓扑规则

该规则设置如图 7-17 所示。该方式的布线逻辑是以垂直布线为主，并且垂直布线长度最短。

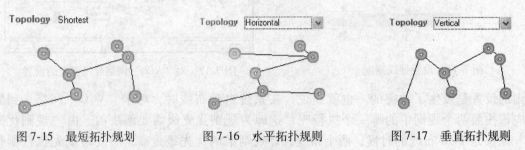

图 7-15　最短拓扑规划　　　　图 7-16　水平拓扑规则　　　　图 7-17　垂直拓扑规则

（4）【Daisy Simple】（简单雏菊）布线拓扑规则

该规则设置如图 7-18 所示。该方式的布线逻辑是将各个节点从头到尾连接，中间没有任何分支，并使连线总长度最短。

（5）【Daisy-MidDriven】（雏菊中点）布线拓扑规则

该规则设置如图 7-19 所示。该方式的布线逻辑是在网络节点中选择一个中间节点，然后以中间节点为中心分别向两边的终点进行链状连接，并使布线总长度最短。

（6）【Daisy Balanced】（雏菊平衡）布线拓扑规则

该规则设置如图 7-20 所示。它是【Daisy-MidDriven】布线拓扑规则中的一种，但要求中间节点两侧的链状连接基本平衡。

（7）【Starburst】（星形）布线拓扑规则

该规则设置如图 7-21 所示。该方式的布线逻辑是在所有网络节点中选择一个中间节点，以星形方式去连接其他的节点，并使布线总长度最短。

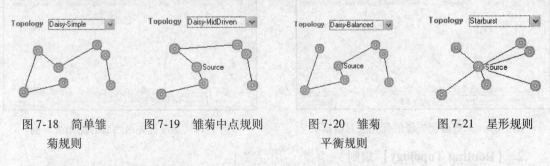

图 7-18　简单雏　　　图 7-19　雏菊中点规则　　　图 7-20　雏菊　　　　图 7-21　星形规则
菊规则　　　　　　　　　　　　　　　　　　　　　平衡规则

3. 【Routing Priority】规则

该规则用于设置布线优先级次序。系统提供优先级次序的设置范围为 0 ~ 100，数值越大，优先级越高，数值 100 表示布线优先级最高。优先级高的网络在自动布线时将先布线，因此可以把一些重要的网络设置为级别高的布线优先级。单击此设计规则后，对话框右侧的规则设置界面如图 7-22 所示。

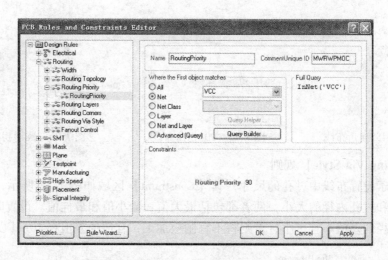

图 7-22　布线优先级设置

注意：【Routing Priority】不能和【Width】规则中的【Edit Rule Priorities】弄混。【Routing Priority】是在系统自动布线时，对哪一个网络先进行布线；而【Width】规则中的【Edit Rule Priorities】是指当几个导线宽度规则冲突时，先执行哪一个规则。

4.【Routing Layers】规则

该规则的主要作用是设置布线时哪些信号层可以使用，【Where the First object matches】与前面介绍的相同，【Constraints】区域给出了当前 PCB 可以布线的层，选中某层对应的复选框表示可以在该层布线，如图 7-23 所示。

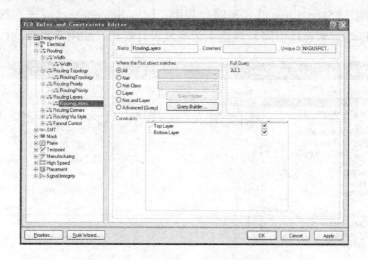

图 7-23　布线板层规则的设置

5.【Routing Corners】规则

该规则主要用来设置导线拐弯的样式。在【Constraint】区域有两项设置，【Style】区域用于设置拐角模式，有45°拐角、90°拐角和圆形拐角3种；【Setback】区域可以设置拐角的尺寸。设计人员尽量不要使用90°拐角，以避免不必要的信号完整性恶化。这3种方式分别如图 7-24、图 7-25 和图 7-26 所示。

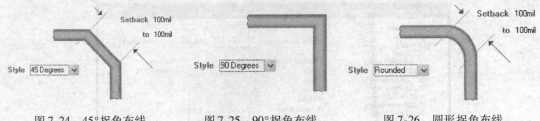

图7-24　45°拐角布线　　　图7-25　90°拐角布线　　　图7-26　圆形拐角布线

6.【Routing Via Style】规则

该规则用于设置布线中过孔的尺寸,其【Constraint】区域如图7-27所示,可以在其中设置过孔直径和过孔内径的大小,两者都包括最大值、最小值和最佳值。设置时需注意过孔直径和过孔孔径的差值不宜过小,否则将不宜制板加工,合适的差值在10mil以上。

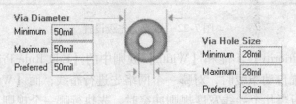

图7-27　过孔设置

7.1.3　电气规则

电气规则(Electrical)是PCB在布线时必须遵守的一个电气规则,它包括【Clearance】(安全间距)规则、【Short-Circuit】(短路)规则、【Un-Routed Net】(未布线网络)规则和【Un-Connected Pin】(未连线引脚)规则4个电气设计规则,如图7-28所示。

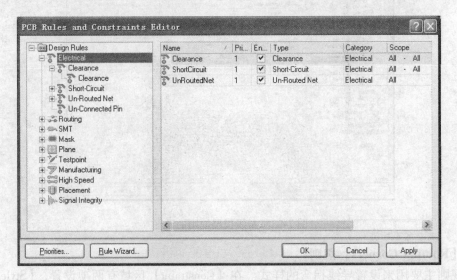

图7-28　【Electrical】规则

1.【Clearance】规则

该规则用于限制PCB中的导线、焊盘、过孔等各种导电对象之间的安全距离,使导电对象之间不会因为过近而产生相互干扰。

安全间距是指具有导电性质的对象之间的最小间距，通常包括导线与导线（Track to Track）、导线与过孔（Track To Via）、过孔与过孔（Via to Via）、导线与焊盘（Track to Pad）、焊盘与焊盘（Pab to Pab）、焊盘与过孔（Pab to Via）等导电对象之间的最小安全距离。

对于PCB来说，PCB的元件间距越大，则制出的板子越大，成本也越高。而PCB元件之间的距离也不能太小，如果间距太小，有可能在高电压的情况下发生击穿短路，所以这个值要选得合适。一般情况下，可以选择8~12mil。

选择【Electrical】规则下的【Clearance】规则，在PCB设计规则对话框中的右边视图显示该规则的设置界面，如图7-29所示。

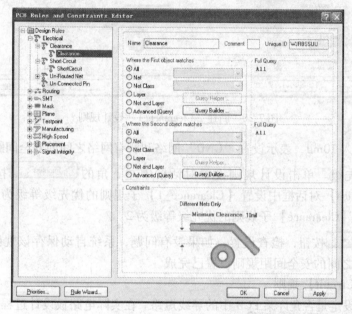

图7-29 【Clearance】规则设置

下面详细介绍设置PCB上已定义的"GND"网络和所有网络之间的安全间距为10mil的具体操作步骤。

1）新建规则。在【Clearance】规则上单击鼠标右键，从弹出的快捷菜单中选择【New Rule】选项，系统将新建一个名为"Clearance_1"的设计规则。选中此设计子规则，对话框右侧出现该规则的设置选项，重新命名为"Clearance_GND"，如图7-30所示。

2）设置规则适合范围。因为必须存在两个对象，才能有安全间距的问题，所以在设置规则的使用对象和范围区域中存在两个小区域来指定对象的使用范围，即【Where the First object matches】区域和【Where the Second object matches】区域。根据本例的要求，在【Where the First object matches】选项区域中选定一种对象，首先选定【Net】单选项，并在其右边的下拉菜单中选择PCB中已经事先设定的"GND"网络，此时在右边【Full Query】中出现"InNet（'GND'）"字样。同样，在【Where the Second object matches】选项区域中也选定【All】（全部对象）选项，表示本例是对"GND"网络和所有网络之间的安全间距进行设置。

3）设置规则约束条件。在【Constraints】选项区域中的【Minimum Clearance】（最小间

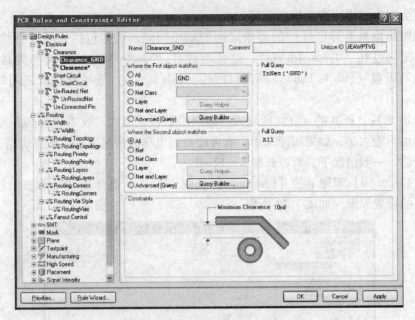

图7-30　新建"Clearance_1"设计规则

隙）文本框里输入10mil，表示设置"GND"网络和所有网络之间的安全间距为10mil。

4）设置优先级。单击设计规则设置对话框中左下角的 【Priorities...】按钮，从弹出的【Edit Rule Priorities】对话框中设置【Clearance_1】子规则的优先级等级为1，即第一优先级，系统默认的【Clearance】子规则的优先级等级为2。

5）单击 Apply 按钮，检查设置，如果没有问题，系统自动保存该规则的设置，GND网络和所有网络之间的安全间距规则设置已完成。

2. 【Short-Circuit】规则

该规则用于设定是否允许某PCB中的导线短路。在实际电路板设计过程中，有时应避免两类导线短路情况的发生，但有时也需要将不同的网络短接在一起，比如有几个地网络之间需要短接到一点。如果设计中有这种网络短接的需要，必须为此添加一个新的规则，在该规则中允许短路，即在如图7-31所示的【Constraints】下勾选【Allow Short Circuit】后的复选框，并在匹配对象的位置中指明这一规则适用于哪个网络、板层或者其他特殊元件，此时当两个不同网络的导线相连时，系统将不产生报警。一般情况下设计人员不宜选中该复选框。

3. 【Un-Routed Net】规则

该规则用于设定检查网络布线是否完整。设定该规则后，设计者可根据它检查设定范围内的网络是否布线完整。如果网络布线不完整，将电路板中没有布线的网络用飞线连接起来。其设置如图7-32所示。

4. 【Un-Connected Pin】规则

该规则用于设定检查元件的引脚是否连接成功。注意：在这一规则下没有具体的规则设置，说明这个规则不属于一个常用的规则，如果在制板时确实要使用到这一规则，可以自行添加新规则并设定。在【Un-Connected Pin】规则上单击右键自行创建一个规则，结果如图7-33所示。

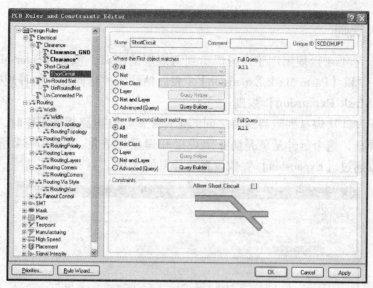

图 7-31 【Short-Circuit】规则设置

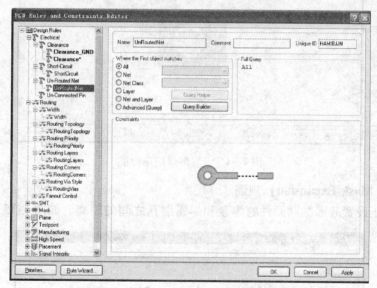

图 7-32 【Un-Routed Net】规则设置

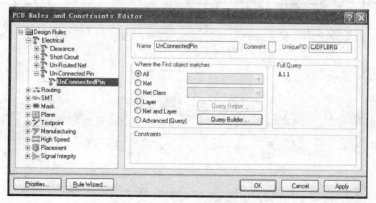

图 7-33 【Un-Connected Pin】规则设置

7.1.4　Mask 规则

阻焊层设计（Mask）规则用于设置焊盘到阻焊层的距离，包括【Soler Mask Expansion】（阻焊层延伸量）和【Paste Mask Expansion】（表面粘贴元件延伸量）两种规则。

1.【Soler Mask Expansion】规则

该规则用于设计从焊盘到阻碍焊层之间的延伸距离。在电路板的制作时，阻焊层要预留一部分空间给焊盘，这个延伸量就是防止阻焊层和焊盘相重叠。如图 7-34 所示，系统默认值为 4mil，可以通过【Expansion】参数设置延伸量的大小。

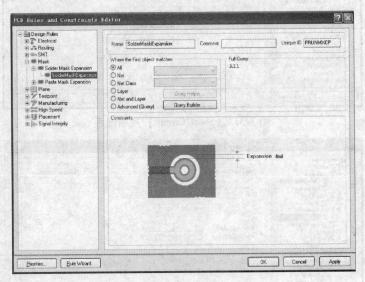

图 7-34　设置阻焊层延伸量

2.【Paste Mask Expansion】规则

该规则用于设置表面粘贴元件的焊盘和焊锡层孔之间的距离。如图 7-35 所示，在约束

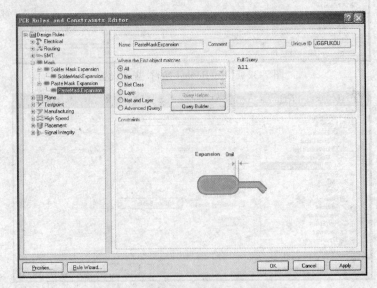

图 7-35　设置表面粘贴元件的延伸量

区域中的【Expansion】参数中可以根据设计需要设置延伸量的大小。

7.2 PCB设计中常用的高级技巧

本节介绍 PCB 设计中的一些非常实用和常用的操作技巧，它们有利于设计人员提高 PCB 设计的效率和质量。

7.2.1 网络类

"类"是指具有相似属性的对象的集合，通过对"类"的设置，可以在自动布线时对属于相同"类"的所有对象一起操作，方便快捷。Protel DXP 2004 中包括 6 大"类"，分别为"网络类""元件类""层类""焊盘类""差分对类"以及"覆铜类"。其中最经常使用的是"网络类"（Net Classes）。其他"类"的设置与"网络类"基本相同，本节将重点介绍"网络类"的设置方法。对"网络类"的设置操作步骤如下。

1）打开【Object Class Explorer】对话框。在 PCB 编辑器的主菜单上执行菜单命令【Design】→【Classes】，即可进入【Object Class Explorer】对话框，如图7-36 所示。

2）建立一个新的"网络类"。在【Net Classes】（网络类）上单击鼠标右键，在弹出的右键菜单中选择【Add Class】命令，可以产生一个新的"网络类"，系统默认名称为"New Class"，如图7-36 所示。

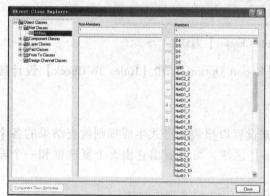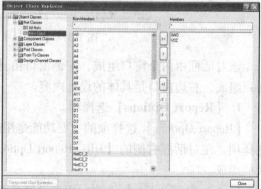

图7-36 新建网络类以及添加网络类成员

3）向新建的"网络类"添加成员。在【Object Class Explorer】对话框中包含有【Non-Members】列表区和【Members】列表区两个部分，【Non-Members】列表区中包括了电路中所有的网络，设计人员可以从【Non-Members】列表区包含的网络中选择要添加到新建的名为"New Class"的"网络类"中的网络，单击▷按钮即可完成对新的"网络类"的成员的添加。

4）关闭该对话框即可完成新建"网络类"设置。

5）对"类"的操作还有删除和重命名两种。在"New Class"上单击右键选择【Delete Class】或者【Rename Class】可以删除或重命名已有的"网络类"。

7.2.2 设计规则检查

在完成 PCB 的布线工作后,为了确保所设计的 PCB 满足设计者的需要,设计人员一般要对所设计的 PCB 进行检查。对于简单的 PCB 设计来说,设计人员可以通过观察的方法来检查 PCB 设计是否存在错误,但是对于复杂的 PCB 设计来说,设计人员通过观察的方法来进行检查就显得非常困难了。基于这个原因,Protel DXP 2004 设计系统也为设计人员提供了功能十分强大的设计规则检查(Design Rule Check,DRC)功能。通过 DRC 功能,设计人员可以检查所设计的 PCB 是否满足先前所设定的布线要求。

启动 DRC 的方法是执行菜单命令【Tool】→【Design Rule Check】,将弹出【Design Rule Checker】对话框,如图 7-37 所示。

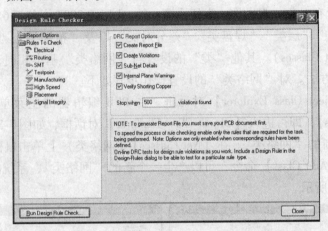

图 7-37 【Design Rule Checker】对话框

该对话框由两个窗口组成,左侧窗口由【Report Options】和【Rules To Check】设计规则列组成,右边窗口是具体的设计内容。

1. 【Report Options】选择项

【Report Options】选择项的主要功能是用来设置以报表的形式生成规则检查结果的各个选择项。在对话框右侧的【DRC Report Options】区域,可以看出它由 5 个复选框和一个输入栏组成。

【Create Report File】选项:用来设置是否生成 DRC 检查报告文件。

【Create Violations】选项:用来设置是否生成违反设计规则的报告。

【Sub-Net Details】选项:用来设置是否检查 PCB 中的子网络的情况。

【Internal Plane Warnings】选项:用来设置 DRC 检查时是否给出内层警告信息的报告。

【Stop when(500)violations found】违反规则次数输入栏:用来设置 DRC 检查时违反设计规则的具体次数。如果 DRC 检查时违反设计规则的次数达到了输入值,那么系统将会停止 DRC 检查;否则,将会继续进行 DRC 检查。

2. 【Rules To Check】选择项

【Rules To Check】选择项用来设置检查的规则以及选择规则检查的方式。规则检查的方式有两种:【Online】栏用来选择设计规则是否需要实时检查;【Batch】栏用于选择是否需要在批处理中进行检查。在【Rules To Check】选择项的下边包括了要进行检查的设计规则名称以及它所属的规则种类，右侧区域用来设置进行"实时"检查还是"批处理"检查，如图7-38所示。

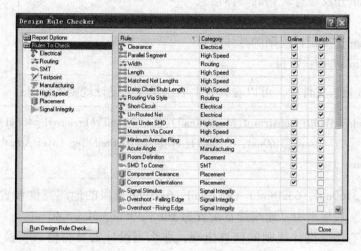

图7-38 【Rules To Check】选择项

在DRC检查过程中有两种方式，即前面所说的【Online】方式与【Batch】方式。其中【Online】方式是随布线操作同时进行的，可以将PCB设计过程中出现的错误直接在工作窗口提示出来，或者拒绝执行某些错误的布线。【Batch】方式是指DXP将在单击【Run Design Rule Check】时才可以开始"批处理"检查，并将所出现的错误生成DRC检查报告文件。

执行DRC检查的步骤很简单，执行命令【Run Design Rule Check】即可对设计的PCB进行DRC检查。重点是要设定好哪些规则需要在线检查，哪些规则需要批处理检查，对于普通的设计人员来说，一般建议采用系统的默认设置即可。

DRC检查结束后，系统将会自动生成一个"＊.DRC"的DRC检查报告文件，这个报告文件将会给出所进行的所有设计规则的检查情况，如图7-39所示。

图7-39 PCB的DRC检查报告

在DRC检查报告文件中，系统将会逐项给出各个设计规则的检查情况。一般来说，报告文件中各项设计规则检查的书写格式为：

> Processing Rule：设计规则名称 Constraint 约束条件
>
> Violation 违反设计规则的具体信息
>
> ……
>
> Violation 违反设计规则的具体信息
>
> Rule Violations：数目

在 DRC 检查报告文件中，可以看到有 1 项违反线宽设计规则的信息：

> Processing Rule：**Width Constraint**(Min = 40mil)(Max = 40mil)(Preferred = 40mil)(InNet('GND'))
>
> Violation   Track(3160mil，6320mil)(4870mil，6320mil)Top Layer Actual **Width** = 30mil
>
> Rule Violations：1

这是由于（3160mil，6320mil）（4870mil，6320mil）段的地线宽度设置为 30mil，违反了地线线宽规则。在规则中，地线线宽设置为 Min = 40mil，Max = 40mil。

如果报告中有违反设计规则的信息出现，那么当设计人员将窗口切换到 PCB 文件时，可以发现 PCB 上违反设计规则的地方会以绿色高亮显示。通过这个高亮显示，设计人员可以很快找到违反设计规则的地方，然后就可以对其进行修改，从而可以有效地排除 PCB 设计中的所有错误。

7.2.3　在 PCB 上添加元件和网络标号

在 PCB 上放置元件的方法在前面的章节已经介绍过，这里不再重复介绍，本节只介绍为放置好的元件添加网络标号的方法。在本节中，假设在 PCB 上已经添加好了一个封装为"AXIAL-0.5"的电阻 R1000，如果想使这个新添加电阻的 PCB 与当前 PCB 中的电路网络相连接，还必须给元件相应的引脚添加网络标号。如图 7-40 所示，注意到未添加网络标号前，元件 R1000 焊盘上只有标号"1"和"2"，并没有网络标号，也没有连接任何飞线，这表示该元件现在并未连接到电路网络中。想要使元件添加到电路网络之中，需要对该元件引脚的焊盘属性加以设置。双击元件 R1000 的焊盘 1，在弹出的焊盘属性对话框的【Net】下拉列表中单击下拉箭头，可以看到电路的所有网络，选择这个焊盘需要连接的网络，如"GND"网络，单击 OK 按钮返回到电路中，可见元件"R1000"的引脚 1 标号上添加了网络标号"GND"，同时在元件 R1 的焊盘 1 和元件 R1000 的焊盘 1 之间出现表示网络连接的飞线。对元件"R1000"的焊盘 2 进行相同的操作，这样可以使元件连接到电路之中，结果如图 7-41 所示。

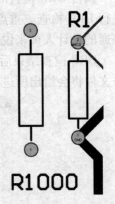

图 7-40　在电路中
添加元件 R1000

7.2.4　放置覆铜

覆铜操作一般是在完成布局、布线操作以后进行的操作。在 Protel DXP 2004 设计系统中，所谓覆铜就是在 PCB 上没有铜膜走线、焊盘和过孔的空白区域铺满铜箔，目的是提高电路板的抗干扰能力，有时也可用于散热，而且还能提高电路板的强度。覆铜的对象可以是

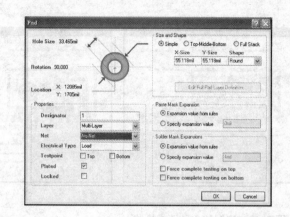

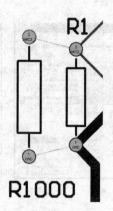

图 7-41　元件 R1000 焊盘 1 的属性

电源网络、地线网络和信号线等，通常的 PCB 设计中，对地线网络进行覆铜比较常见。一般情况下，将所铺铜膜接地，即与地线相连接，可以增大地线网络的面积，也可以提高电路板的抗干扰性能和过大电流的能力，还可以提高电路板的强度。

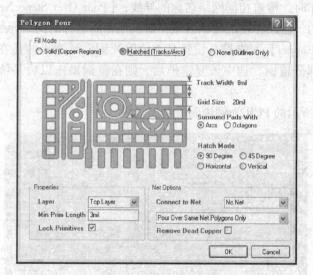

图 7-42　【Polygon Pour】对话框

单击菜单命令【Place】→【Polygon Pour】，系统将弹出如图 7-42 所示的【Polygon Pour】对话框，以下是对话框中各个选项设置的具体介绍。

（1）【Fill Mode】区域

该区域用来设置覆铜填充模式。有实心填充模式、影线化填充模式和无填充模式 3 种选择。选择不同的填充模式，则【Polygon Pour】对话框中间的图形部分相关选项会发生相应变化，如图 7-43 所示。

（2）【Properties】区域

该区域主要用于设置覆铜所在的层面、铜膜网格线的最短长度和是否锁定覆铜。

（3）【Net Options】区域

该区域主要用于设置与网络有关的参数。

【Connect to Net】选项：用来设置覆铜所连接到的网络，一般将覆铜与地线相连接。

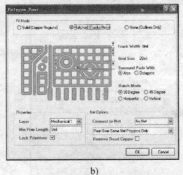
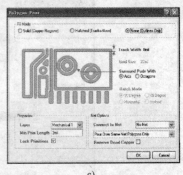

a)　　　　　　　　　　　　　　b)　　　　　　　　　　　　　　c)

图 7-43　覆铜的 3 种填充模式

a）实心填充模式　b）影线化填充模式　c）无填充模式

【Don't Pour Over Same Net Objects】选项：表示多边形覆铜只包围相同网络已经存在的导线或多边形，而不会覆盖相同网络名称的导线。其中，【Pour Over All Same Net Objects】选项表示当覆铜操作时，覆盖相同网络名称的导线；【Pour Over Same Net Polygons Only】选项表示只覆盖现有的、已经存在的覆铜区域，对其他相同名称的网络导线不覆盖。

【Remove Dead Copper】复选框：设置是否清除死铜。死铜指的是在覆铜之后，与任何网络都没有连接的部分覆铜。选中该复选框后，则在覆铜操作以后系统将自动删除所有的死铜。

这里以图 7-44 所示的 PCB 为例说明覆铜的过程。

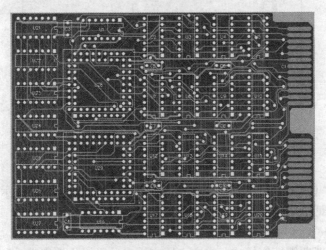

图 7-44　覆铜前的 PCB

1）在 Protel DXP 2004 设计系统的【PCB】工作面板的菜单上选择【Place】→【Polygon Pour】，或单击【Writing】工具栏中的放置覆铜按钮，系统将会弹出【Polygon Pour】对话框。

2）设置覆铜的属性。这里采用影线化填充模式，导线宽度设为"10mil"，网格尺寸设为"30mil"，围绕焊盘形状为八边形，填充模式为 90°网格，在"Bottm Layer"层覆铜并与"GND"网络连接，选择【Pour Over All Same Net Objects】选项，并确认选中【Remove

Dead Copper】选项。

3）设置好覆铜的属性后，单击 OK 按钮，开始放置覆铜。此时光标变成"十"字形状，移动光标到 PCB 左上角，单击光标确定放置覆铜的起始位置，再移动光标到合适位置逐一单击，确定所选覆铜范围的各个端点。本例中的电路板为长方形，可以沿长方形的 4 个顶角选择覆铜区域。这样，就在电路板上画一个封闭多边形，将整个电路板包含进去。

注意： 必须保证的是，覆铜的区域必须为封闭的多边形状。

4）覆铜区域选择好后，单击鼠标右键退出放置覆铜状态，系统自动运行覆铜并显示覆铜结果。

注意： 覆铜需要一定的计算时间，可以从状态栏中间的位置看出覆铜的进程。

5）对 PCB 底层覆铜后，对 PCB 顶层覆铜，重复上面相同的操作即可。

在覆铜之后，如果还想对覆铜属性进行某些编辑和修改，可以双击覆铜区域，即可打开其属性设置对话框进行相应的修改。如果想分别观察顶层和底层覆铜的效果，可以直接点击【Top layer】（顶层）和【Bottm layer】（底层）按钮。这样，板层就在顶层和底层来回切换，可以观察到顶层和底层覆铜的不同效果。图 7-45 所示为顶层覆铜后的 PCB。

图 7-45 顶层覆铜后的 PCB

删除覆铜的操作方法和删除一般对象的方法一样，选中覆铜之后，按【Delete】键即可。

7.2.5 补泪滴

补泪滴就是在铜膜导线和焊盘交接的地方加宽铜膜导线。由于加宽的铜膜导线形状很像泪滴，故常称为补泪滴（Teardrops）。补泪滴的主要作用是增强导线与焊盘的连接强度。

补泪滴的操作比较简单，使用菜单命令【Tool】→【Teardrops】，系统会弹出【Teardrop Options】对话框，用来设置泪滴的属性，如图 7-46 所示。

（1）【General】区域

该区域中的各复选框用于设置补泪滴的范围，以及是否建立报告。

All Pads：对所有的焊盘都进行补泪滴操作。

All Vias：全部过孔，即对所有的过孔都进行补泪滴操作。

Selected Objects Only：仅对选定的对象进行补泪滴操作。

Force Teardrops：是否强制进行补泪滴操作。

（2）【Action】区域

该区域用于设置是添加还是删除泪滴。

（3）【Teardrop Style】区域

该区域用于设置要补泪滴的具体形状，有"圆弧"形和"导线"形两种泪滴形状。

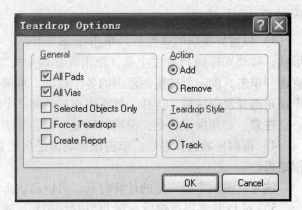

图 7-46 【Teardrop Options】对话框

补泪滴操作前与两种方式补泪滴后的效果如图 7-47 所示。

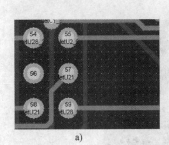 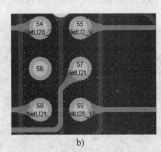 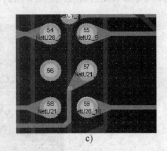

图 7-47 补泪滴操作前后的效果

a）补泪滴前 b）"圆弧"形泪滴 c）"导线"形泪滴

7.2.6 添加安装孔

绝大多数情况下，为了便于装配、焊接、调试电路板，设计人员都需要为制作好的 PCB 添加安装孔。

在 Protel DXP 2004 系统中，并没有提供专门的命令来放置安装孔。一般情况下，使用放置焊盘命令来代替放置安装孔命令即可。也就是说，在需要放置安装孔的位置，设计人员只需要在【Mechanical】机械层上放置安装孔的位置处放置相应尺寸的焊盘即可，但需要适当修改焊盘的属性。

设置的方法是，将焊盘的坐标和半径设置为安装孔的坐标和半径大小，去掉焊盘的任何网络连接，通常代替安装孔的焊盘编号全部设置为 0。

7.2.7 原理图与 PCB 的双向操作

在完成 PCB 的设计之后，有时出于设计的需要，还会对原理图或者电路板进行局部修改，同时也希望将修改后的情况反映到电路板或原理图中去，这就涉及由原理图更新 PCB 图，或者由 PCB 图更新原理图的双向更新的方法。Protel DXP 2004 系统提供了实现这一操作的功能。

（1）由原理图更新 PCB 图

由原理图更新 PCB 就是对原理图进行局部的修改后更新 PCB 图。本节中以一个晶振电路的原理图和由这个原理图生成的 PCB 图为例，在设计过程中对原理图中晶振电路的 3 个元件的标识符进行修改（将标识符由原来的 C1、C2、Y1 修改为 C5、C6、Y7），并将修改后的结果直接反映到 PCB 图上，具体步骤如下。

1）在原理图上修改电路中元件的 3 个标识符，标识符由原来的 C1、C2、Y1 修改为 C5、C6、Y7，并在原理图中保存修改后的结果，更新前的原理图和 PCB 图如图 7-48 所示。

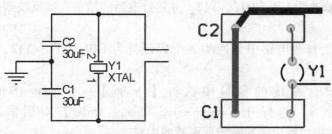

图 7-48　更新前的原理图和 PCB 图

2）在原理图设计系统的窗口中执行【Design】→【Update PCB Document PCB1. PcbDoc】命令，将打开【Engineering Change Order】对话框，如图 7-49 所示。在【Engineering Change Order】对话框中列出了所有需要更改的内容。

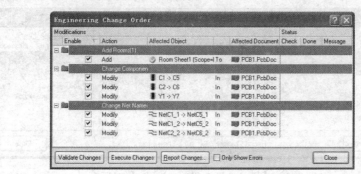

图 7-49　【Engineering Change Order】对话框

3）单击 Validate Changes 按钮，检查更新是否有效。如果所有的更新都有效，在【Status】栏中的【Check】列出现 ✓ 符号，否则出现 ✗ 符号。

4）如果没有问题，单击 Execute Changes 按钮，执行成功则会显示 ✓ 符号，说明实现了由原理图到 PCB 的更新。单击 ✓ 按钮关闭该对话框，完成 PCB 的更新。更新后的原理图和 PCB 图如图 7-50 所示。

（2）由 PCB 图更新原理图

在绘制 PCB 的过程中，有时也会对元件标识符等作一些调整。为了使原理图中的信息与 PCB 图保持一致，就需要执行从 PCB 向原理图更新的操作。本节依然采用上一个晶振电路的原理图和由这个原理图生成的 PCB 图为例，希望 PCB 图改变之后直接更新相应的原理

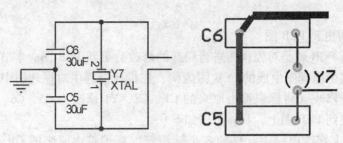

图 7-50　更新后的原理图和相应的 PCB 图

图文件。在设计过程中对 PCB 图中的晶振电路的 3 个元件的标识符进行修改，标识符由原来的 C5、C6、Y7 修改为 C10、C11、Y12，并将修改后的结果直接反映到原理图上，具体步骤如下。

1）在 PCB 图上修改电路中元件的 3 个标识符为 C10、C11、Y12，并保存修改后的结果。

2）在 PCB 设计系统的窗口中执行【Design】→【Update Schematics in PCB _ Project1.PrjPCB】命令，将打开【Engineering Change Order】对话框。在【Engineering Change Order】对话框中列出了所有需要更改的内容。

3）依次单击【Engineering Change Order】对话框中的 Validate Changes 按钮和 Execute Changes 按钮，在【Status】栏中的【Check】列和【Done】列全部出现✔符号，表示执行成功，如图 7-51 所示。

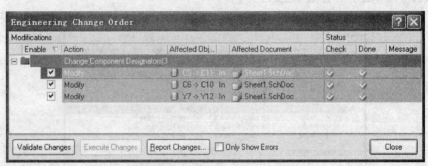

图 7-51　【Engineering Change Order】对话框

4）单击 Close 按钮关闭该对话框，则 PCB 图中的变化更新到原理图中。更新后的 PCB 图和原理图如图 7-52 所示。

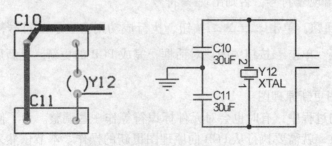

图 7-52　更新后的 PCB 图和原理图

7.3 PCB 设计实例——双面板自动布线

本节将通过一个实例介绍由原理图生成 PCB 的全部过程。实例中使用的原理图电路为第 4 章中介绍的层次原理图电路"单片机应用电路"。由于在前面的章节中已经很详细地介绍了各种 PCB 编辑、操作的方法，因此在本节中对某些 PCB 的操作方法不再详细介绍。

7.3.1 准备工作

在 D 盘的"Chapter 7"文件夹下新建一个名为"单片机应用电路"的文件夹，将第 4 章中经过编译的 PCB 项目"单片机应用电路 .PrjPCB"及 4 个原理图文件"单片机应用电路 .SchDoc""单片机系统电路 .SchDoc""扩展显示及键盘 .SchDoc""扩展存储器电路 .SchDoc"全部保存在该文件夹下。

启动 Protel DXP 2004，进入 Protel DXP 2004 的编辑界面，加载 PCB 项目"单片机应用电路 .PrjPCB"。

7.3.2 在项目中新建 PCB 文件

本例中采用"PCB 生成向导"新建一个名为"单片机应用电路"的 PCB 文件，在"PCB 文件生成向导"中设置 PCB 的各个参数，具体包括：该 PCB 为双面板，PCB 形状为矩形，电气边界设置为 5900mil×4100mil（高×宽）；PCB 上大多数元件为通孔直插式元件；要求两个焊盘之间的导线数为一条；最小导线尺寸为 10mil，最小过孔的内外径分别为 28mil 和 50mil，最小安全间距为 8mil，其余采用默认设置。

通过【PCB Board Wizard】生成 PCB 文件的方法如下。

1）在 Protel DXP 2004 设计系统的主界面上，单击主界面右下角工作面板区的【System】标签，选择其中的【File】选项，则会弹出【File】工作面板。单击【File】工作面板中【PCB Board Wizard】选择项，弹出【PCB Board Wizard】生成向导对话框，按照生成向导的步骤，根据 PCB 的要求依次设置该 PCB 的参数。

2）采用"PCB Board Wizard"生成的 PCB 文件属于自由文档，如图 7-53 所示，用鼠标左键单击该文件，并将它拖到"单片机应用电路"项目下，在新建的 PCB 文件上单击鼠标右键，将其保存在路径"D:\Chapter7\单片机应用电路"下，并更名为"单片机应用电路 .PcbDoc"。

7.3.3 将设计导入到 PCB

1）在 PCB 设计系统的窗口中执行【Design】→【Import Changes From 单片机应用电路 .PrjPCB】，打开

图 7-53 【Projects】工作面板

【Engineering Change Order】对话框，依次单击【Engineering Change Order】对话框中的 Validate Changes 按钮和 Execute Changes 按钮。应用更新后的【Engineering Change Order】对话框如图7-54所示。

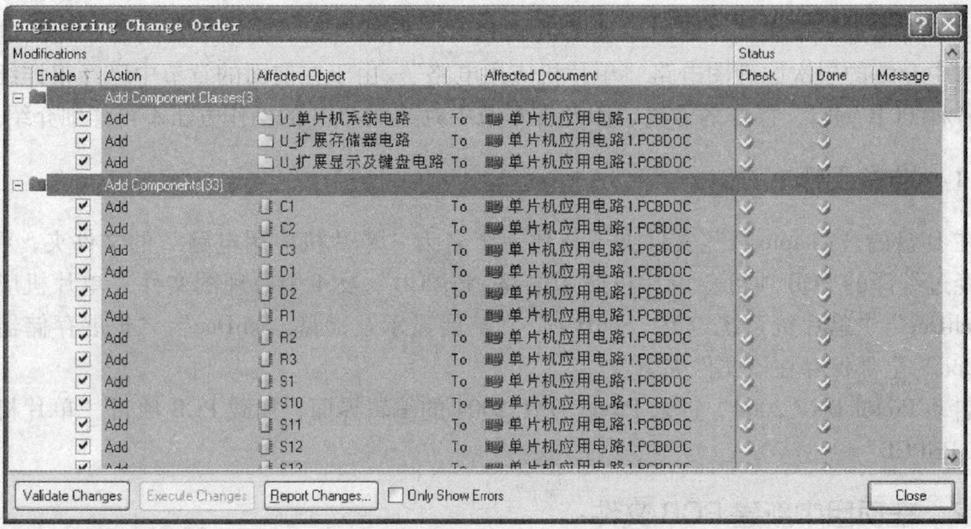

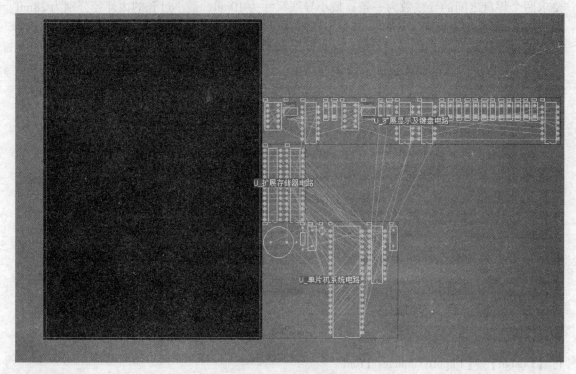

图7-54　应用更新后的【Engineering Change Order】对话框

2）单击【Engineering Change Order】对话框中的 Close 按钮，关闭该对话框。至此，原理图中的元件和网络表就导入到 PCB 中了。图 7-55 所示为 PCB 工作区的内容。

图 7-55　PCB 工作区内容

7.3.4 元件布局

本例中使用的是层次原理图电路，包括3个子原理图，因此从原理图更新到 PCB 后，在 PCB 编辑器的工作区中包括3个 room 框。每一个 room 框中包括一个子原理图电路中的所有元件。为了方便元件布局，先将该 room 框删除。单击 PCB 图中的元件，按照图 7-56 所示将各个元件——拖放到 PCB 中的"Keep-Out"区域内。本例中要求所有元件处于顶层，布置完成后的 PCB 如图 7-56 所示。

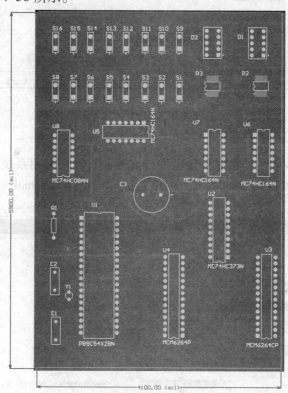

图 7-56　布置完成后的 PCB

7.3.5 设置网络类

在对电路板进行自动布线之前，需要对电路板布线规则进行设计。为了快速设置布线规则，先将具有相似属性的网络归为一类，即设置网络类。本例中，要求建立一个名为"POWER"的网络类，将所有的电源网络和地线网络归为"POWER"网络类中。本例中，"POWER"网络类中包含电源网络"VCC""VDD"以及"GND"网络。

1）在 PCB 编辑器的主菜单上执行菜单命令【Design】→【Classes】，即可进入【Object Class Explorer】对话框。

2）在【Net Classes】（网络类）项上单击鼠标右键，选择右键菜单中的【Add Classes】项，产生一个新的"网络类"，将其重命名为"POWER"。

3）将【Non Members】列表区中的网络"VCC"和"VDD"以及"GND"网络添加到【Members】列表区中，即可完成对新的"POWER"网络类的添加。

4）关闭该对话框即可完成网络类设置，如图 7-57 所示。

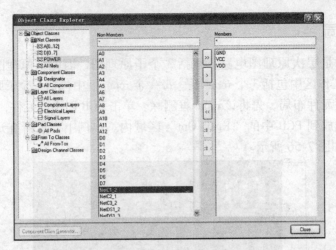

图7-57　网络类的设置

7.3.6　设置电路板布线规则

在本例中只对 PCB 中的导线宽度规则进行设置，其他均采用系统默认值。使用规则中的布线规则分别设置 PCB 中 "POWER" 网络类的导线宽度为 40mil，信号线宽度为 10mil，如图 7-58 所示。

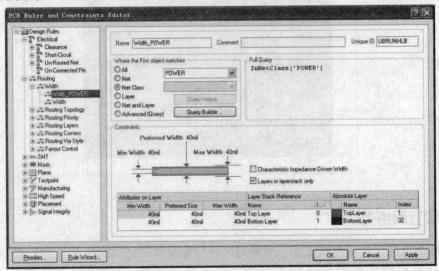

图7-58　设置 "POWER" 网络类的布线规则

注意，还需单击【PCB Rules and Constraints Editor】对话框左下角的 Priorities 按钮，在【Edit Rule Priorities】设置对话框中设置【Width_POWER】规则的优先级要高于【Width】规则。

7.3.7　自动布线

本例中设置顶层布线为水平方向，底层布线为垂直方向。

1）执行菜单命令【Auto Route】→【All】，执行该命令后，系统弹出如图 7-59 所示的自动布线器策略对话框。

2）单击 Edit Layer Directions 按钮，系统弹出如图 7-60 所示的【Layer Directions】对话框。在

图 7-59 布线策略的选择

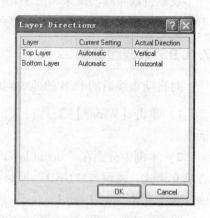

图 7-60 编辑方向对话框

此可以选择自动布线时按层布线的布线方向。本例中 PCB 为双面板，只有顶层和底层，因此选择顶层为水平布线（Horizontal），底层为垂直布线（Vertical）。

3）单击 Route All 按钮，开始自动布线，自动布线后的 PCB 图如图 7-61 所示。

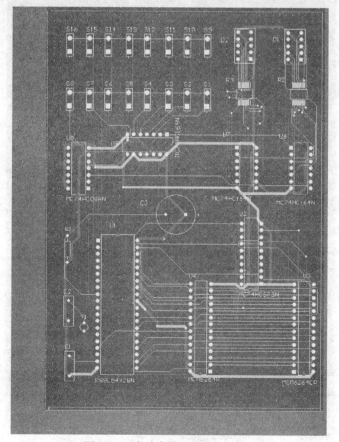

图 7-61 自动布线生成的 PCB 图

7.3.8 手动调整自动布线

观察自动布线的结果，由于元件布局比较合理，Protel DXP 2004 自动布线效果还是比较不错的，但是有些导线布置得可能不合理，所以还要对自动布线的结果进行手动调整。

7.3.9 对地线覆铜

对自动布线后的 PCB 的地线网络进行覆铜操作：

1）单击【Wiring】工具栏中的放置覆铜按钮 ▨，系统将会弹出【Polygon Pour】对话框。

2）本例中分别在"Bottm layer"层和"Top layer"层覆铜。覆铜的属性设置为：采用实心填充模式，覆铜与"GND"网络连接，选择【Pour Over All Same Net Objects】选项，并确认选中【Remove Dead Copper】选项。

3）本例中，覆铜的区域与 PCB 的电气边界设为一致，在电路板上画一个封闭多边形，将整个电路板包含进去。

对电路板覆铜后的效果如图 7-62 所示。

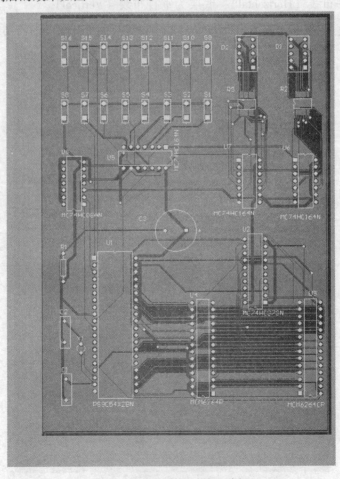

图 7-62　顶层覆铜后的电路板

7.3.10 DRC 检查

DRC 检查操作：

1）执行菜单命令【Tools】→【Design Rule Check】，打开设计规则检查对话框，如图 7-63 所示。

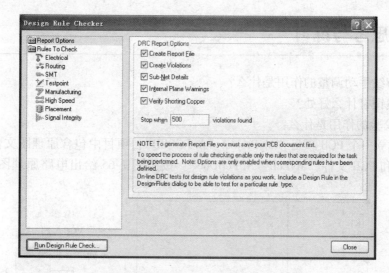

图 7-63　【Design Rule Checker】对话框

2）执行命令按钮 Run Design Rule Check... ，即可对设计的 PCB 进行 DRC 检查。

设计规则测试结束后，系统自动生成"单片机应用电路.DRC"文件，查看检查报告，系统设计中不存在违反设计规则的问题，系统布线成功。图 7-64 所示为 DRC 检查报告网页。

图 7-64　检查报告网页

7.3.11 保存文件

单击保存工具按钮 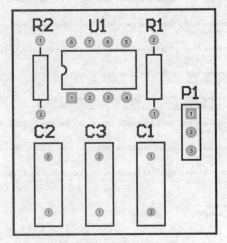 ，保存 PCB 文件到指定目录 "D：\ Chapter 7 \ 单片机应用电路"下。

7.4 思考与练习

1. PCB 布线手动调整的作用是什么？
2. PCB 覆铜有什么好处？
3. DRC 校验的作用是什么？
4. 练习建立一个 PCB 项目 "MyProject_7A.PrjPCB"，项目中包含原理图文件 "MySheet_7A.SchDoc" 和 PCB 文件 "MyPcb_7A.PcbDoc"。按照图 7-65 给出电路原理图和 PCB 元件

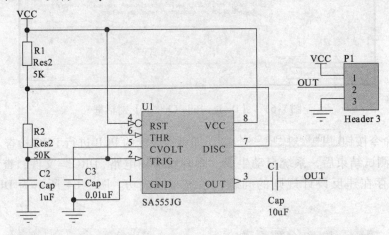

图 7-65 电路原理图和 PCB 元件布局图

布局，练习 PCB 手动布局、自动布线，要求在布线规则中设置电源线宽度和地线宽度均为40mil，电路板上其他导线宽度设置为 10mil。绘制完成后将项目和文件全部保存到目录"D：\Chapter7 \MyProject"中。

5. 练习建立一个 PCB 项目"MyProject_7B. PrjPCB"，项目中包含原理图文件"MySheet_7B. SchDoc"和 PCB 文件 MyPcb_7B. PcbDoc"。按照图 7-66 给出电路原理图和 PCB 图，练习 PCB 手动布局、自动布线和手动调整，要求 PCB 顶层水平布线，底层垂直布线。操作过程中要求建立一个名为"POWER"的网络类，网络类中包含电源线和地线，线宽设置为30mil，电路板上其他导线宽度设置为 8mil。绘制完成后将项目和文件全部保存到目录"D：\Chapter7 \MyProject"中。

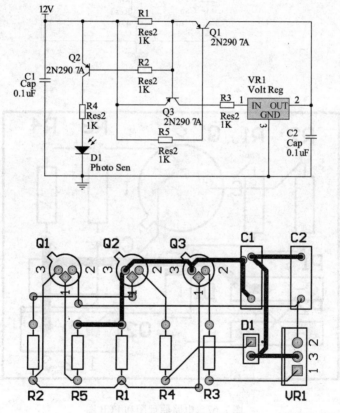

图 7-66　电路原理图和 PCB 图

6. 练习建立一个名为"MyProject_7C. PrjPCB"的 PCB 项目，项目中包含原理图文件"MySheet_7C. SchDoc"和 PCB 文件 MyPcb_7C. PcbDoc"。按照图 7-67 给出电路原理图和PCB 图，练习 PCB 手动布局、自动布线和手动调整，要求建立一个名为"POWER"的网络类，网络类中包含电源线和地线，线宽设置为 40mil，电路板上其他导线宽度设置为 8mil。PCB 绘制完成后要求执行 DRC 检查，根据 DRC 报告文件观察所有设计规则的检查情况，最后将项目和文件全部保存到目录"D：\Chapter7 \MyProject"中。

7. 建立一个名为"MyProject_7D. PrjPCB"的 PCB 项目，项目中包含原理图文件"My-Sheet_7D. SchDoc"和 PCB 文件 MyPcb_7D. PcbDoc"。按照图 7-68 给出电路原理图和 PCB图，练习 PCB 手动布局、自动布线，要求 PCB 电气尺寸为 1700mil×1600mil（高×宽），顶

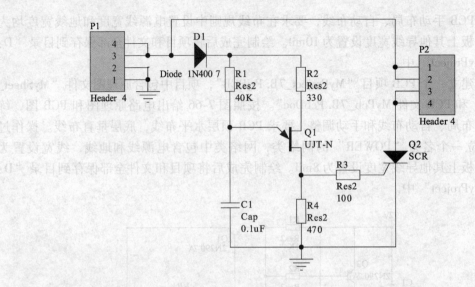

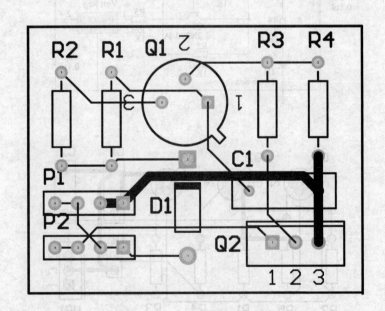

图 7-67　电路原理图和 PCB 图

层垂直布线，底层水平布线，在布线规则中设置电源线和地线宽度为 40mil，电路板上其他导线宽度设置为 10mil。绘制完成后对 PCB 进行 DRC 检查和覆铜操作，最后将项目和文件全部保存到目录 "D：\Chapter7\MyProject" 中。

8. 建立一个名为 "MyProject_7E. PrjPCB" 的 PCB 项目，项目中包含原理图文件 "My-Sheet_7E. SchDoc" 和 PCB 文件 MyPcb_7E. PcbDoc"。按照图 7-69 给出电路原理图和 PCB 图，练习 PCB 手动布局、自动布线、手动调整，要求 PCB 顶层垂直布线，底层水平布线，在布线规则中设置电源线和地线宽度为 40mil，电路板上其他导线宽度设置为 10mil。绘制完成后执行 DRC 检查并输出 PCB 元件报表，最后将项目和所有文件全部保存到目录 "D：\Chapter7\MyProject" 中。

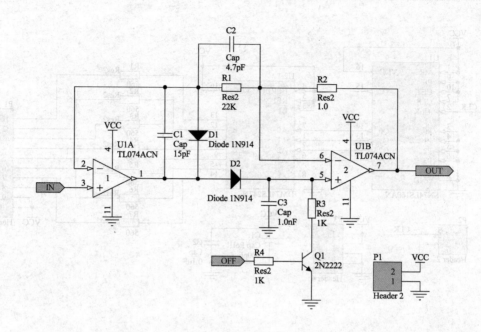

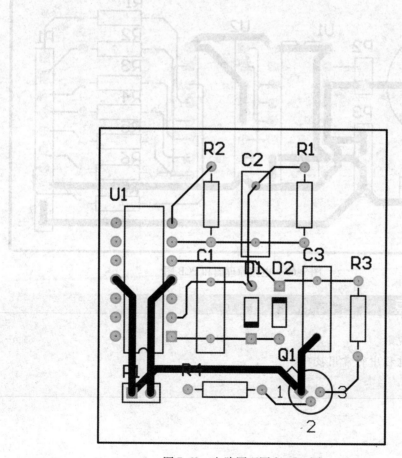

图 7-68　电路原理图和 PCB 图

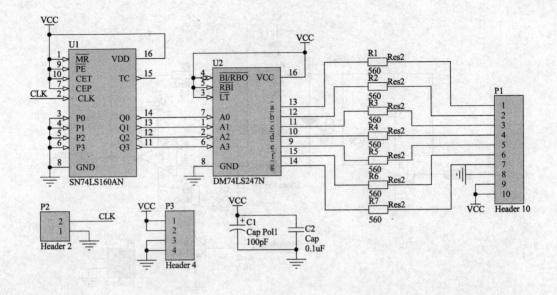

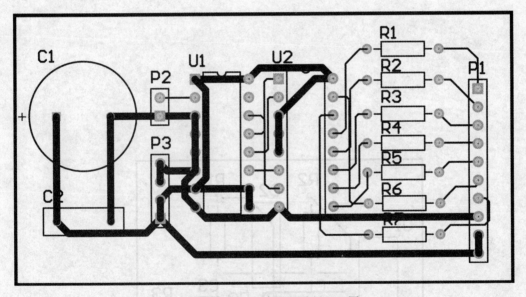

图 7-69　电路原理图和 PCB 图

本章要点

1. PCB 设计规则。

2. PCB 设计过程中的常用技巧。

3. 自动布线。

第8章

元件原理图库、PCB元件封装库和集成元件库

元件原理图库、PCB元件封装库和集成元件库
├─ 元件原理图库
│ ├─ 界面 ┬ 编辑器
│ │   ├ 【Sch Library】工作面板
│ │   └ 图纸属性
│ ├─ 制作原理图元件 ┬ 制作新的原理图元件
│ │   ├ 原理图元件属性
│ │   └ 原理图元件引脚属性
│ └─ 高级技巧 ┬ 添加新元件
│   ├ 利用模式管理器添加元件封装
│   ├ 带有子元件的原理图元件设计
│   ├ 复制已有原理图元件
│   ├ 由原理图生成元件原理图库
│   └ 由元件原理图库更新原理图中元件
├─ PCB元件封装库
│ ├─ 界面 ┬ 编辑器
│ │   ├ 图纸属性
│ │   └ PCB Library 工作面板
│ ├─ 绘制元件封装 ┬ 利用封装向导自动绘制元件封装
│ │   └ 手动绘制元件封装
│ └─ 高级技巧 ┬ 复制已有元件封装
│   ├ 由 PCB 图生成 PCB 元件封装库
│   └ 由 PCB 元件封装库更新 PCB 中的元件封装
└─ 创建集成元件库

虽然 Protel DXP 2004 设计系统已经提供了非常多的元件库，但任何一个 EDA 软件都不可能包含世界上所有的元件，并且软件自带的元件模型也有可能不符合设计人员的需要。因此，对于元件库中没有的原理图元件和元件封装，设计人员需要使用 Protel DXP 2004 设计系统提供的库文件编辑器来自行创建。本章将介绍创建自定义的元件原理图库、PCB 元件封装库和集成元件库的方法，以及制作原理图元件、元件封装的过程。

8.1 元件原理图库

元件原理图库，其文件扩展名为 ".SchLib"。元件原理图库中的原理图元件是实际元件的电气图形符号，包括原理图元件的外形和元件引脚两个部分。外形部分不具有任何电气特性，对其大小没有严格的规定，和实际元件的大小没有什么对应关系。引脚部分的电气特性则需要考虑实际元件引脚特性进行定义，原理图元件的引脚编号和实际元件对应的引脚编号必须是一致的，但是在绘制原理图元件时，其引脚排列顺序可以与实际的元件引脚排列顺序有所区别。

8.1.1 元件原理图库编辑器

元件原理图库编辑器的界面和原理图编辑器界面基本相同，操作方法也类似，只是有一些特定的工具栏用于编辑元件原理图库文件和原理图元件。

元件原理图库编辑器的工具栏包括【Sch Lib Standard】、【Navigation】、【Mode】、【Utilities】4 个工具栏，如图 8-1 所示。可以根据需要选择显示或隐藏这些工具栏。

图 8-1　元件原理图库编辑器中的工具栏

下面介绍最常用的两个工具栏：【Sch Lib Standard】工具栏和【Utilities】工具栏 。

（1）【Sch Lib Standard】工具栏

该工具栏中大部分的工具按钮与原理图编辑器下的【Schematic Standard】工具栏中的按钮功能相同，包括对文件的操作、对视图的操作等。

（2）【Utilities】工具栏

该工具栏主要提供在元件原理图库编辑环境中放置不同对象的操作工具栏，包括 IEEE 符号工具栏、绘图工具栏、网格工具栏以及模式管理器。在工具栏中单击各个按钮，会弹出对应的工具栏，如图 8-2 所示。

在 Protel DXP 2004 设计系统中，通过新建元件原理图库文件来启动元件原理图库编辑器，具体操作步骤如下。

1）在 Protel DXP 2004 设计系统的主界面上执行菜单命令【Files】→【New】→【Library】→【Schematic Library】，此时将会启动元件原理图库编辑器，同时弹出【Projects】工作面板，

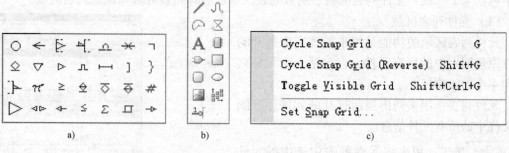

图 8-2 【Utilities】工具栏中各按钮对应的工具栏

a）IEEE 符号工具栏　b）绘图工具栏　c）网格工具栏

从【Projects】工作面板上可以发现系统自动生成一个名为 "SchLib1. SchLib" 的元件原理图库文件。这时的原理图库编辑器窗口如图 8-3 所示。

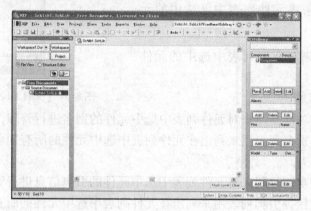

图 8-3　元件原理图库编辑器

2）执行菜单命令【File】→【Save】，保存元件原理图库文件到 "D：\Chapter8\MyLib" 中。

3）执行菜单命令【View】→【WorkSpace Panels】→【SCH】→【SCH Library】，在工作区面板中打开【SCH Library】工作面板，如图 8-4 所示。

完成以上步骤后，一个名为 "SchLib1. SchLib" 的空白元件原理图库文件即创建完毕。

8.1.2　【SCH Library】工作面板

在元件原理图库编辑器的【SCH Library】工作面板中，设计人员可对元件原理图库中的元件进行管理，例如执行新建、编辑、复制、粘贴、删除原理图元件等操作。

单击元件原理图库编辑器界面右下角工作面板区的【SCH】标签，选择其中的【SCH Library】子菜单，系统将弹出如图 8-5 所示的【SCH Library】工作面板。

在 Protel DXP 2004 设计系统中，【SCH Library】工作面

图 8-4　【SCH Library】工作面板

板中包括 4 个区域：元件列表区域、别名列表区域、引脚列表区域和模型列表区域。

（1）元件列表区域

元件列表区域的功能是用来管理当前打开的元件原理图库中的所有元件，它包括一个元件列表和 4 个功能按钮。

元件列表：用来列出当前打开的元件原理图库文件中的所有元件信息。

Place 按钮：用来将元件列表中选中的元件放置到当前打开的电路原理图中。

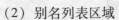 按钮：用来将新建的原理图元件添加到当前的元件原理图库中。

Delete 按钮：用来将元件列表中已选中的元件删除。

Edit 按钮：用来对元件列表中选中的元件进行编辑。

（2）别名列表区域

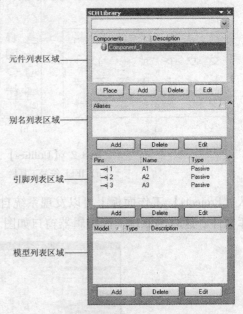

图 8-5 【SCH Library】工作面板

别名列表区域的功能是用来对元件列表中选中元件的别名进行管理，它包括一个别名列表和 3 个功能按钮。别名列表用来列出在元件列表中选中元件的所有别名信息。

（3）引脚列表区域

引脚列表区域的功能是用来对元件列表中选中元件的引脚信息进行管理，它包括一个引脚列表和 3 个功能按钮。引脚列表用来列出在元件列表中选中元件的所有引脚信息。

（4）模型列表区域

模型列表区域的功能是用来对元件列表中选中元件的一些模型信息进行管理，它包括一个模型列表和 3 个功能列表按钮。模型列表用来列出在元件列表中选中元件的所有模型信息。

8.1.3 元件原理图库的图纸属性

在元件原理图库编辑器中，对元件原理图库图纸属性设置的具体步骤如下。

1）在元件原理图库编辑环境下单击鼠标右键，在右键菜单的【Options】中选择【Document Options】如图 8-6 所示。

2）鼠标左键单击【Document Options】后，弹出的元件原理图库图纸属性设置对话框，如图 8-7 所示。

该对话框包括【Library Editor Options】（库编辑器）和【Units】（单位）两个选项卡，用来设置元件原理图库图纸属性。

【Library Editor Options】选项卡中常用区域为【Option】区域、【Custom Size】区域、【Colors】区域和【Grids】区域。

（1）【Option】区域

【Style】选项：【Standard】标准型标题栏和【ANSI】美国国家标准协会标题栏。

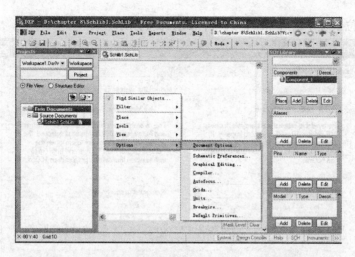

图8-6 在元件原理图库编辑器窗口下打开图纸属性对话框

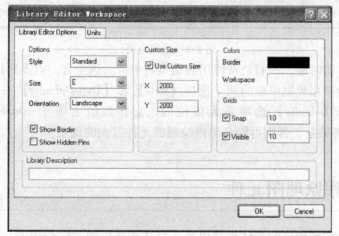

图8-7 元件原理图库图纸属性设置对话框

【Size】选项：单击下拉列表框的下拉按钮，可以看到系统提供的各种图纸尺寸。其中，公制尺寸有 A0、A1、A2、A3、A4；英制尺寸有 A、B、C、D、E 等。

【Orientation】选项：【Landscape】选项表示图纸为水平放置；【Portrait】选项表示图纸为垂直放置。

【Show Hidden Pins】选项：选中该选项可将自定义的元件的所有隐藏的引脚都显示出来，这个选项比较常用。

（2）【Custom Size】区域

勾选复选框后，该区域用来自定义图纸的尺寸。

（3）【Color】区域

该区域用来修改边界颜色和工作区颜色。

（4）【Grids】区域

【Snap】复选框：复选项右边文本框中的数值可改变放置组件每次移动的距离。

【Visible】复选框：复选项右边文本框中的数值表示网格显示精度。

3）单击元件原理图库图纸属性设置对话框中的【Units】标签，打开【Units】选项卡，选择使用英制单位系统中的【mils】选项，如图 8-8 所示。

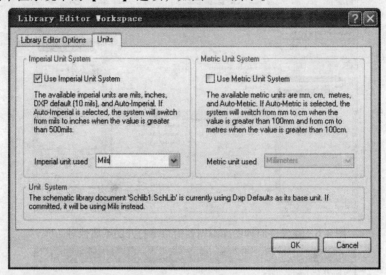

图 8-8　单位选项

　　在自定义元件的时候，一般经常使用的是英制单位。这里有一点需要注意：在平时的使用过程中，一般会常用英制单位的两个选项【mils】和【Dxp Defaults】，一定要注意在制作元件的时候【Dxp Defaults】选项是无单位的，它在数值上等于 10mil。必须注意它和【mils】选项的换算关系，否则可能会出现绘制的元件过大的现象。

 8.2　制作原理图元件

　　一般制作一个新的元件的具体步骤包括：打开元件原理图库编辑器，创建一个新元件，绘制元件外形，放置引脚，设置引脚属性，设置元件属性，追加元件的封装模型等步骤。

8.2.1　制作新的原理图元件

　　在本节中，以 PHILIPS 公司的 P89C52X2BN 芯片为例，介绍制作原理图元件的方法和步骤。该芯片可以在 Protel DXP 安装路径下的 PHILIPS 公司 Philips Microcontroller 8-Bit. IntLib 集成元件库中搜索到。图 8-9 和图 8-10 为 PHILIPS 公司库中 P89C52X2BN 芯片的原理图以及实际芯片图。

　　在制作原理图元件之前，首先创建一个新的元件原理图库文件，在新建的元件原理图库中就已经自动生成一个新的元件"COMPONENT_1"。下面就以对该元件的编辑为例，介绍其具体的设计步骤。

　　1）在 Protel DXP 2004 设计系统的主界面上执行菜单命令【File】→【New】→【Library】→【Schematic Library】，此时将会自动启动元件原理图库文件编辑器，并且一个文件名称为"Schlib1. SchLib"的空白元件原理图库文件将会出现在元件原理图库文件编辑器的设计工作平面上。这时的编辑器窗口如图 8-11 所示。

　　2）在【Projects】工作面板中新建的"Schlib1. SchLib"原理图库上单击鼠标右键，将

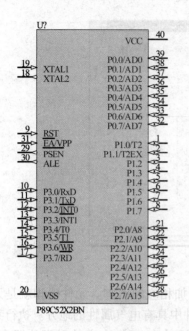

图 8-9 P89C52X2BN 芯片原理图 　　　　　　　　图 8-10 P89C52X2BN 芯片

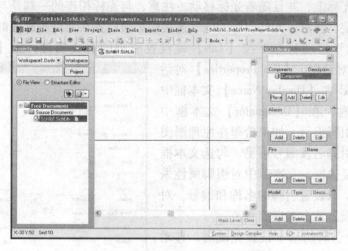

图 8-11 元件原理图库文件编辑器

文件保存到指定目录下，如 "D：\Chapter8\MyLib" 中。

3）注意，此时需要配合打开【SCH Library】工作面板。从【SCH Library】工作面板可以看到，一个默认名为 "COMPONENT_1" 的元件符号出现在【SCH Library】工作面板上，这说明目前的 "Schlib1.SchLib" 元件原理图库中只有一个默认名为 "COMPONENT_1" 的元件。此时元件符号 "COMPONENT_1" 呈高亮蓝色状态，说明现在是在对该元件进行设计。

4）按住【Ctrl + Home】键，使光标跳到图纸的坐标原点。一般在坐标原点附近开始原理图元件的设计过程。

5）绘制元件的外形，也就是在原理图中看到的元件的轮廓，它不具有电气特性，因此要采用非电气绘图工具来绘制。单击【Place】→【Rectangle】，在图纸的坐标原点处开始放置一个矩形。可根据设计需要，适当调节矩形尺寸，如图 8-12 所示。

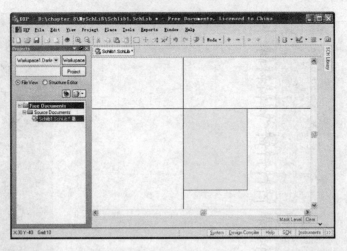

图 8-12　绘制元件外形

　　6）在绘制了元件的外形后，接下来需要为该元件添加相应的引脚。元件引脚就是元件与导线或其他元件之间相连接的地方，是绘制自定义元件中具有电气属性的地方。执行菜单命令【Place】→【Pins】，在实际的操作中经常使用快捷键【P + P】来启动引脚放置命令。这时引脚出现在光标上，并且随着光标移动。注意，与光标相连的一端是与其他元件或导线相接的电气连接端。注意，元件引脚的电气连接端必须放置在元件轮廓图的外面。

　　7）在引脚处于浮动状态下按【Tab】键设置引脚的有关属性，按【Tab】键后弹出【Pin Properties】对话框。【Pin Properties】对话框如图 8-13 所示，在【Display Name】文本框中输入该引脚的名称，在【Designator】文本框中输入唯一确定的引脚编号。如果希望在原理图图纸上放置元件时引脚名及编号可见，勾选文本框后的【Visible】复选框。在本节中对引脚属性采用最基本的设置，只设置引脚的名称和编号，对引脚属性的详细设置请参考后面章节。

　　8）对第一个引脚的基本设置完成后，移动光标到矩形边框上，按照 P89C52X2BN 芯片的原理图第一个引脚所在的位置，单击鼠标左键放置第一个引脚。注意，引脚上的电气连接端一定要向外。

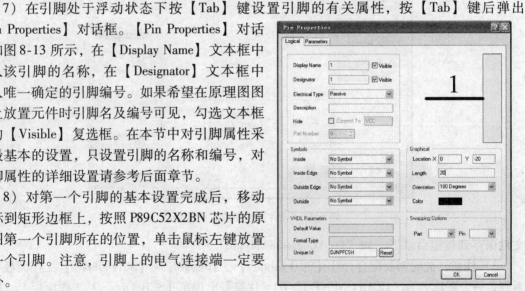

图 8-13　【Pin Properties】对话框

　　9）放置完第一个引脚后，光标上又出现一个新的引脚，在保持系统的默认状态下，引脚的编号会自动加 1，因此设计人员可以按照相同的方法，继续放置元件所需要的其他引脚，并确认引脚的名称、编号正确无误。注意，在实际的设计过程中，每个引脚的位置也可以根据设计人员的需要自行调整。

　　10）绘制完元件符号的外形和引脚之后，应该设置元件的属性，在【SCH Library】工作面板单击鼠标左键选中元件符号"COMPONENT_1"，然后单击 Edit 按钮，打开【Library Component Properties】对话框，如图 8-14 所示。在【Library Component Properties】对话框

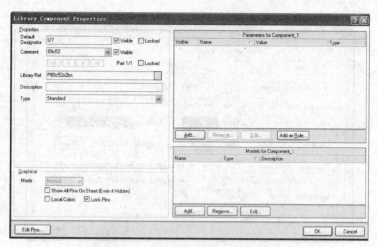

图 8-14　原理图库元件属性对话框

中,【Default Designator】文本框用来设置元件序号;此处设置为"U?";【Comment】输入栏用来输入一个简化的元件名称,这里设置为"89c52";【Library Ref】文本框用来输入自定义元件的全名,此处设置为"P89c52x2bn"。在本节中对元件的属性仍采用最基本的设置,详细的设置过程请参考以下章节。

11)对设计的元件进行保存。在【Projects】工作面板中"Schlib1.SchLib"元件原理图库上单击鼠标右键选择保存命令,保存该元件原理图库文件。

8.2.2　原理图元件属性

每一个元件都有相对应的属性,例如标识符、元件名称、PCB 封装和其他的模型以及参数。设置元件属性的详细步骤如下。

1)从【SCH Library】工作面板的元件列表中选择需要设置属性的元件,然后单击 【Edit】按钮,弹出【Library Component Properties】对话框。

2)【Default Designator】文本框中用来设置元件标号,例如:芯片标号通常设置为 U?,电阻标号设置为 R?,电容标号设置为 C?,电感标号设置为 L?,晶体管标号通常设置为 Q? 等,这里的问号将使得自定义的元件在原图中放置时,可以使用原理图中的自动注释功能,即元件标识符的数字会以自动增量改变,如 U1,U2,U3 等。这里,P89c52x2bn 芯片属于 MCU 芯片,因此此处设置为 U?,并确定【Visible】复选框被选中,那么在向原理图中放置时,元件标识符将在原理图中显示;如果不选中复选框,那么元件标识符不在原理图中显示出来。

3)【Comment】输入栏用来输入一个简化的元件名称,这里设置为"89c52"。同时,在它的右边也有一个【Visible】的复选框,如果选中该复选框,在向原理图中放置时,简化的元件名称将在原理图中显示。

4)【Library Ref】文本框中是自定义元件的全名,此处设置为"P89c52x2bn"。

5)【Description】文本框中用来对元件进行简单描述,以便元件的使用者知道芯片的类型和功能,这里根据 P89c52x2bn 芯片的性质将【Description】文本框中的内容设置为"8bit MCU"。【Description】文本框中的目的是为了增加元件属性的可读性,这一项不是必需的。

6)在【Parameters for Component_1】区域中输入该元件的一些基本设计信息,如元件

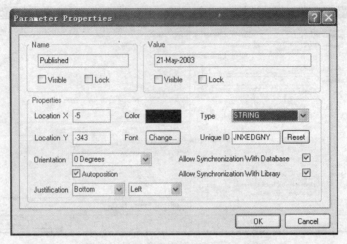

图 8-15 【Parameter Properties】对话框

的设计时间、设计公司等。单击该区域的 Add... 按钮，弹出如图 8-15 所示的【Parameter Properties】对话框，在本例中添加该芯片的设计日期，在【Name】文本框中输入 "Published"，在【Value】文本框中输入 "21-May-2003"，单击 OK 按钮返回【Library Component Properties】对话框。

7) 在【Models for Component_1】区域中可以添加自定义元件的各种模型，包括封装模型、信号分析模型和仿真模型等。在元件模型列表的底部有 3 个按钮，它们分别用来对元件的模型信息进行添加、移除和编辑操作。本例中，只对元件封装进行设置。单击【Models for Component_1】区域中的 Add 按钮，弹出【Add New Model】对话框，如图 8-16 所示。

8) 单击下拉按钮，从弹出的选项中选择【Footprint】选项，如图 8-17 所示。

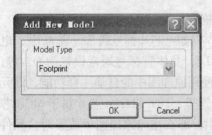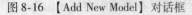

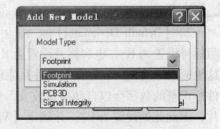

图 8-16 【Add New Model】对话框   图 8-17 选择 "Footprint" 选项

9) 单击 OK 按钮，系统自动弹出【PCB Model】对话框，如图 8-18 所示。

10) 在系统弹出的【PCB Model】对话框中，设计人员可以进行元件封装的设置。单击【PCB Model】对话框中的 Browse... 按钮，弹出【Browse Libraries】对话框，如图 8-19 所示。

11) 在 PHILIPS 公司库中 P89C52X2BN 芯片封装为 "SOT129-1"，因此，本例中自定义元件的封装也采用 "SOT129-1" 封装。在【Browse Libraries】对话框中单击 Find... 按钮，弹出【Libraries Search】对话框，在【Libraries Search】对话框的空白输入栏内输入 "SOT129"，单击 Search... 按钮，系统会自动搜索名称中包含 "SOT129" 的封装。

注意：一是在查找封装时，如果出现封装名称中带有短杠"-"，为了避免查询不到该封装，那么查找的时候不要带上"–"及后面的字母或数字；二是查找封装时，一定注意路径是否设置正确。在【Libraries Search】对话框中的路径范围有两个，一个是【Available Libraries】，另一个是【Libraries on path】，要求选择【Libraries on path】，并注意路径是否设置正确，即应该是系统中 DXP 软件安装库所在的路径。

12）如图 8-20 所示，在【Browse Libraries】对话框中查询到了封装"SOT129-1"，选择该封装，并单击 OK 按钮，回到【PCB Model】对话框，再单击 OK 按钮，返回【Library Component Properties】对话框，予以确认并关闭该对话框即完成了原理图元件属性的设置。设置好的【Library Component Properties】对话框如图 8-21 所示。

图 8-18 【PCB Model】对话框

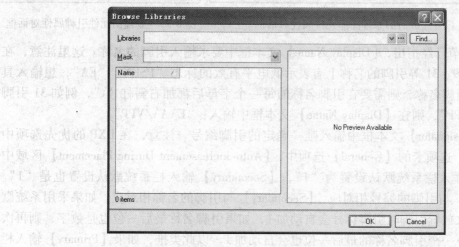

图 8-19 【Browse Libraries】对话框

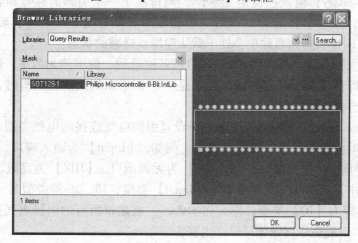

图 8-20 【Browse Libraries】对话框

8.2.3　原理图元件引脚属性

原理图元件引脚属性对话框如图 8-22 所示。

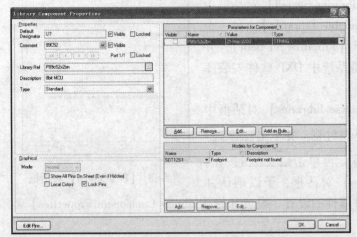

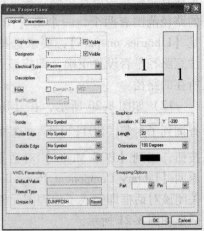

图 8-21　设置完成后的原理图库元件属性对话框　　图 8-22　原理图元件引脚属性对话框

1）在前一节已经指出，【Display Name】文本框中要求输入引脚的名称。这里注意，在本例中，类似 29、31 等引脚的名称上有表示低电平有效的标志"$\overline{PSEN}$""$\overline{EA}$"，想输入具有这样特性的引脚名称，则需要在引脚名称的每一个字母后都加右斜杠"\"，例如 31 引脚名称为"$\overline{EA}/VPP$"，则在【Display Name】文本框中输入："E\A\/VPP"。

2）在【Designator】文本框中输入唯一确定的引脚编号。注意，在 DXP 的优先选项中的【Schematic】选项卡的【General】选项中，【Auto-increasement During Placement】区域中的【Primary】输入栏系统默认设置为"1"，【Secondary】输入栏系统默认设置也是"1"。这里【Primary】与引脚的编号相对应，【Secondary】与引脚的名称相对应。如果采用系统默认设置，则每次放置引脚时引脚标号会自动加 1，如果引脚名称最后一位也是数字，则再次放置引脚时，下一个引脚名称的最后一位也会自动加 1。以此类推，如果【Primary】输入栏是"–1"，【Secondary】输入栏也是"–1"，则每次下一个引脚的标号和名称的最后一位数字会自动减 1；如果引脚名称的最后一位是字母，则在【Secondary】输入栏输入字母"a"或"–a"，同样引脚的名称也会处于默认递增或递减的状态。

注意：如果引脚名称类似"P1.0"，即引脚名称最后一位虽然为数字，但是前面有一个小数点，这样，即使【Secondary】输入栏还是"1"，那么每次放置引脚时，引脚名称的最后一位数字也不会处于递增状态。

3）【Electrical Type】下拉列表用来选择设置引脚电气连接的电气类型。当编译项目进行电气规则检查时会用到这个引脚电气类型。例如，【Input】为输入端口，【Output】为输出端口，【IO】为输入/输出端口，【Passive】为无源端口，【HIZ】为高阻，【Power】为电源端口。在本例中，引脚 9、19 等类型为【Input】类型；18、29 等类型为【Output】类型；1、2 等类型的引脚为【IO】类型。作为初学者，一般建议所有的引脚电气类型全部设置为【Passive】类型，以避免原理图编译时产生警告。

4）【Description】文本框可以对每个引脚作简单描述。

5) 如果希望隐藏元件中的某个引脚，例如"电源"引脚和"地"引脚，选中【Pin Properties】对话框中的【Hide】复选框。如果希望该元件放置到电路原理图后，这些隐藏的引脚能够连接到电路原理图中的某个网络，则在复选框后的输入栏中输入网络的名称，此时这些隐藏引脚会自动地连接到原理图中的网络。例如，【Hide】复选框后面的输入栏中为"VCC"时，隐藏的引脚会自动连接到电路原理图中的"VCC"网络。但须注意，如果电路原理图中电源网络名称为其他的名字（如"AVCC"），该隐藏引脚就不能自动识别不同名称的电源网络。

6) 在图形区域的【Length】文本框中设置引脚的长度。本例中，设置元件中所有的引脚长度均为200mil。

7) 当引脚出现在光标上时，按下空格键可以以90°为增量旋转调整引脚方向。记住，引脚上只有一端是电气连接端，必须将这一端放置在元件实体外侧，非电气端有一个引脚名称靠着它。

8.3 元件原理图库操作的高级技巧

8.3.1 向元件原理图库中添加新元件

新建的元件原理图库中默认包含了一个空的元件，由前面几节讲的内容，可以直接对该元件进行编辑。当然，对于一个元件原理图库来说，通常不可能只包含一个元件，所以可以继续向元件原理图库中添加更多元件。具体操作步骤如下。

1) 单击元件原理图库编辑器界面右下角工作面板区的【SCH】标签，选择其中的【SCH Library】子菜单，系统将弹出【SCH Library】工作面板。

2) 单击【SCH Library】工作面板中元件列表区域中的 Add 按钮，将弹出如图8-23所示的【New Component Name】对话框，设计人员根据设计需要可以为该元件在这个对话框中重新命名，如newNPN，输入名称后，单击 OK 按钮即可完成新元件的添加。添加新元件后的【Sch Library】工作面板如图8-24所示。

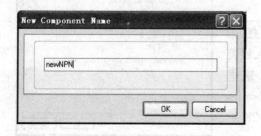

图8-23 【New Component Name】对话框　　　图8-24 添加新元件后的【SCH Library】工作面板

采用类似的操作，设计人员还可以删除库中已有的元件。

8.3.2 利用模式管理器添加元件封装

给原理图库元件添加相应的封装主要有两种方法，第一种方法是利用编辑元件属性的【Library Component Properties】对话框来添加元件封装；第二种方法是利用模式管理器来添加元件封装。这两种方法都经常使用，相比较来说，第二种方法应用较为快捷。

假设元件原理图库中已绘制好一个元件 P89c52x2bn，现在利用模式管理器为该元件添加封装，具体的操作步骤如下。

1）在元件原理图库编辑环境下，单击【Utilities】工具栏中的 按钮，即模式管理器，出现【Model Manager】对话框，如图 8-25 所示。

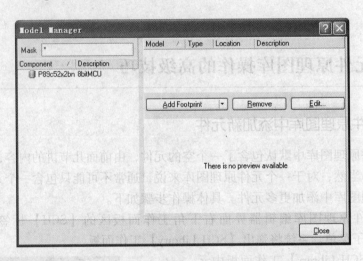

图 8-25 【Model Manager】对话框

2）单击鼠标左键选择对话框左侧【Component】区域中的元件 P89c52x2bn，然后再单击对话框右侧区域中的 Add Footprint 按钮，即可弹出【PCB Model】对话框，如图 8-26 所示。

3）在【PCB Model】对话框的【Footprint Model】区域中单击 Browse... 按钮，弹出如图 8-27 所示的【Browse Libraries】对话框。

4）单击【Browse Libraries】对话框中的 Find... 按钮，在弹出的【Libraries Search】对话框中输入封装名称，元件封装还是要求设置为"SOT129-1"，这里按照前面章节介绍的内容，应该只在【Libraries Search】对话框中输入字符"SOT129"，如图 8-28 所示，单击 Search... 按钮，系统就会寻找所需的封装。

5）找到的封装出现在【Browse Libraries】对话框

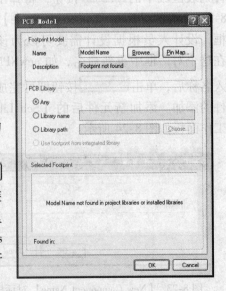

图 8-26 【PCB Model】对话框

中，如图 8-29 所示。在该对话框中单击选择该封装，再单击【Browse Libraries】对话框上的 OK 按钮。如果该元件所在的集成元件库在系统启动时没有加载，则在单击【Browse Libraries】对话框上的 OK 按钮后系统会出现一个提示对话框，提示需要加载相应的集成元件库，如图 8-30 所示。

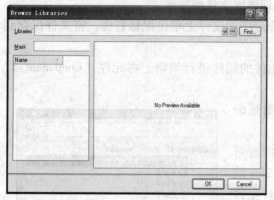

图 8-27 查找元件封装

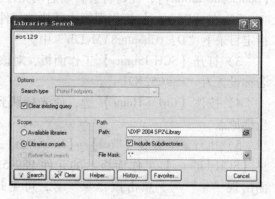

图 8-28 【Libraries Search】对话框

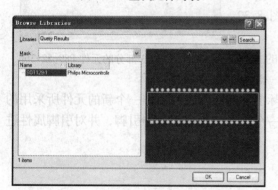

图 8-29 找到封装 SOT129-1

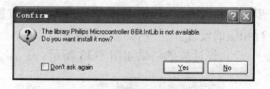

图 8-30 加载库的提示对话框

6）单击提示对话框中的 Yes 按钮，返回到【PCB Model】对话框下，如图 8-31 所示。再单击对话框中的 OK 按钮，则元件封装"SOT129-1"就与单片机芯片 P89c52x2bn 连接到一起。

8.3.3 带有子元件的原理图元件设计

在绘制多引脚的复杂元件时，可以根据元件的使用说明书，按照元件引脚的类型或功能，对元件的引脚进行分类，将属于同一类型或功能的引脚放到一起，这样在使用该元件绘制原理图时，就可以方便连线，也便于检查和修改。

本节中还是以器件 P89c52x2bn 为例，按照元件引脚的功能将该元件的引脚分成 3 部分，其中 P0、P1、P2 口为

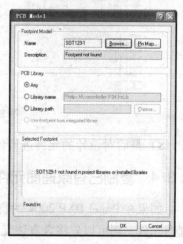

图 8-31 添加了封装的【PCB Model】对话框

第一部分，P3口为第二个部分，其余的引脚划分为第三部分。这样在绘制原理图元件时，该元件就被分成3部分，即包括3个子元件，绘制时对该元件每一个子元件分别绘制即可。具体设计步骤如下。

1）在 Protel DXP 2004 设计系统的主界面上执行菜单命令【File】→【New】→【Library】→【Schematic Library】，此时将会自动启动元件原理图库文件编辑器。

2）在【Projects】工作面板中新建的元件原理图库文件上单击鼠标右键，将文件保存到指定目录下"D：\Chapter8\MyLib"中。

3）打开【SCH Library】工作面板，对该元件的属性进行编辑。将元件"Conponent_1"名称设置为"P89C52X2bn"。

4）按住【Ctrl + Home】键，使光标跳到图纸的坐标原点。

5）执行菜单命令【Tool】→【New Part】，此时可见【SCH Library】工作面板上的元件 P89c52x2bn 前面出现"+"号，单击该"+"号，可见此时元件被拆分成两个部分，再次执行菜单命令【Tool】→【New Part】，则该元件被分成3部分，如图8-32所示。

图8-32 分成3部分的元件 P89c52x2bn

6）分别选中【SCH Library】工作面板上的元件 P89c52x2bn 中的 Part A、Part B、Part C，对每一部分分别进行设计。在对每一部分分别设计时，实际上和前面所讲的制作一个新的元件所采用的步骤是相同的，即可以在每个部分上分别放置一个矩形与相应部分的引脚，并对引脚属性进行相应的设置。

7）设计好的结果如图8-33所示。

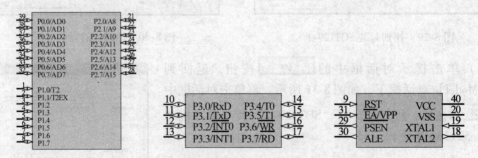

图8-33 元件的 Part A、Part B、Part C

8）最后对设计的元件进行保存。

8.3.4 复制已有原理图元件

如果在 Protel DXP 2004 的自带库中，包含有与设计人员需要绘制的元件形状相近的原理图元件，则可以先将含有该元件的元件原理图库打开，找到相近元件，再根据 Protel DXP 2004 自带库中已有的元件创建自己的新元件。方法可以分为两种，大同小异。例如，如果想根据集成元件库【Miscellaneous Devices. IntLib】中的元件 2N3904 创建自己的 NPN 型晶体管，则第一种方法的具体操作步骤如下。

1）新建一个元件原理图库文件，保存为"My_Schlib. SchLib"，并在该元件原理图库下添加一个新的元件，命名为"NPN"。

2）单击菜单命令【File】→【Open】，到 DXP 软件的安装目录下打开集成库【Miscellaneous Devices. IntLib】。如果 Protel DXP 2004 的自带库保存在路径"D：\PROTEL DXP 2004 SP2\Library"下，则到该路径下选择集成库文件 Miscellaneous Devices. IntLib，并单击【打开】按钮，如图8-34所示。

3）如果是首次打开该集成项目库文件，则弹出一个提示对话框，如图 8-35 所示。

图 8-34 打开集成元件库文件

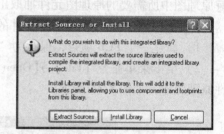

图 8-35 提示对话框

4）选择【Extract Sources or Install】对话框中的【Extract Sources】按钮，此时可以在【Projects】工作面板上看到一个名为"Miscellaneous Devices. LIBPKG"的集成元件库项目文件被打开，并且该集成元件库项目文件下默认加载的是元件原理图库"Miscellaneous Devices. SchLib"。

5）双击【Projects】工作面板上的元件原理图库【Miscellaneous Devices. SchLib】，系统自动切换到元件原理图库编辑器下，并弹出【SCH Library】工作面板，从【SCH Library】工作面板上设计人员可以看到元件原理图库【Miscellaneous Devices. SchLib】中所有的原理图元件。

6）单击需要复制的元件 2N3904，对该元件的所有组件执行全选、复制操作。

7）再回到自定义的元件原理库【My_Schlib. SchLib】中，从【SCH Library】工作面板上选择自定义元件 NPN，在编辑界面的中心位置上执行粘贴命令，这样就可以将元件 2N3904 中的所有组件粘贴到指定的位置下。

8）根据具体的设计要求，修改元件 NPN 的外形和引脚。

9）再根据设计需要，对自建库【My_Schlib. SchLib】中的元件 NPN 属性进行编辑并保存。

第二种方法与第一种方法的差异在于上面的步骤6）和步骤7）上，其他的步骤完全一致。

同样，选择【Projects】工作面板上的元件原理图库【Miscellaneous Devices. SchLib】，在该元件原理图库中的【SCH Library】工作面板上右键单击需要复制的元件 2N3904，选择右键菜单中的命令【Copy】，再回到自定义的元件原理图库【My_SchLib. SchLib】中，在该元件原理图库中的【SCH Library】工作面板的元件列表区域的空白处单击鼠标右键，从弹出的右键菜单中选择命令【Paste】，元件2N3904就会被复制到自定义的元件原理图库【My _Schlib. SchLib】中。

8.3.5 由原理图生成元件原理图库

如果在一个已有的原理图文件中，存在设计人员所需要的某一个原理图元件，但这个原理图元件并不是Protel DXP自带库中的元件，这时如果需要将该原理图元件添加到自己的元件原理图库文件中，但又不想自己重新绘制该元件，在这种情况下，可以使用Protel DXP 2004提供的一个由原理图生成原理图库文件的命令，此命令可以把当前打开的原理图文件中用到的所有原理图元件抽取出来，生成一个与当前项目同名的一个元件原理图库文件。这样一来，只要Protel DXP 2004能打开的原理图文件，设计人员都可以利用这个命令，把现有原理图中所需要的原理图元件抽取出来，添加到自己的元件原理图库文件中去。

由原理图生成元件原理图库文件的具体操作如下。

1）新建一个PCB项目，保存为"PCB_Project1. PrjPCB"。

2）单击菜单命令【File】→【Open】，在项目下加载所需要的原理图文件，准备生成元件原理图库，如图8-36所示。

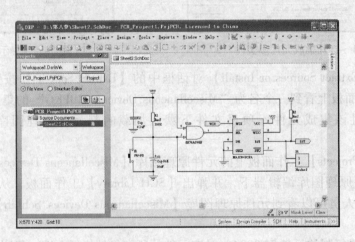

图8-36 加载原理图文件

3）在原理图编辑环境下单击菜单命令【Design】→【Make Schematic Library】，如图8-37所示。此时系统自动切换到元件原理图库编辑器状态下，同时弹出【SCH Library】工作面板以及一个DXP提示对话框，如图8-38所示。由该对话框提示可知，系统创建了一个新的名为"PCB_Project1. _SCHLib"的元件原理图库，该元件库中包括7个元件。由【SCH Library】工作面板上可以直接看到该元件原理图库中所包含的所有元件。

4）切换到原理图编辑器，从【Projects】工作面板上可知新生成的元件原理图库与原理图所在项目同名。

5）在【Projects】工作面板上的"PCB_Project1. SCHLib"文件上单击鼠标右键，选择【Save】命令，将新生成的原理图库文件保存，即完成了由原理图生成元件原理图库文件的操作。

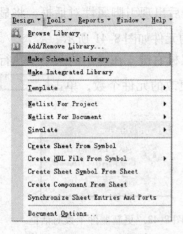

图 8-37　选择菜单命令

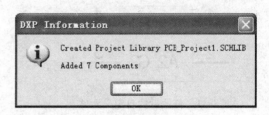

图 8-38　提示对话框

8.3.6　由元件原理图库更新原理图中元件

在 Protel DXP 2004 设计系统中，系统提供了各编辑器之间便捷的交互操作方式。这样，设计人员可以直接由元件原理图库更新原理图文件。

在绘制原理图时，设计人员可能使用多个自定义的原理图元件，如果设计后发现自定义的原理图元件不符合设计需求，这时就需要更改自定义的原理图元件。在 Protel DXP 2004 设计系统中，通过原理图库中的元件来更新原理图上相应所有元件的具体操作步骤如下。

1）创建一个新的 PCB 项目 "PCB_Project1. PrjPCB" 和原理图文件 "Sheet1. SchDoc"，并分别进行保存。

2）按照上面章节所讲的内容建立一个新的元件原理图库 "Schlib1. SchLib"，并添加到该项目下，然后在该元件原理图库中设计一个元件 "component_1"，如图 8-39 所示。

3）将自定义的原理图元件 "component_1" 放置到原理图上。在原理图库编辑器界面上的【SCH Library】工作面板上选中元件 "component_1"，然后单击 Place 按钮，系统自动切换到原理图编辑界面下，元件 "component_1" 出现在十字光标上，并随光标移动，单击鼠标左键放置器件，放置效果如图 8-40 所示。

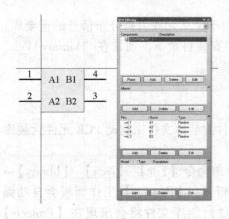

图 8-39　自定义元件 "component_1"

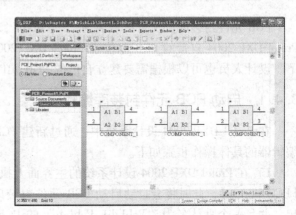

图 8-40　将自定义元件放置在原理图上

4）回到元件原理图库编辑器界面下，双击元件的引脚3后出现引脚属性对话框，将显示名称由"B2"改为"C2"，并单击 OK 按钮，更改后的元件如图8-41所示。

5）在【SCH Library】工作面板中选中该元件，并单击鼠标右键，在弹出的菜单中执行【Update Schematic Sheets】命令，此时弹出对话框提示需要更改的元件个数，单击 OK 按钮即可进行更新，如图8-42所示。

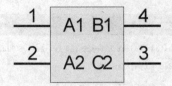

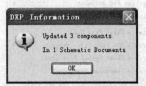

图8-41　修改后的自定义元件　　　　　　图8-42　更新器件个数对话框

6）切换到原理图编辑界面，此时原理图上的该元件都被更新为修改后的设置状态，如图8-43所示。

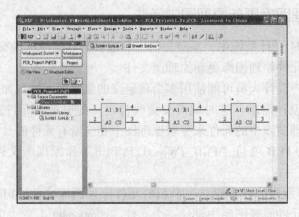

图8-43　更新后的原理图

8.4　PCB元件封装库

PCB元件封装库的文件扩展名为".PcbLib"，是用于定义元件引脚分布信息的重要库，Protel DXP 2004自带的PCB库位于Protel DXP 2004的安装目录下，通常在"Library\Pcb"下。设计人员也可以根据需要建立自己的PCB元件封装库。

8.4.1　启动PCB元件封装库编辑器

在Protel DXP 2004设计系统中，通过新建PCB元件封装库文件来启动PCB元件封装库编辑器的具体操作步骤如下。

1）在Protel DXP 2004设计系统的主界面上执行菜单命令【File】→【New】→【library】→【PCB library】，此时将会自动启动PCB元件封装库编辑器，【Projects】工作面板会自动弹出，并且一个默认名为"PcbLib1.PcbLib"的PCB元件封装库文件将会出现在【Projects】工作面板上，这时的编辑器窗口如图8-44所示。

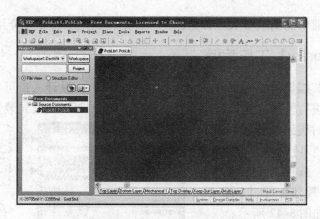

图 8-44　PCB 元件封装库编辑器

2）执行菜单命令【File】→【Save】，保存 PCB 元件
封装库文件到"D：\Chapter8\MyLib"中。

3）执行菜单命令【View】→【Work Space Panels】→
【PCB】→【PCB Library】，打开【PCB Library】工作面板，
如图 8-45 所示。

8.4.2　PCB 元件封装库的图纸属性

在 PCB 元件封装库编辑器中制作元件封装时有两种
方法，一种是利用系统的封装向导制作元件的封装；另
一种是手动绘制元件封装。利用系统提供的封装向导绘
制元件封装时，一般不需要对 PCB 元件封装库图纸属性
的参数进行设置；而采用手动绘制元件封装时，有时为
了提高制作质量和效率，需要对 PCB 元件封装库图纸属
性的参数进行设置。

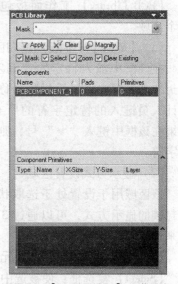

图 8-45　【PCB Library】工作面板

在灰色的 PCB 元件封装库编辑界面上单击鼠标右键，选择命令【Library Options】，弹
出【Board Options】对话框，如图 8-46 所示。实际上，PCB 元件封装库图纸属性设置与前

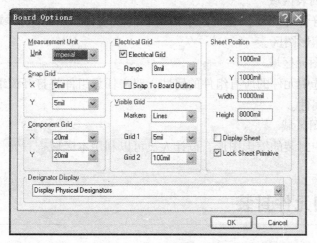

图 8-46　PCB 元件封装库图纸属性对话框

面所讲的 PCB 编辑器中的图纸参数设置是完全一样的，这里不再重复介绍。

8.4.3 【PCB Library】工作面板

在 PCB 元件封装编辑器的【PCB Library】工作面板中，设计人员可对 PCB 元件封装库中的 PCB 元件封装进行管理，例如进行复制、粘贴、删除 PCB 元件封装等操作。

单击 PCB 元件封装编辑器界面右下角工作面板区的【PCB】标签，选择其中的【PCB Library】选项，系统将弹出元件的 PCB 封装管理器，即【PCB Library】工作面板，如图 8-47 所示。

【PCB Library】工作面板包括以下几个区域。

（1）【Mask】（屏蔽）查询区域

在该框中输入特定的查询字符后，在封装列表框中将显示封装名称中包含设计人员键入的特定字符的所有封装。如果在该框中键入"＊"号，则代表任意字符。

（2）显示方式设置区域

该区域用于设置处于选取状态的元件封装的显示方式，可以通过 3 个复选框来设置。

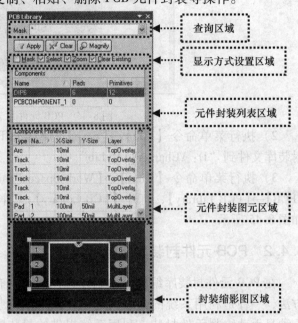

图 8-47 【PCB Library】工作面板

【Mask】复选框：在 PCB 元件封装库编辑器的编辑界面上隐藏所有未选中的对象。

【Select】复选框：使被选中的元件封装组件处于选取状态。

【Zoom】复选框：将被选中的元件封装组件放大到窗口中央位置。

【Clear Existing】复选框：清除上一个被选中的元件封装组件。

（3）元件封装列表区域

在该区域显示符合【Mask】查询要求的所有封装名称。单击该区域中的封装名称，该封装将显示在封装缩影图区。

（4）元件封装图元区域

本区域列出了选中元件的所有组件的属性，双击任意组件将打开该组件的属性设置对话框来设置该组件的属性。

（5）封装缩影图区域

本区域显示选中封装的缩影图形，设计人员可以利用本区域查看元件封装的细节。

8.5 绘制元件封装

绘制元件封装有自动绘制和手动绘制两种方法，对于标准的元件封装适合使用自动绘制的方法；手动绘制元件封装适用于那些非标准的异形元件封装。绘制元件封装必须做到准确掌握元件的外形尺寸、焊盘尺寸、焊盘间距和元件外形与焊盘之间的间距等一系列问题。

8.5.1 利用封装向导自动绘制元件封装

利用系统的封装向导制作元件的封装，对于典型元件封装的制作是非常便捷的，只需按照系统提供的封装向导一步步地输入元件封装的各个参数就可以完成。但是利用系统提供的封装向导只能创建标准的元件封装。系统提供了12种标准的元件封装类型。

【Ball Grid Arrays（BGA）】类型：球状栅格阵列式类型。

【Capacitors】类型：电容式类型。

【Diodes】类型：二极管式类型。

【Dual in-line Package（DIP）】类型：双列直插式类型。

【Edge Connectors】类型：边缘连接式类型。

【Leadless Chip Carrier（LCC）】类型：无引线芯片装载式类型。

【Pin Grid Arrays（PGA）】类型：引脚栅格阵列式类型。

【Quad Packs（QUAD）】类型：方形封装式类型。

【Resistors】类型：电阻式类型。

【Small Outline Package（SOP）】类型：小型封装式类型。

【Staggered Grid Arrays（SBGA）】类型：贴片球状栅格阵列式类型。

【Staggered Pin Grid Arrays（SPGA）】类型：贴片引脚栅格阵列式类型。

本节以PCB封装向导创建10引脚的DIP元件封装为例，介绍利用系统的封装向导制作元件封装的过程，具体操作步骤如下。

1）执行菜单命令【File】→【New】→【Library】→【PCB Library】，创建一个新的PCB元件封装库，系统默认名称为PcbLib1.PcbLib，保存该PCB库。

2）执行菜单命令【Tools】→【New Component】，此时会自动弹出PCB元件封装库的【Component Wizard】对话框，如图8-48所示。

3）单击【Component Wizard】对话框中的 Next> 按钮，打开【the pattern of the component】界面，该界面提示设计人员选择一个元件所需的封装类型，这里选择DIP封装（Dual in-line Package），单位选择"mil"，如图8-49所示。单击 Next> 按钮进行焊盘尺寸的设置。

图8-48 【Component Wizard】对话框

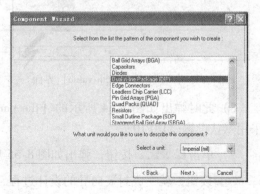

图8-49 【the pattern of the component】界面

4）弹出如图 8-50 所示的【Specify the pads dimensions】界面。在本例中，设置焊盘外径全部为 50mil，内径为 25mil。

5）单击 Next> 按钮进行焊盘间距的设置，出现如图 8-51 所示的【the pad Spacing value】界面，设计人员可以从该界面中设置焊盘的水平间距和垂直间距。这里采用默认设置，水平间距为 600mil，垂直间距为 100mil。

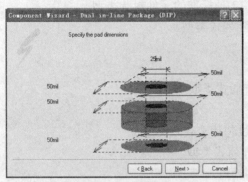

图 8-50 【Specify the pads dimensions】界面

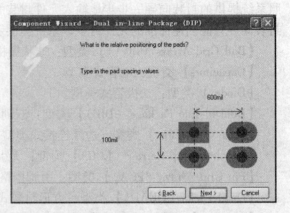

图 8-51 【the pad Spacing value】界面

6）单击 Next> 按钮选择封装的轮廓线宽度，出现如图 8-52 所示的【the outline width value】界面，这里采用默认设置 10mil。

7）设置完轮廓线宽度后，单击 Next> 按钮选择焊盘数，出现如图 8-53 所示的【value for the total number of pads】界面，这里采用默认设置为 10 个，然后单击 Next> 按钮。

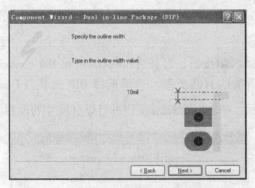

图 8-52 【the outline width value】界面

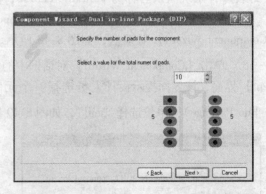

图 8-53 【value for the total number of pads】界面

8）此时弹出如图 8-54 所示的【the name of component】界面，设置元件封装的名称，采用默认设置 "DIP10"。

9）单击 Next> 按钮，弹出如图 8-55 所示【Finish】界面，如果不需要修改，可单击 Finish 按钮，就完成封装向导的设计过程，如果需要修改可单击 <Back 按钮，逐级返回进行修改即可。

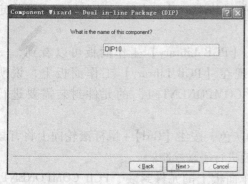

图 8-54 【the name of component】界面

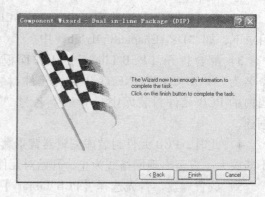

图 8-55 【Finish】界面

10）单击 Finish 按钮返回到 PCB 元件封装库编辑界面，可以看到利用封装向导设计的元件封装，如图 8-56 所示。

8.5.2 手动绘制元件封装

利用向导生成元件封装，对于形状规则的、标准的元件封装是比较方便快捷的。手工创建元件封装在总体的思想与方法上与自动绘制是基本相同的，不同之处在于手工创建元件封装对一些异形元件的创建是非常有效的，而利用封装向导生成元件封装对形状规则的元件封装则更为方便。

在 Protel DXP 2004 设计系统中，手动绘制一个按键的封装过程如下。

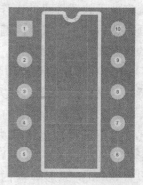

图 8-56 通过封装向导完成的元件封装 DIP10

1）在 Protel DXP 2004 设计系统的主界面上执行菜单命令【File】→【New】→【library】→【PCB library】，此时【Project】工作面板会自动弹出，一个默认名称为 "PcbLib1. PcbLib" 的 PCB 库文件会出现在【Projects】工作面板中，与此同时自动启动 PCB 元件封装库编辑器，如图 8-57 所示。

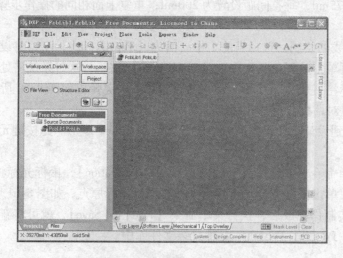

图 8-57 PCB 元件封装库编辑器

2）在【Projects】工作面板中新建的 PCB 元件封装库上单击右键，将文件保存到指定目录下，如"D：\Chapter8\MyLib"中。

3）配合打开【PCB Library】工作面板。从【PCB Library】工作面板可以看到，一个名为"PCB COMPONENT_1"的元件封装出现在【PCB Library】工作面板上，说明当前的 PCB 元件封装库中只有一个名为"PCB COMPONENT_1"的元件封装需要进行创建。

4）此时，PCB 元件封装库编辑器背景默认为灰色，按住【Ctrl】+鼠标滚轮向上将背景不断放大，直至出现网格线为止，开始对元件封装进行手动绘制。

5）放置焊盘。首先选择【PCB Library】工作面板上的元件封装"PCB COMPONENT_1"，然后设置当前工作层面为"Multi-Layer"，再选择单击放置工具栏中的 ◉ 按钮，这时系统将处于放置焊盘的工作状态，鼠标光标将放大成十字形并且光标上粘贴着一个焊盘的虚线框，然后按下【Tab】键弹出如图 8-58 所示的焊盘属性设置对话框。

6）在弹出的焊盘属性设置对话框中，进行焊盘属性的设置，有关焊盘属性的设置在6.6.2 节中已有过详细的介绍，本例中不再赘述。这里选择焊盘形状为圆形（Round），圆形焊盘外径（X-尺寸，Y-尺寸）都保持默认设置 60mil，圆形焊盘内径设置为 30mil。在属性设置区域，【Designator】设置为 1，表示为目前放置的焊盘为第一个焊盘，【Layer】设置为"Multi-Layer"，其他设置保持不变，在工作窗口上单击鼠标左键即完成该焊盘的设计工作。

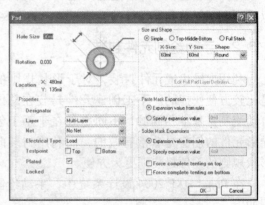

图 8-58　焊盘属性设置对话框

7）再根据元件的实际尺寸调整焊盘间的水平距离与垂直距离。在本例中，按键焊盘的水平间距设置为 275mil，垂直间距设置为 200mil，重复上面相同的操作步骤即可完成按键四个焊盘的放置工作。

8）封装轮廓线的绘制。选择当前工作层面为【Top Overlay】层，将设计工作层面切换到顶层丝印层。再单击放置工具栏中的【Place Line】按钮，这时系统将处于放置直线的工作状态，鼠标光标将变成大十字形，然后按下【Tab】键弹出如图 8-59 所示的【Line Constraints】属性设置对话框，选择轮廓线的宽度为 10mil。

9）移动鼠标到设计工作平面的合适位置，绘制成一个矩形。此按键元件封装外观轮廓如图 8-60 所示。

10）执行菜单命令【Edit】→【Set Reference】→【Location】，鼠标光标将变成大十字形，移至焊盘 1 中心，单击鼠标左键，将焊盘 1 中心设为坐标原点，如图 8-61 所示。

11）元件封装制作完成后，执行菜单命令【File】→【Save】，就可将新建的元件封装保存到当前打开的"PcbLib1.PcbLib"元件封装文件库中。

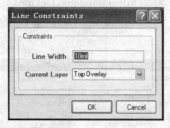

图 8-59 【Line Constraints】对话框

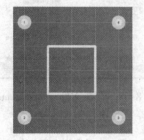

图 8-60 手动绘制的按键的封装

图 8-61 设置焊盘 1
中心为坐标原点

8.6 PCB 元件封装库操作的高级技巧

PCB 元件封装库操作的技巧与元件原理图库中的操作技巧基本一致,本节将简要地加以介绍。

8.6.1 复制已有元件封装

还是以集成元件库"Miscellaneous Devices. IntLib"中的元件 2N3904 为例,要求复制元件 2N3904 的封装 BCY-W3/E4 到自定义的封装库中。操作方法与元件原理图库中复制已有元件的方法一样也可以有两种,本节只介绍其中一种,并假设是对集成元件库"Miscellaneous Devices. IntLib"的首次操作。

1)新建一个 PCB 元件封装库文件,保存为"My_PcbLib. PcbLib",可见该库中默认自带一个默认名为"PCBCOMPONENT_1"空白的元件封装。

2)单击菜单命令【File】→【Open】,到 DXP 软件的安装目录下打开集成元件库"Miscellaneous Devices. IntLib"。仍然假设 Protel DXP 2004 的自带库保存在路径"D:\PROTEL DXP 2004 SP2\Library"下,同样到该路径下选择并打开集成元件库文件"Miscellaneous Devices. IntLib"。此时可以在【Projects】工作面板上看到一个名为"Miscellaneous Devices. LIBPKG"的集成元件库项目文件被打开,并且该集成元件库项目文件下默认加载的是元件原理图库"Miscellaneous Devices. SchLib"。

注意:按照这样的操作方法,只能在"Miscellaneous Devices. LIBPKG"集成元件库项目下看到元件原理图库文件,而没有 PCB 元件封装库,必须再加载相应的 PCB 元件封装库。

3)单击菜单命令【File】→【Open】,到路径"D:\PROTEL DXP 2004 SP2\Library"下,

此时可以发现，在"library"文件夹下新添加了一个名为"Miscellaneous Devices"的文件夹，如图8-62所示。打开该文件夹，选择其中的文件"Miscellaneous Devices. PcbLib"，单击【打开】按钮，如图8-63所示。

图8-62 新生成的"Miscellaneous Devices"文件夹

图8-63 选择文件"Miscellaneous Devices. PcbLib"

4）此时在【Projects】工作面板上可见PCB元件封装库"Miscellaneous Devices. PcbLib"，属于自由文档，如图8-64所示。

5）同样选择【Projects】工作面板上的元件封装库"Miscellaneous Devices. PcbLib"。在该元件封装库中的【PCB Library】工作面板上右键单击需要复制的元件封装BCY-W3/E4，选择右键菜单中的命令【Copy】。

6）再回到自定义的PCB元件封装库"My_PcbLib. PcbLib"中。在该PCB元件封装库中的【PCB Library】工作面板的元件封装列表区域的空白地方单击鼠标右键，从弹出的右键菜单中选择命令【Paste 1 Components】，元件封装BCY-W3/E4就会复制到自定义的元件封装库"My_PcbLib. PcbLib"中，如图8-65所示。

图8-64 加载了元件封装库 Miscellaneous Devices. PcbLib

图8-65 复制到自定义 库中的元件封装

8.6.2 由PCB图生成PCB元件封装库

同样可以直接由PCB图生成PCB元件封装库，以"单片机系统电路.PrjPCB"项目中的PCB文件为例，选择菜单命令【Design】→【Make PCB Library】，系统将自动生成该项目的PCB

元件封装库文件。在该PCB元件封装库文件中，包含了PCB文件的所有元件封装。图8-66所示为生成PCB元件封装库文件后的【Projects】工作面板和【PCB Library】工作面板。

图8-66 生成PCB元件封装库后的【Projects】和【PCB Library】工作面板

8.6.3 由PCB元件封装库更新PCB中元件封装

如果PCB设计完成后，发现某个或某几个元件的封装不符合设计要求，这时也可以采用修改元件封装库中相应元件封装，然后更新PCB文件。当然，这个操作方法最好是针对自定义库，对DXP自带库尽可能不要去做修改。

在PCB元件封装库编辑器下修改元件封装后，可以选择两个菜单命令更新PCB文件中的元件封装，即【Tools】→【Update PCB with Current FootPrint】和【Tool】→【Update PCB with All FootPrint】，前者是只用PCB元件封装库编辑器中当前修改的封装更新PCB文件，后者是更新PCB文件中所有的元件封装。

8.7 创建集成元件库

集成元件库的文件扩展名为".IntLib"。集成元件库就是把元件的原理图符号模型、PCB封装模型、SPICE仿真模型和信号完整性分析等模型集成在一个库文件中。这样做的好处是，设计人员在调用元件时能够同时加载元件的原理图符号和PCB封装等信息，使用起来非常方便。设计人员可以建立属于自己的一个集成元件库，将常用元件的各种模型放在自己的集成元件库中。

可以根据前面几节的内容，创建一个包含几个原理图元件的元件原理图库和一个包含几个PCB元件封装的PCB元件封装库，然后将它们编译到一个集成元件库中，具体的设计步骤如下。

1）在Protel DXP 2004设计系统的主界面上执行菜单命令【File】→【New】→【Project】→【Integrated Library】，创建一个新的集成元件库项目。此时【Projects】工作面板会自动弹出，一个默认名称为"Intergrated_Library1. LibPkg"的集成元件库项目会出现在【Projects】工作面板中，将该集成元件库项目保存到指定目录下，如"D：\Chapter8\Integrated Library"中。

2）如图8-67所示，集成元件库项目已经建立。此时在【Projects】工作面板中新建的集成元件库项目上单击鼠标右键选择命令【Add Existing to Project】，将已有的元件原理图文件和PCB元件封装库文件加载到该集成元件库项目下，添加后的【Projects】工作面板如图8-68所示。

图8-67　创建一个集成元件库

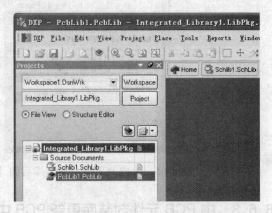

图8-68　向集成元件库项目下添加库文件

3）如果不是选择添加已有文件，而是需要向该集成元件库项目下添加一个新的元件原理图库文件和PCB元件封装库，操作的方法和上面类似。同样，在【Projects】工作面板中的集成元件库项目上单击鼠标右键可以选择命令【Add New to Project】，然后选择添加元件原理图库文件和PCB元件封装库文件即可，保存新建的原理图库文件和PCB库文件。

4）将所需文件都添加到集成元件库项目中之后，便可以对该集成元件库项目进行编译，生成集成元件库文件。在【Projects】工作面板中的集成元件库项目上单击鼠标右键，选择命令【Compile Integrated Library Integrated_Library1.IntLib】，对集成元件项目进行编译。如果编译没有任何错误，那么在该集成元件库项目所在目录下自动生成一个文件夹，用来存放文件名为"Integrated_Library1.IntLib"的集成元件库文件，如图8-69所示。

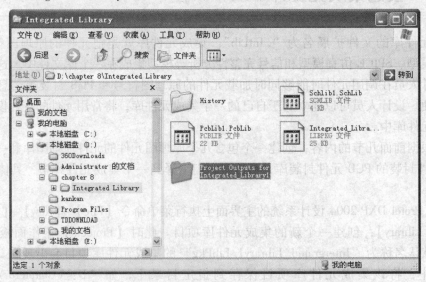

图8-69　集成元件库项目所在目录下新建的文件夹

至此便创建了一个集成元件库，设计人员可以按照上述的步骤向元件原理图库和 PCB 元件封装库分别添加更多元件的原理图符号模型和 PCB 封装模型，然后再生成集成元件库。这样，日积月累就可以创建一个属于自己的内容丰富的集成元件库了。

8.8 集成元件库实例

本节中的实例将指导设计人员创建一个自定义的集成元件库，在以后的学习工作过程中，设计人员可以根据工作需要，逐渐丰富、完善属于自己的集成元件库。

本节中的实例将融合本章前面几节所介绍的一些方法，在介绍过程中，主要侧重于一个自定义的集成元件库的完整建立过程，至于其中每个步骤的详细解释，请参考本章前几节的内容。

本节实例中自定义的集成元件库中包含 3 个比较常见的元器件，即熔丝 Fuse、电解电容 Cap Pol 和数码管 Dpy。学习制作这些元器件时可以参考系统自带库 "Miscellaneous Devices. Intlib" 中的熔丝 Fuse thermal、电解电容 Cap Pol3 和数码管 Dpy Yellow-CA。在整个制作过程中，实例将根据 3 个元器件的不同特点，分别采用不同的制作方法。对熔丝的设计采用复制已有原理图元件组件和手动绘制元件封装（直插式封装）的方法，对电解电容的设计采用手动绘制原理图元件和复制已有元件封装（表贴式封装）的方法，对数码管的设计采用手动绘制和复制已有元件组件两种方法结合来制作原理图元件，利用元件封装向导和复制已有元件封装的组件这两种方法相结合绘制元件封装（直插式封装）。

8.8.1 建立集成元件库项目

首先在 "D：\Chapter8" 目录下创建一个名为 "MyFirst_IntLib" 的文件夹，然后在 Protel DXP 2004 设计系统的主界面上执行菜单命令【File】→【New】→【Project】→【Integrated Library】，由此创建一个新的集成元件库项目，在弹出的【Projects】工作面板上可以直接观察到这个默认名为 "Intergrated_Library1. LibPkg" 的新建集成元件库项目。

然后在【Projects】工作面板中的该集成元件库项目上单击鼠标右键选择命令【Add New to Project】，在该集成库项目下添加一个新的元件原理图库文件和一个新的 PCB 元件封装库文件。在添加两个文件之后，将该集成元件库项目以及两个文件分别更名为 "MyFirst_IntLib. LibPkg" "MyFirst_SchLib. SchLib" 和 "MyFirst_PcbLib. PcbLib"，并保存到指定目录下，即 "D：\Chapter8\MyFirst_IntLib" 中，如图 8-70 所示。保存好后的【Projects】工作面板如图 8-71 所示。

8.8.2 制作原理图元件

本节实例中需要制作熔丝 Fuse、电解电容 Cap Pol 和数码管 Dpy 3 个元器件的元件原理图。3 个元器件的参考元件原理图如图 8-72 所示。

在本节实例的设计过程中，将根据元器件原理图的不同特点，对 3 个元器件采用不同的方法逐一进行制作。其中对熔丝 Fuse 的制作方法采用复制已有原理图元件组件的方法，对电解电容 Cap Pol 的设计方法采取手动绘制，对数码管 Dpy 的设计方法采用手动绘制和复制已有原理图元件组件这两种方法相结合。

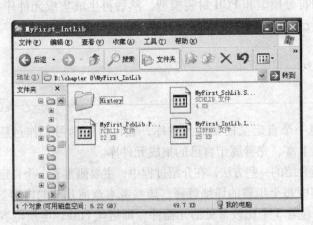

图 8-70 集成元件库项目所在目录

图 8-71 【Projects】工作面板

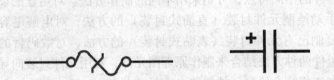

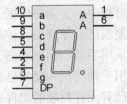

图 8-72 3 个元器件的元件原理图

1. 绘制熔丝 Fuse

注意到类似熔丝这样的一类元件原理图，其特点是包含有不规则的图形，这会给绘制的过程带来一些麻烦。当然，设计人员可以利用画图工具直接进行绘制。不过，绘制出来的图形有可能没有系统自带库中的图形美观，而且还浪费制作时间。所以对待类似的一些具有不规则图形的元件来说，较好的方法是直接将系统自带库中已有元件的图形复制下来，这样绘制出来的元件不仅美观大方还节省工作时间。

因为熔丝 Fuse 是自定义元件原理图库中添加的第一个元件，所以介绍的过程略显复杂。

1）在绘制原理图元件时，最好配合使用【SCH Library】工作面板。打开【SCH Library】工作面板的方法是单击元件原理图库编辑器界面右下角工作面板区的【SCH】标签，选择其中的【SCH Library】选项，此时【SCH Library】工作面板会自动弹出。在绘制原理图元件的整个过程中，为了方便制作，最好锁定【SCH Library】工作面板。

2）从【SCH Library】工作面板可以看到，一个默认名为"COMPONENT_1"的元件符号出现在【SCH Library】工作面板上，这说明目前的"MyFirst_SchLib. SchLib"元件原理图库中只有一个默认名为"COMPONENT_1"的元件。此时元件符号"COMPONENT_1"呈高亮蓝色状态，说明目前是对该元件进行操作。

3）由于在本例中所需制作的原理图元件可以参考"Miscellaneous Devices. Intlib"库中的元件，因此需要配合打开系统自带的"Miscellaneous Devices. Intlib"库。具体方法为：单击菜单命令【File】→【Open】，到 DXP 软件的安装目录下打开集成库"Miscellaneous

Devices. IntLib"。例如，Protel DXP 2004 的自带库保存在路径"D：\PROTEL DXP 2004 SP2\ Library"下，则到该路径下选择集成库文件"Miscellaneous Devices. IntLib"，并单击 打开(0) 按钮，如图8-73所示。

4）如果是首次打开该集成项目库文件，系统会弹出一个【Extract Sources or Install】提示对话框，如图8-74所示。

图8-73 打开集成项目库文件

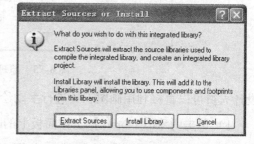

图8-74 提示对话框

5）单击【Extract Sources or Install】对话框中的【Extract Sources】按钮，此时可以在【Projects】工作面板上看到一个名为"Miscellaneous Devices. LIBPKG"集成元件库项目文件被打开，并且该集成元件库项目文件下默认加载的是元件原理图库"Miscellaneous Devices. SchLib"。

6）单击【Projects】工作面板上的"Miscellaneous Devices. SchLib"元件原理图库，系统自动切换到该元件原理图库编辑界面下，此时【SCH Library】工作面板上显示的是"Miscellaneous Devices. SchLib"元件原理图库中所有的原理图元件。

7）找到需要复制的元件 Fuse thermal，对该元件的所有组件执行全选、复制操作。

8）再切换到自定义的元件原理图库"MyFirst_SchLib. SchLib"编辑界面下，从【SCH Library】工作面板上单击选择元件"COMPONENT_1"。按住【Ctrl + Home】键，使光标跳到图纸的坐标原点，在编辑界面的中心位置上执行粘贴命令，这样就可以将系统自带库"Miscellaneous Devices. SchLib"中元件 Fuse thermal 的所有组件粘贴到指定的位置。

9）接下来将根据设计需要，对自定义库"MyFirst_SchLib. SchLib"中第一个元件的属性进行编辑。在【SCH Library】工作面板单击左键选中元件符号"COMPONENT_1"，然后单击 Edit 按钮，打开【Library Component Properties】对话框。【Library Component Properties】对话框的【Default Designator】输入栏用来设置元件序号，此处设置为 F?；【Comment】输入栏用来输入一个简化的元件名称，这里设置为"Fuse"；【Library Ref】输入栏用来输入自定义元件的全名，此处也设置为"Fuse"；【Description】输入栏用来输入对元件的解释，此处设置为"Thermal Fuse"，其他属性暂不设置。设置好后的原理图元件属性对话框如图8-75所示。

2. 设计电解电容 Cap Pol

注意到电解电容这样的一类元件原理图，其特点是图形非常规则，对待这样一类器件，

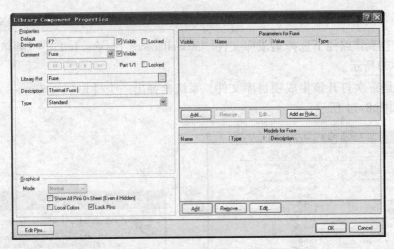

图 8-75　原理图元件属性对话框

设计人员可以直接利用画图工具进行手动绘制。

1）单击【SCH Library】工作面板上的 Add 按钮，需要为自定义元件原理图库添加一个新的元件。此时弹出提示对话框，如图 8-76 所示，单击 OK 按钮即可添加成功，此时可以看到在【SCH Library】工作面板上有两个元件，新添加的元件默认名未作修改，仍为"Component_1"，该元件当前处于高亮待编辑状态，如图 8-77 所示。

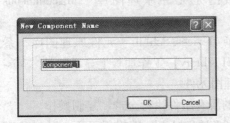

图 8-76　添加新元件的提示对话框

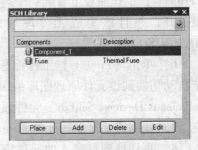

图 8-77　添加新元件后的
【SCH Library】工作面板

2）按住【Ctrl + Home】键，使光标跳到图纸的坐标原点。在坐标原点处开始元件电解电容 Cap Pol 的设计过程。

3）首先绘制元件的外形。单击【Place】→【Line】，在图纸的坐标原点处开始绘制元件外形，绘制完成的元件外形如图 8-78 所示。

4）在完成元件外形的绘制后，使用快捷键【P + P】来放置元件的两个引脚。放置过程中需要注意的是，元件引脚的电气连接端必须放置在元件轮廓图的外面。放置引脚结束后的元件如图 8-79 所示。

图 8-78　绘制元件外形

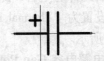

图 8-79　添加元件引脚

5）设置引脚属性。以第一个引脚为例，左键双击放置好的引脚，系统弹出引脚属性对话框，在引脚属性对话框中【Display Name】选项后输入该引脚的名称"1"，在【Designator】选项中输入引脚编号"1"。由于在原理图图纸上放置电容元件时没有必要显示其引脚名和编号，因此不勾选两个选项后的【Visible】复选框。在【Lengh】选项中输入该引脚的设置长度为"100mil"，其他属性保持默认即可。设置好后的引脚对话框如图8-80所示。

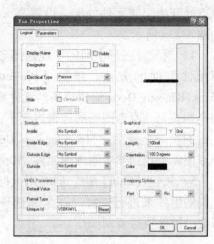

6）需要设置元件的属性。在【SCH Library】工作面板上单击鼠标左键选中元件符号"Component_1"，然后单击 Edit 按钮，打开【Library Component Properties】对话框，在【Default Designator】输入栏中输入

图8-80 【Pin Properties】对话框图

C?；在【Comment】输入栏中输入"Cap Pol"；【Library Ref】输入栏用来输入自定义元件的全名，此处也设置为"Cap Pol"；【Description】输入栏用来输入对元件的解释，此处设置为"Polarized Capacitor"，其他属性暂不设置，如图8-81所示。

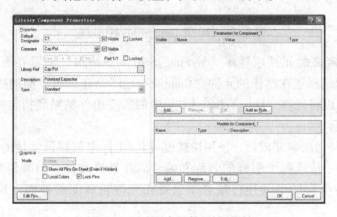

图8-81 原理图库元件属性对话框

3. 绘制数码管 Dpy

诸如数码管一类的元件图形，其特点是同时包括规则图形和不规则图形。对于具有这样特点的元件，规则图形的部分可以采用手动绘制，对于不规则部分，可以参考系统自带库中的元件有无相似的组件，如果有，最好直接复制过来。本例中对数码管的设计方法采用手动绘制外形，数码管中间的不规则图形"8"采用复制已有原理图元件组件的方法。

1）继续单击【SCH Library】工作面板上的 Add 按钮，再为自定义元件原理图库添加一个新的元件。添加好后，此时可以看到在【SCH Library】工作面板上有3个元件，新添加的元件默认名还是为"Component_1"，并处于高亮状态，表示此元件处于待编辑状态，如图8-82所示。

2）按住【Ctrl + Home】键，同样需要在坐标原点处开始元件数码管 Dpy 的设计过程。

3）首先是手动绘制元件的外形。使用菜单命令【Place】→【Rectangle】，在图纸的坐标原点处开始绘制元件外形，设置高×宽为 $90\text{mil} \times 60\text{mil}$ ，如图 8-83a 所示。

4）对元件图形中间的不规则图形采用复制已有原理图元件组件的方法。单击【Projects】工作面板上的"Miscellaneous Devices. SchLib"元件原理图库，系统自动切换到该元件原理图库的编辑界面下，在【SCH Library】工作面板上显示的"Miscellaneous Devices. SchLib"元件原理图库中找到参考原理图元件"Dpy Yellow-CC"。

5）按住【Shift】键，同时用鼠标左键逐一单击需要复制的组件来进行选择。在全部选择完成后，再对所有需要的组件执行复制操作。

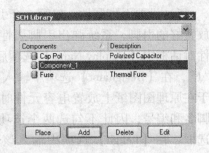

图 8-82　添加第 3 个元件后的【SCH Library】工作面板

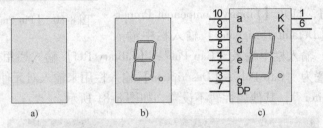

图 8-83　数码管 Dpy 外形的制作过程

6）切换到自定义的元件原理库"MyFirst_SchLib. SchLib"编辑界面下，从【SCH Library】工作面板上选择正在制作的元件"Component_1"，在编辑界面的适当位置上执行粘贴命令，这样就可以将元件"Dpy Yellow-CC"中的所需组件粘贴到指定的位置。放置后的结果如图8-83b所示。

7）在元件的外形绘制完成后，使用快捷键【P+P】来放置该元件的 10 个引脚。按照图 8-83c 所示，逐一修改每个引脚的名称和编号，并且修改每个引脚的长度为"200mil"，同样注意每个元件引脚的电气连接端必须放置在元件轮廓图的外面，其他属性保持默认即可。

8）最后设置该元件的属性。在【SCH Library】工作面板单击左键选中元件符号"Component_1"，然后单击 Edit 按钮，打开【Library Component Properties】对话框，在【Default Designator】输入栏输入 DS?；在【Comment】输入栏输入"Dpy"；在【Library Ref】输入栏用也输入"Dpy"；【Description】输入栏用来输入对元件的解释，此处设置为"Micro Bright Yellow 7-Segment Display"，其他属性暂不设置。

通过以上方法即可完成原理图元件库的制作，在整个介绍过程中，省去了很多步骤详细的解释说明，设计人员可根据需要再参考 8.2 节和 8.3 节的相关内容。

8.8.3　制作元件封装

同样，在制作元件封装过程中，本节也将根据元器件封装的不同特点，对 3 个元器件的封装采用不同的方法来逐一进行制作。对熔丝 Fuse 封装的设计方法采用手动绘制元件封装（直插式封装），对电解电容 Cap Pol 封装的设计方法采用复制已有元件封装（表贴式封装），对数码管 Dpy 封装的设计方法采用利用封装向导和复制已有元件封装组件这两种方法相结合来制作元件封装（直插式封装）。3 个元件的封装参考图形如图 8-84 所示。

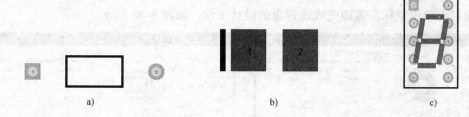

图 8-84　3 个元件的封装参考图形

a）熔丝 Fuse　b）电解电容 Cap Pol　c）数码管 Dpy

1. 设计熔丝的封装

本例中熔丝的封装将制作为直插式封装。注意到熔丝这样一类的元件封装，其特点是图形非常简单、规则，很适合设计人员利用工具进行手动绘制。本例中对熔丝的封装采用手动绘制，具体操作步骤如下。

1）单击【Projects】工作面板中的 "MyFirst_PcbLib. PcbLib"，切换到 PCB 元件封装库编辑器界面下。

2）执行菜单命令【View】→【Work Space Panels】→【PCB】→【PCB Library】，在工作区面板中打开【PCB Library】工作面板，如图 8-85 所示。目前在【PCB Library】工作面板中只有一个待制作的默认名为 "PCBCOMPONENT_1" 的元件封装。在绘制元件封装的整个过程中，为了操作方便，最好一直锁定【PCB Library】工作面板。

3）此时 PCB 元件封装库编辑器背景默认为灰色，先按住【Ctrl】键 + 鼠标滚轮向上将背景不断放大，直至出现适当大小的网格线为止。

4）接下来开始对元件封装进行制作。首先放置焊盘，选择【PCB Library】工作面板上的元件封装 "PCB COMPONENT_1"，然后设置当前工作层面为 "Multi-Layer"，再单击放置工具栏中的 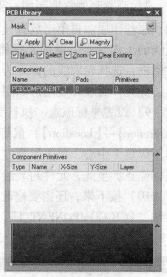 按钮，这时系统将处于放置焊盘的工作状态，表现为鼠标光标将放大成十字形，并且光标上粘贴着一个呈虚框的灰色焊盘，此时可以按下【Tab】键对焊盘属性进行设置。

图 8-85　【PCB Library】工作面板

5）按下【Tab】键后，将弹出焊盘属性设置对话框，在该对话框中进行焊盘属性的设置。有关焊盘属性的设置在 6.6.2 节中有过详细的介绍。这里选择焊盘 1 形状为方形（rectangle），焊盘外径（X-Size，Y-Size）都设置为 60mil，焊盘内径设置为 35mil。在属性设置区域，【Designator】编辑框设置为 1，表示为目前放置的焊盘为第一个焊盘，【Layer】下拉列表框设置为 "Multi-Layer"，其他设置保持不变，在工作窗口上单击鼠标左键即完成该焊盘的设计工作。

6）设置焊盘 2 形状为圆形（round），焊盘外径（X-Size，Y-Size）同样设置为 60mil，圆形焊盘内径也设置为 35mil。在属性设置区域，【Designator】设置为 2，表示为目前放置的焊盘为第二个焊盘，【Layer】下拉列表框同样设置为"Multi-Layer"，其他设置保持不变，在工作窗口上单击鼠标左键即完成该焊盘的设计工作，如图 8-86 所示。

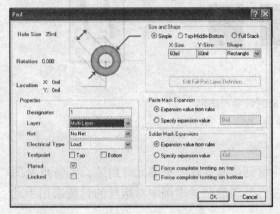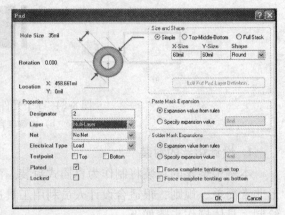

图 8-86　两个焊盘的属性设置对话框

7）再根据元件的实际尺寸调整焊盘间的水平距离与垂直距离。在本例中，两个焊盘的水平间距为 450mil，垂直间距设置为 0mil。

8）封装轮廓线的绘制。选择当前工作层面为"Top Overlay"层，将设计工作层面切换到顶层丝印层。再单击放置【PCB Lib Placemen】工具栏中的 ✎ 按钮，这时系统将处于放置直线的工作状态，鼠标光标将变成大十字形，然后按下【Tab】键弹出【Line Constraints】对话框，选择轮廓线的宽度为 10mil。移动鼠标到两个焊盘中间的合适位置，绘制成一个矩形。此元件封装外观图形如图 8-87 所示。

9）设置坐标原点。执行菜单命令【Edit】→【Set Reference】→【Location】，鼠标光标将变成大十字形，移至焊盘 1 中心，单击鼠标左键，将焊盘 1 中心设为坐标原点。至此，元件封装绘制结束。

图 8-87　元件封装外观图形

10）接下来，还需要修改该元件封装的属性。双击【PCB Library】工作面板上的元件封装"PCB COMPONENT_1"，弹出元件封装属性对话框，这里修改元件封装名称为"PIN-W2"，描述栏修改为"Fuse；2 Leads"。元件封装属性修改前后如图 8-88 所示。

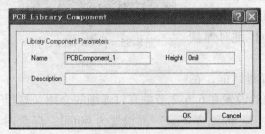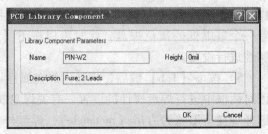

a)　　　　　　　　　　　　　　　　　　　　b)

图 8-88　元件封装属性修改前后

a）修改前　b）修改后

2. 电解电容的封装

本例中的电解电容封装将制作为表贴式封装，采用的方法为复制系统自带库中已有的元件封装。实际上，本例中电解电容的封装图形也非常规则，当然也可以直接采用手动制作。

1）在【PCB Library】工作面板中元件封装列表区域的空白区域单击鼠标右键，选择【New Blank Component】选项，新建一个元件封装。

2）单击菜单命令【File】→【Open】，到DXP软件的安装目录下打开集成元件库"Miscellaneous Devices. IntLib"。仍然假设Protel DXP 2004的自带库保存在路径"D：\PROTEL DXP 2004 SP2\Library"下，同样到该路径下选择并打开集成元件库文件"Miscellaneous Devices. IntLib"。此时可以在【Project】工作面板上看到一个名为"Miscellaneous Devices. LIBPKG"的集成元件库项目文件被打开，并且该集成元件库项目文件下默认加载的是元件原理图库"Miscellaneous Devices. SchLib"。

3）因此，此处是对系统自带的"Miscellaneous Devices. PcbLib"封装库中的元件封装进行复制，所以还应该打开封装库"Miscellaneous Devices. PcbLib"。单击菜单命令【File】→【Open】，到路径"D：\PROTEL DXP 2004 SP2\Library"下。此时可以发现，在"library"文件夹下新添加了一个名为"Miscellaneous Devices"的文件夹，如图8-89所示，打开该文件夹，选择其中的文件"Miscellaneous Devices. PcbLib"，单击【打开】按钮，如图8-90所示。

图8-89 新生成"Miscellaneous Devices"文件夹

图8-90 选择文件"Miscellaneous Devices. PcbLib"

4）同样，选择【Projects】工作面板上的PCB元件封装库"Miscellaneous Devices. PcbLib"，如图8-91所示，在该元件封装库中的【PCB Library】工作面板上查找到需要复制的元件封装CC2012-0805，在该封装上单击鼠标右键，选择右键菜单中的命令【Copy】。

5）再回到自定义的PCB元件封装库"MyFirst_PcbLib. PcbLib"中，在该PCB元件封装库中的【PCB Library】工作面板的元件封装列表区域空白地方单击鼠标右键，从弹出的右键菜单中选择命令【Paste 1 Components】，元件封装CC2012-0805就会复制到自定义的PCB元件封装库"My_PcbLib. PcbLib"中，如图8-92所示。

3. 绘制数码管的封装

本例中数码管的封装采用的是直插式封装，设计方法采用利用封装向导和复制已有元件封装这两种方法相结合。

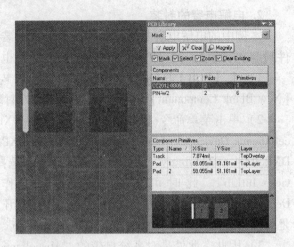

图 8-91 加载了封装库　　　　　　　　　　　图 8-92 复制到自定义库中的元件封装
"Miscellaneous Devices. PcbLib"

1）执行菜单命令【Tools】→【New Component】，此时会自动弹出 PCB 元件封装库的【Component Wizard】对话框。按照【Component Wizard】对话框的提示，选择 DIP 封装（Dual in-line Package），单位选择"mil"；设置焊盘外径全部为 60mil，内径为 35mil；设置水平间距为 200mil，垂直间距为 100mil；封装的轮廓线宽度设置为 10mil；焊盘数设置为 10个，封装名称为"LEDDIP-10"然后单击 ▭ Next > ▭ 按钮，结果如图 8-93a 所示。

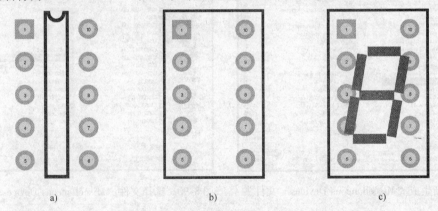

a)　　　　　　　　　　　　　　b)　　　　　　　　　　　　　　c)

图 8-93 通过封装向导和复制已有元件封装组件完成的封装"LEDDIP-10"

2）由图 8-93 可见，封装的轮廓线不符合设计要求，因此需要手动调整轮廓线的相对位置，并设置轮廓线高 × 宽为 520mil × 320mil，调整后如图 8-93b 所示。

3）接下来，添加该元件封装中间的图形"8"。采用的方法为复制系统自带库中已有元件封装的组件。

4）选择【Projects】工作面板上的元件封装库"Miscellaneous Devices. PcbLib"，在该元件封装库中的【PCB Library】工作面板上右键单击需要的元件封装"LEDDIP-10/C5. 08RHD"，此时 PCB 封装库编辑器的界面上会显示该封装，选择该封装中所需要的所有组件并复制。

5）再回到自定义的元件封装库"MyFirst_PcbLib. PcbLib"中，选择正在制作的元件封装"LEDDIP-10"，执行粘贴命令。将所有复制的组件粘贴到绘制图形中间位置即可，如图8-93c所示。

8.8.4 联系元件和元件封装

本例中3个元器件全部利用模式管理器来添加元件封装。有关利用模式管理器来添加元件封装的方法已在8.3.1节中详细介绍过。

1）在元件原理图库编辑环境下，单击【Utilities】中的 按钮，即模式管理器，出现【Model Manager】对话框，如图8-94所示。

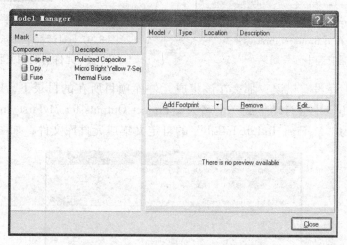

图8-94 【Model Manager】对话框

2）单击鼠标左键选择对话框左侧【Component】区域中的元件Cap Pol，然后再单击对话框右侧区域中的 Add Footprint 按钮，即可弹出【PCB Model】对话框，如图8-95所示。

3）在【PCB Model】对话框的【FootPrint Model】区域中单击 Browse... 按钮，弹出如图8-96所示的【Browse Libraries】对话框，选中封装"CC2012-0805"，再单击 OK 按钮，回到【PCB Model】对话框，单击 OK 按钮，最后再回到【Model Manager】对话框，这个封装就与元件连接到一起，如图8-97所示。

4）采用同样的方法为其他两个元器件逐一添加相应封装。

8.8.5 生成集成元件库

图8-95 【PCB Model】对话框

在完成上述步骤并保存所有文件之后，便可以对该集成元件库项目进行编译，生成集成元件库文件。

在【Projects】工作面板中的自定义集成元件库项目文件"MyFirst_IntLib. LibPkg"上单击鼠标右键，选择命令【Compile Integrated Library MyFirst_IntLib. LibPkg】，对集成元件项目

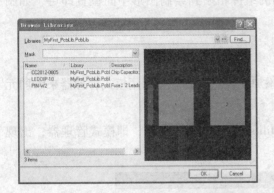

图 8-96　在【Browse Libraries】
对话框中选中元件封装

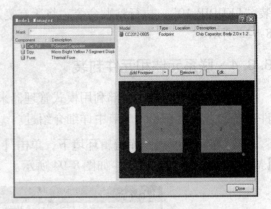

图 8-97　对话框中显示出元件与
元件封装相关联

进行编译。如果编译没有错误，那么在该集成元件库项目所在的目录下，即在"D：\Chapter8\MyFirst_IntLib"中会自动生成一个名为"Project Outputs for MyFirst_IntLib"的文件夹，用来存放文件名为"MyFirst_IntLib. IntLib"的自定义集成元件库文件，如图 8-98 所示。

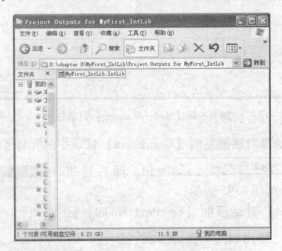

图 8-98　生成的集成元件库文件所在的文件夹

8.9　思考与练习

1. 建立一个名为"Component. SchLib"的元件原理图库，按照图 8-99 所示对元件原理图库中自带的空白元件进行绘制。设置元件的引脚长度为 150mil，在【SCH Library】工作面板中设置元件的属性，该元件名为"new Battery"，元件标号设置为 BT?，元件的注释和描述都设置为"Battery"。

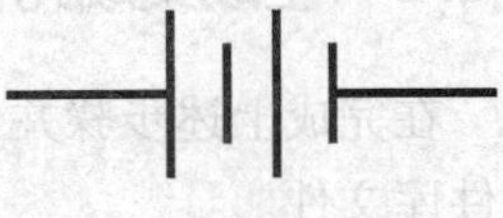

2. 以习题 1 为基础，向元件原理图库中再添加一个名为"new Bridge"的新元件，按照图 8-100 所示绘制该元件的原理图符号，要求元件的原理图符号的外形尺寸设置为 400mil × 500mil（高 × 宽），引脚长度设置为

图 8-99　原理图元件符号

200mil。并在【SCH Library】工作面板中置元件的属性，元件标号设置为D?，元件的名称和注释都设置为"Bridge"。

3. 练习打开系统自带的元件原理图库"Miscellaneous Devices. Schlib"，并从该元件原理图库中采用不同的方法复制3~5个元件到题1的元件原理图库"Component. SchLib"中。

4. 以题1为基础，向元件原理库中再添加一个名为"P80C32SBBB"的新元件，如图8-101所示，要求按照元件引脚功能将该元件设计为带子元件的原理图元件。

5. 建立一个名为"Component_PCB. PcbLib"的PCB元件封装库，按照图8-102所示对PCB元件封装库中自带的空白元件封装进行手动绘制。设置通孔直插式元件封装的外形尺寸为100mil×200mil（高×宽），两个焊盘孔径尺寸和直径尺寸分别为35mil和60mil，焊盘间距为100mil，在【PCB Library】工作面板中设置元件封装名称为"BAT"。

6. 以题5为基础，向PCB元件封装库中再添加一个表面粘贴式元件封装，如图8-103所示。设置元件封装的外形尺寸为100mil×160mil（高×宽），两个焊盘高和宽分别设置为50mil和60mil，焊盘间距为80mil，在【PCB Library】工作面板中设置元件封装名称为"R2012-0805"。

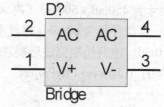

图8-100 原理图元件符号

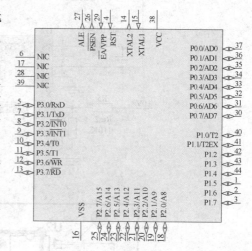

图8-101 原理图元件符号

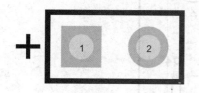

图8-102 通孔直插式元件封装

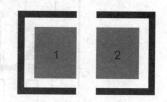

图8-103 表面粘贴式元件封装

7. 打开系统自带的PCB元件封装库"Miscellaneous Devices. Pcblib"，并从该元件封装库中采用不同的方法复制3~5个元件封装到题5的元件封装库"Component_PCB. PcbLib"中。

8. 建立一个名为"IntLib. LibPkg"的集成元件库项目，加载题1中的元件原理图库文件"Component. SchLib"和题5中的PCB元件封装库文件"Component_PCB. PcbLib"到该集成库项目下，并将项目和文件全部保存到目录"D：\Chapter8\IntLib"中，再对集成元件库项目进行编译生成集成元件库文件。

9. 在PCB项目"MyProject_8A. PrjPCB"下添加原理图文件"MySheet_8A. SchDoc"和PCB文件"MyPcb_8A. PcbDoc"，按照图8-104给出电路原理图和PCB图绘制电路，其中原理图中的元件X及其DIP封装Y均为自定义。要求对PCB板手动布局、自动布线、手动调整，其中PCB为双面板，电气尺寸为1600mil×1900mil（高×宽），顶层水平布线，底层垂直布线，电源线和地线均设置为 40mil，信号线设置为 8mil。再创建一个名为"IntLib_8A. LibPkg"的集成元件库项目，项目下包含一个名为"SchLib_8A. Schlib"的元件原理图库文件和名为"PcbLib_8A. Pcblib"的 PCB 元件封装库文件，其中元件原理库文件中的元件X 外形尺寸为 450mil×500mil（高×宽），引脚长度为 200mil；元件 X 的封装 Y 的焊盘内径为 30mil，焊盘外径为 60mil，焊盘水平间距为 450mil，焊盘垂直间距为 100mil，轮廓线宽度设置为 10mil。电路绘制完成后要求进行 DRC 检查，上述步骤完成后将项目和文件全部保存到目录"D：\Chapter8\MyProject"中。

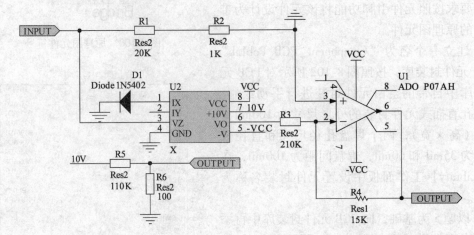

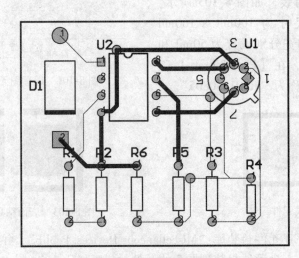

图 8-104　电路原理图和 PCB 图

10. 在 PCB 项目"MyProject_8B. PrjPCB"下添加原理图文件"MySheet_8B. SchDoc"和PCB 文件"MyPcb_8B. PcbDoc"，按照图 8-105 给出电路原理图和 PCB 图绘制电路，其中原理图中的元件 X 及其 DIP 封装 Y 均为自定义。要求对 PCB 手动布局、自动布线、手动调整，其中 PCB 为双面板，电气尺寸为 1900mil×1900mil（高×宽），顶层水平布线，底层垂直布线，电源线和地线均设置为 45mil，信号线设置为 12mil。再创建一个名为"IntLib_8B. LibPkg"的集成元件库项目，项目下包含一个名为"SchLib_8B. Schlib"的元件原理图库文件和名为"PcbLib_8B. Pcblib"的 PCB 元件封装库文件，其中元件原理库文件中的元件 X

外形尺寸为 $600\text{mil} \times 650\text{mil}$（高×宽），引脚长度为 250mil；元件 X 的封装 Y 的焊盘内径为 25mil，焊盘外径为 45mil，焊盘水平间距为 320mil，焊盘垂直间距为 120mil，轮廓线宽度设置为 12mil。电路绘制完成后要求进行 DRC 检查，上述步骤完成后要求将项目和文件全部保存到目录 "D：\Chapter8\MyProject" 中。

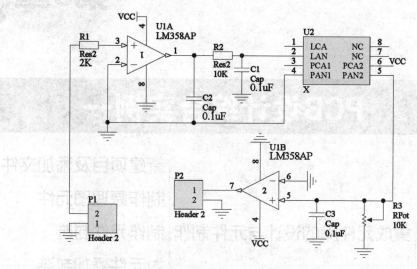

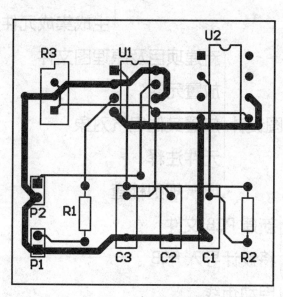

图 8-105　电路原理图和 PCB 图

本章要点

1. 【SCH Library】工作面板、【PCB Library】工作面板。

2. 元件原理图库的基本操作和高级技巧。

3. PCB 元件封装库的基本操作和高级技巧。

第9章

PCB设计综合实例一

PCB
设
计
综
合
实
例
一

集成元件库的设计与元件制作
- 新建项目及添加文件
- 制作原理图元件
- 制作元件封装
- 为元件添加封装
- 生成集成元件库

电路原理图设计
- 新建项目及原理图文件
- 放置元件
- 放置其他电气对象
- 元件注释
- 电气规则检查

PCB 设计
- 新建 PCB 文件
- 将设计导入 PCB
- 自动布线
- DRC 检查

感光法制作印制电路板
- 设备及耗材的准备
- 双面板负片打印输出
- 感光法制作电路板

前面的章节中详细地介绍了 PCB 设计中各个部分的内容，本章将通过一个实例融合前面各个章节所学的知识，同时在最后一节中介绍采用感光法制作印制电路板的过程，使设计人员可以通过本章的学习掌握一种常用的制板方法。本章会覆盖前面章节的核心内容，有一定基础的设计人员可以跨越前面章节，直接通过本章的学习快速地回顾并掌握 PCB 设计的核心过程。

9.1 电路说明

本章设计的是一个基于芯片"NE555"以及芯片"CD4017"的流水灯电路，最终完成的电路原理图如图 9-1 所示。

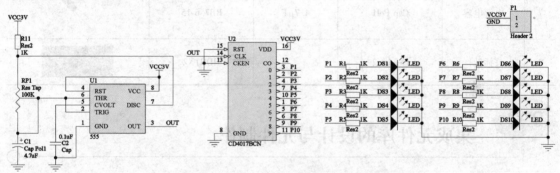

图 9-1　流水灯电路原理图

与上述电路对应的双面印制电路板图如图 9-2 所示。

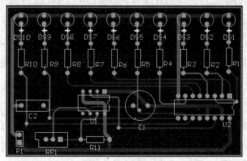

图 9-2　流水灯电路 PCB 图

电路中使用到的元器件名称、元器件原理图符号、PCB 元器件封装及元器件实物见表 9-1。

表 9-1　元器件名称、元器件原理图符号、PCB 元器件封装及元器件实物

序号	元器件名称	元器件原理图符号	元器件数值	PCB 元器件封装	元器件实物
1	555	NE555		LsdDIP8	
2	CD4017	CD4017BCN		N16E	

（续）

序号	元器件名称	元器件原理图符号	元器件数值	PCB 元器件封装	元器件实物
3	发光二极管	LED		LED_footprint	
4	电阻	Res2	1k	AXIAL-0.4	
5	电位器	Res Tap	100k	VR5	
6	电容	Cap	0.1μF	RAD-0.3	
7	电解电容	Cap Pol1	4.7μF	RB7.6-15	
8	插针	Header 2		HDR1X2	

9.2 集成元件库的设计与元件制作

本节以绘制 NE555 芯片和发光二极管为例，首先创建集成元件库项目 LsdIntLib.LibPkg，在项目中添加一个新的元件原理图库文件 LsdSchLib.SchLib 和一个新的 PCB 元件封装库文件 LsdPcbLib.PcbLib。其次向元件原理图库 LsdSchLib 中添加并绘制两个元件，然后向 PCB 元件封装库 LsdPcbLib 中添加并绘制两个元件对应的封装。最后编译集成元件库项目 Ls-dIntLib.LibPkg，从而形成自定义的集成元件库文件 LsdIntLib.IntLib。通过本节的练习，设计人员能够掌握自定义集成元件库的设计过程以及元件和元件封装的制作过程。

市场上 NE555 的封装有两种，一种是通孔直插式封装 DIP8，一种是表面粘贴式封装 SOP8，本电路中的 NE555 选用通孔直插式封装，因为该封装属于形状规则的元件封装，因此采用封装向导生成该元件的封装。同样，发光二极管的封装也有通孔直插式封装和表面粘贴式封装两种，电路中同样选用通孔直插式封装，采用手动对其封装进行绘制。

NE555 的元件原理图符号、通孔直插式封装如图 9-3 所示。

发光二极管的元件原理图符号、通孔直插式封装如图 9-4 所示。

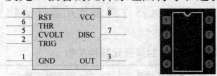
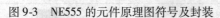

图 9-3　NE555 的元件原理图符号及封装　　　　图 9-4　发光二极管的元件符号及封装

9.2.1　建立集成元件库项目及添加文件

首先在"D：\Chapter9"目录下创建一个名为"LsdIntLib"的文件夹，然后在 Protel

DXP 2004 设计系统的主界面上执行菜单命令【File】→【New】→【Project】→【Integrated Library】，由此创建一个新的集成元件库项目。在弹出的【Projects】工作面板上可以直接观察到这个默认名为"Intergrated_ Library1. LibPkg"的新建集成元件库项目。

在【Projects】工作面板中该集成元件库项目上单击鼠标右键选择命令【Add New to Project】，为该集成元件库项目添加一个新的元件原理图库文件和一个新的 PCB 元件封装库文件，默认名分别为"SchLib1. SchLib"和"PcbLib1. PcbLib"。在添加两个文件之后，再将该集成元件库项目以及两个文件分别更名为"LsdIntLib. LibPkg""LsdSchLib. SchLib"和"LsdPcbLib. PcbLib"，并保存到指定目录下，即"D：\Chapter9\LsdIntLib"中。

9.2.2 制作原理图元件

本节首先介绍芯片 NE555 的绘制过程。在绘制该芯片时，可以以 DXP 安装路径下 ST Analog Timer Circuit. IntLib 集成元件库中的元件 NE555N 作为参考。制作一个新的原理图元件的具体步骤包括打开元件原理图库编辑器，创建一个新元件，绘制元件外形，添加引脚，设置引脚属性，设置元件属性，追加元件的封装模型等步骤。

在新建元件原理图库时，系统就已经自动生成了一个新的空白元件"COMPONENT_1"，下面就以对该元件编辑为例，说明绘制原理图元件的过程，具体的步骤如下。

（1）绘制原理图元件 NE555 外形

1）鼠标左键单击【Projects】工作面板上"LsdSchLib. SchLib"，进入元件原理图库编辑器。此时在【SCH Library】工作面板上可见有一个默认名为"COMPONENT_1"的元件符号，此时元件符号"COMPONENT_1"呈高亮蓝色状态，说明该元件处于可编辑状态。

2）按住【Ctrl + Home】键，使光标跳到图纸的坐标原点开始原理图元件的绘制过程。

3）元件原理图库图纸属性设置采用默认设置，单位采用"Mils"。

4）绘制元件的外形。单击【Place】→【Rectangle】，在图纸的坐标原点处开始放置一个矩形，如图 9-5 所示，设置矩形尺寸为 700mil × 800mil（高 × 宽）。

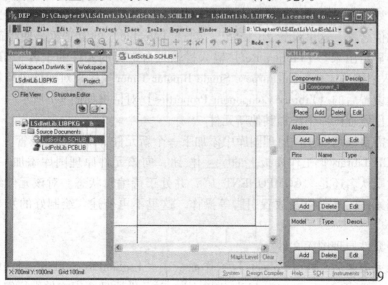

图 9-5　绘制元件外形

（2）添加元件引脚以及设置引脚属性

绘制了元件的外形之后，接下来需要为该元件添加相应的引脚。

1）使用快捷键（P+P）启动引脚放置命令。此时引脚出现在光标上，并且随着光标移动。

2）在引脚处于浮动状态下按【Tab】键设置引脚有关属性，按【Tab】键后弹出【Pin Properties】对话框，如图9-6所示。以设置引脚"GND"为例，在【Display Name】选项中输入该引脚的名称"GND"，在【Designator】选项中输入唯一确定的引脚编号"1"，勾选编辑框后面的【Visible】复选框，则在原理图图纸上放置该元件时可见引脚名及其编号。其他采用默认设置。

3）对第一个引脚的设置完成后，移动光标到矩形边框上，按照图9-3中第一个引脚所在的位置，单击鼠标左键放置第一个引脚。

4）设计人员可以按照相同的方法，继续放置元件所需要的其他引脚，并确认引脚的名称、编号正确无误。放置引脚时注意，与光标相连一端的电气连接点必须放置在元件外形的外面。

（3）设置原理图元件属性

绘制完元件符号的外形和引脚之后，应该设置元件的属性。每一个元件都有相对应的属性，例如元件标号、元件名称、PCB封装以及其他参数。元件属性的设置步骤如下。

在【SCH Library】工作面板单击左键选中元

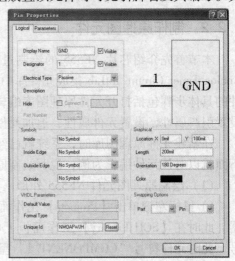

图9-6 【Pin Properties】对话框

件符号"COMPONENT_1"，然后单击 Edit 按钮，会弹出【Library Component Properties】对话框。在【Default Designator】输入栏设置元件标号为U?，表示NE555属于集成芯片，勾选【Visible】复选框，则元件标号将在原理图中显示。【Comment】输入栏用来输入NE555芯片简化的元件名称，这里设置为"555"。勾选【Visible】的复选框，使得简化的元件名称在原理图中显示出来。【Library Ref】输入栏输入自定义的元件的全名"NE555"。【Description】输入栏输入"General-Purpose Single Bipolar Timer"用来对元件进行简单描述。原理图元件属性设置后的【Library Component Properties】对话框如图9-7所示。

（4）向元件原理图库中添加其他新元件

根据设计需要继续向元件原理图库中添加下一个新元件，即发光二极管。

单击【SCH Library】工作面板上的 Add 按钮，向该元件原理图库添加一个新的元件。新添加的元件默认名还是"COMPONENT_1"，并处于待编辑状态。对该元件编辑与前面一致，仍是绘制元件的外形以及放置引脚等操作，这里不再赘述。绘制好的发光二极管如图9-8所示。

（5）编译元件原理图库文件

上述步骤完成之后，在【Projects】工作面板中"LsdSchLib. SchLib"上单击鼠标右键，选择命令【Compile Document LsdSchLib. SchLib】，对元件原理图库文件进行编译。编译后单击鼠标右键，选择命令【Save】保存该元件原理图库文件。

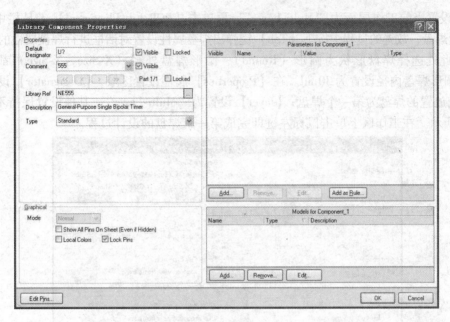

图9-7 设置完成后的原理图库元件属性对话框

9.2.3 制作元件封装

本节电路中的元件 NE555 采用封装向导生成元件封装，而发光二极管则采用手动绘制元件封装。

图9-8 绘制好的
发光二极管

（1）制作 NE555 元件的 8 引脚的 DIP 元件封装

1）单击【Projects】工作面板中的 "LsdPcbLib. PcbLib"，切换到 PCB 元件封装库编辑器界面下。

2）执行菜单命令【Tools】→【New Component】，此时会自动弹出【Component Wizard】对话框，依次设置元件封装的参数，封装类型选择 DIP 封装，单位选择 "mil"，焊盘外径设置为 70mil，内径设置为 30mil，焊盘的水平间距设置为 300mil，焊盘的垂直间距设置为100mil，封装的轮廓线宽度设置 10mil，焊盘数设置为 8 个，设置名称为 "LsdDIP8"。

3）单击 Finish 按钮返回到 PCB 元件封装库编辑界面，可以看到利用封装向导设计完成的元件封装，对轮廓线做适当调整，调整后的元件封装如图9-9 所示。

（2）手动绘制发光二极管元件的封装

在 Protel DXP 2004 设计系统中，手动绘制一个发光二极管封装的过程如下：

1）在【PCB Library】工作面板中，【Components】元件封装列表区域仍有一个系统自动生成的、默认名为 "PCB-

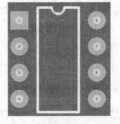
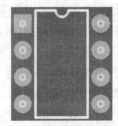

图9-9 通过封装向导完成的封装及调整

COMPONENT_1" 的元件封装符号，因为利用封装向导创建 NE555 元件封装时并未对它进行操作。选中后该元件封装符号呈高亮蓝色状态，说明该元件封装处于待编辑状态。

2）按住【Ctrl + End】键，光标跳到工作区的坐标原点开始元件封装的设计过程。

3）设置当前工作层面为"Multi-Layer"，再单击【PCB Lib Placement】工具栏中的◎按钮，放置焊盘，放置的过程中按下【Tab】键弹出焊盘属性设置对话框进行焊盘属性的设置。

4）此处选择焊盘形状为圆形（Round），圆形焊盘外径（X-Size，Y-Size）都设置为70mil，圆形焊盘内径设置为30mil。在【Properties】属性设置区域，【Designator】设置为1，表示目前放置的焊盘为第一个焊盘；【layer】设置为"Multi-Layer"，其他设置保持不变，如图9-10所示。在工作区上单击鼠标左键即完成第一个焊盘的设计过程。

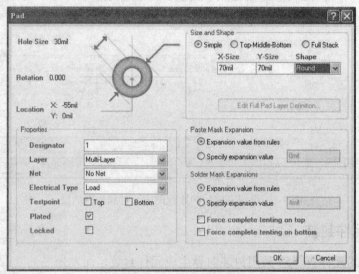

图9-10　焊盘属性设置对话框

5）放置完第一个焊盘后，PCB元件封装库编辑器仍然处于放置焊盘的命令状态下，这时可以重复上面的操作来完成下一个焊盘的放置工作。连续放置两个焊盘后，调整发光二极管两个焊盘的间距为130mil。

6）封装轮廓线的绘制。选择当前工作层面为"Top Overlay"层，即将设计工作层面切换到顶层丝印层，再单击【PCB Lib Placement】工具栏中的◎按钮，以两个焊盘的中心为原点，绘制圆形的轮廓线。鼠标双击放置后的圆形，在弹出的【Arc】的属性设置对话框中修改圆形的属性，设置轮廓线的宽度为10mil，半径为150mil，如图9-11所示。

7）因为发光二极管为极性元件，因此需要单击

图9-11　【Line Constraints】对话框

【PCB Lib Placement】工具栏中的╱按钮，在焊盘1旁绘制"＋"，表示该焊盘对应发光二极管元件引脚的正极。手动绘制的发光二极管的封装如图9-12所示。

8）执行菜单命令【Edit】→【Set Reference】→【Location】，鼠标光标将变成大十字形，移至焊盘1的中心，单击左键，将焊盘1的中心设为坐标原点。

9）双击【PCB Library】工作面板中【Components】元件封装列表区域中"PCBCOMPO-NENT_1"的元件封装符号，弹出【PCB Library Component】对话框，将元件封装名称改为"LED_footprint"，如图9-13所示。

图9-12 手动绘制的发光二极管的封装

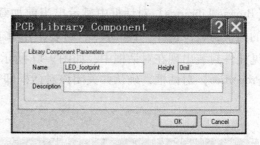

图9-13 修改元件封装名称

（3）编译并保存 PCB 元件封装库文件

上述步骤全部完成之后，在【Projects】工作面板中"LsdPcbLib. PcbLib"上单击鼠标右键，选择命令【Compile Document LsdPcbLib. PcbLib】，对 PCB 元件封装库文件进行编译。编译后再次单击鼠标右键，选择【Save】命令，保存该 PCB 元件封装库文件。

9.2.4 添加元件封装

在本电路的设计中，芯片"NE555"的封装"LsdDIP8"以及发光二极管的封装"LED_footprint"都是自定义的，下面为两个元件添加对应的元件封装。

1）为芯片"NE555"添加封装"LsdDIP8"。切换到元件原理图库编辑器下，并在【SCH Library】工作面板上选中元件"NE555"，单击 Edit 按钮对元件进行编辑。在弹出的【Library Component Properties】对话框的【Models for NE555】区域中可以添加自定义的元件封装模型。单击在【Models for Component_1】区域中的 Add 按钮，弹出【Add New Model】对话框，如图9-14 所示。

2）单击 OK 按钮，系统自动弹出【PCB Model】对话框，如图9-15 所示。

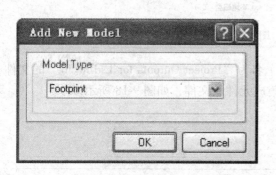

图9-14 【Add New Model】对话框

图9-15 【PCB Model】对话框

3）在系统弹出的【PCB Model】对话框中，设计人员可以进行元件封装的添加，单击【PCB Model】对话框中的 Browse 按钮，弹出【Browse Libraries】对话框，如图9-16 所示。在

【Browse Libraries】对话框中显示出当前加载的"LsdPcbLib.PCBLiB"封装库以及封装库中的两个封装，选择"LsdDIP8"封装，并单击 OK 按钮，回到【PCB Model】对话框，可见元件封装出现在对话框中，如图9-17所示。再单击 OK 按钮，返回【Library Component Properties】对话框，确认并关闭该对话框即完成了元件封装的添加。

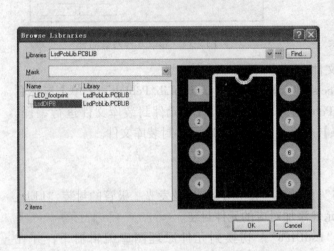

图9-16 【Browse Libraries】对话框图

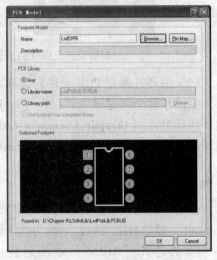

图9-17 设置完成后的
【PCB Model】对话框

为发光二极管添加封装需要重复上述的过程，这里不再赘述。

9.2.5 生成集成元件库

在上述的步骤都完成之后，再次保存所有文件，便可以对该集成元件库项目进行编译，生成集成元件库文件。

在【Projects】工作面板中的自定义集成元件库项目文件"LsdIntLib.LibPkg"上单击右键，选择命令【Compile Integrated Library LsdIntLib.LibPkg】，对集成元件项目进行编译。如果编译没有错误，那么在该集成元件库项目文件所在的目录下，即

图9-18 生成的集成元件库文件所在的文件夹

在"D：\Chapter9\LsdIntLib"中会自动生成一个名为"Project Outputs for LsdIntLib"的文件夹，用来存放文件名为"LsdIntLib.IntLib"的集成元件库文件，如图9-18所示。

9.3 电路原理图设计

9.3.1 新建项目及原理图文件

首先在"D：\Chapter9"目录下创建一个名为"流水灯电路"的文件夹，然后启动Protel DXP 2004。在系统的主界面上执行菜单命令【File】→【New】→【Project】→【PCB Project】，创建一个新的 PCB 项目。在弹出的【Projects】工作面板中新建的 PCB 项目"PCB_Project1.PrjPCB"上单击鼠标右键，选择命令【Save Project】，将该项目更名为"流水灯电路.PrjPCB"后保存到目录"D：\Chapter9\流水灯电路"中。

在【Projects】工作面板中的 PCB 项目"流水灯电路.PrjPCB"上单击鼠标右键，选择命令【Add New to Project】→【Schematic】，系统自动在当前"流水灯电路.PrjPCB"项目下创建一个新的原理图文件，与此同时系统将启动原理图编辑器。将新建的原理图文件更名为"流水灯电路.SchDoc"后也保存在目录"D：\Chapter9\流水灯电路"中。

9.3.2 设置原理图图纸参数

保存原理图文件之后，需要设置原理图图纸的参数。在当前原理图图纸的空白处单击鼠标右键，从弹出的右键菜单中选择【Options】→【Document Options】选项，即可打开【Document Options】对话框。

在【Document Options】对话框的【Sheet Options】选项卡中修改原理图图纸参数。【Grids】区域中勾选【Snap】复选框，数值设置100mil，表明电气对象在图纸上每次移动的距离为100mil；勾选【Visible】复选框，数值设置100mil，表明原理图图纸上可视栅格的尺寸为100mil。设置【Standard styles】为 A4，【Orientaiton】为 Landscape，其余设置项基本保持不变，如图 9-19 所示。

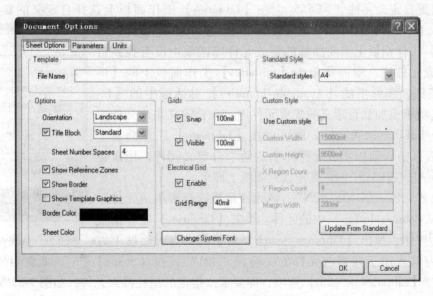

图 9-19 【Sheet Options】选项卡

在【Document Options】对话框的【Units】选项卡中选择单位类型为"Imperial Unit System"，基本单位选择为"Mils"，如图 9-20 所示。

9.3.3 放置元件

在原理图图纸属性设置完成后，需要向原理图中放置的是构成电路的核心对象——元件。一般先应放置电路中的核心元件，再放置其他外围元件。构成本电路的核心元件共有两个，分别是元件"NE555"和元件"CD4017BCN"，其中电路中的元件"NE555"要求使用的是自定义元件，元件"CD4017BCN"要求使用的是系统自带库中的已有元件。在原理图中放置这两个元件的具体操作步骤如下。

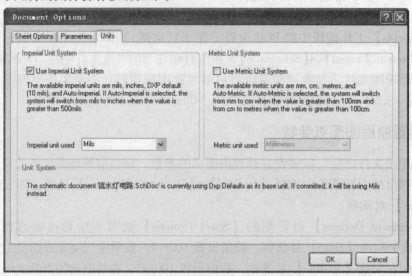

图 9-20 【Units】选项卡

1）放置自定义元件"NE555"。在【Libraries】工作面板上选择自定义的集成元件库"LsdIntLib. IntLib"，如图 9-21 所示。注意，如果此时在【Libraries】工作面板上当前加载的集成元件库区域中没有找到自定义的集成元件库，则需要单击【Libraries】工作面板上的【libraries】按钮，在弹出的【Available Libraries】对话框中的【Installed】选项卡里加载自定义的集成元件库。在自定义集成元件库"LsdIntLib. IntLib"加载之后，就可以在【Libraries】工作面板上的元件列表区中看到该集成元件库中的两个自定义元件，用鼠标左键选中元件"NE555"，将其拖拽到图纸上即可。

2）放置元件"CD4017BCN"，该元件是系统自带集成元件库"FSC Logic Counter. IntLib"中的元件。单击【Libraries】工作面板上的 Search... 按钮，弹出【Libraries Search】对话框，在对话框上方的编辑框内输入用于搜索该元件的关键词"4017"，在【Scope】区域中选择【Libraries on path】选项，即要求按指定的路径搜索元件，如图 9-22 所示。

图 9-21 选择自定义的
集成元件库

3）在确保搜索路径设置正确之后，单击【Libraries Search】对话框底部的 Search... 按钮，开始进行元件的搜索过程。搜索过程结束后，在【Libraries】工作面板中的元件列表区域中将显示出名称中包含关键词"4017"的所有元件，如图 9-23 所示。

4）在【Libraries】工作面板的元件列表区域中找到项目电路所需要的元件"CD4017BCN"，双击该元件后弹出【Confirm】对话框，如图 9-24 所示，该对话框提示设计人员，包含元件"CD4017BCN"的集成元件库"FSC Logic Counter. IntLib"尚未被系统加载，并询问是否马上加载。

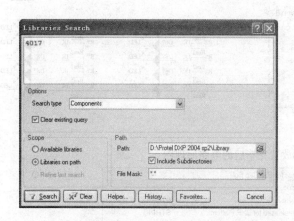

图 9-22 【Libraries Search】对话框

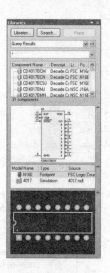

图 9-23 搜索结果

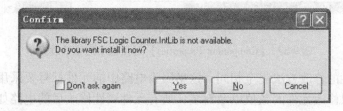

图 9-24 【Confirm】对话框

5）单击【Confirm】对话框中的 Yes 按钮，即确认加载该集成元件库。此时元件"CD4017BCN"随之出现在光标上，并随光标移动，根据该元件在原理图中的位置，单击鼠标左键即可将该元件放置在原理图图纸上。两个核心元件放置到原理图图纸上的效果如图 9-25 所示。

在电路的两个核心元件放置完成之后，接着需要放置其他的外围元件。本项目中的外围元件包括电阻、电容、发光二极管等电路设计中最基本、最常用的元件，因此全部可以在系统自带的"Miscellaneous Devices. IntLib"库中找到。但是这里有一点需要注意的是，在本项目中，发光二极管要求使用的是自定义的元件。

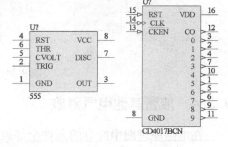

图 9-25 放置电路的两个核心元件

参考给定的电路原理图，找到相应的元件后，将这些元件放置在原理图图纸中合适的位置，元件全部放置后的效果如图 9-26 所示。

在元件的放置过程中可以根据设计的要求修改各个元件的属性，一般来说，经常修改的属性是元件的标号、数值以及封装。

下面以修改电容元件"Cap Pol1"的属性为例讲述元件属性的设置方法。此时电容已经被放置到原理图编辑器的工作区中，双击该电容元件即可打开【Component Properties】对话框，在对话框中将"Value"的数值由"100pF"修改为"4.7μF"，如图 9-27 所示。

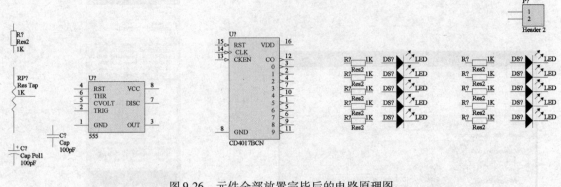

图 9-26   元件全部放置完毕后的电路原理图

Parameters for C? - Cap Pol1			
Visible	Name △	Value	Type
☐	LatestRevisionDate	17-Jul-2002	STRING
☐	LatestRevisionNote	Re-released for DXP Platform.	STRING
☐	Published	8-Jun-2000	STRING
☐	Publisher	Altium Limited	STRING
☑	Value	4.7uF	STRING

图 9-27   【Component Properties】对话框中的参数设置

其他元件属性的修改方法完全相同，这里因为电路中的元件标号要采用系统的自动注释功能，因此目前只修改元件的数值以及封装，所有元件属性修改后的电路如图 9-28 所示。

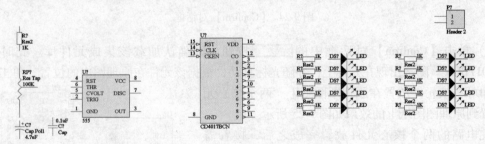

图 9-28   元件属性修改后的电路

9.3.4 放置其他电气对象

在电路原理图中所有的元件全部放置完成后，接下来需要在原理图上放置其他的电气对象，包括放置电源以及 GND 端口、导线、网络标签等电气对象。

（1）放置电源以及 GND 端口

单击【Writing】工具栏中的按钮 和 ，电源 VCC 的名称修改为 "VCC3V"，表示该电路的供电电压为 3V，然后在电路原理图上放置电源 "VCC3V" 和 GND 端口，放置后的效果如图 9-29 所示。

（2）绘制导线

单击【Writing】工具栏中的 按钮，进入绘制导线状态，按下键盘上的【Tab】键，导线属性对话框对导线属性进行设置。本例中导线的属性保持系统默认设置。导线放置后的电路原理图如图 9-30 所示。

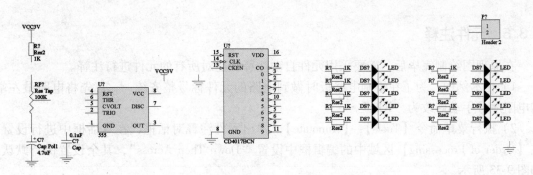

图9-29　放置电源和 GND 端口后的原理图

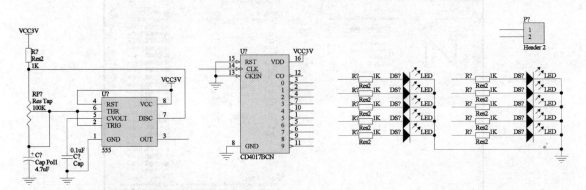

图9-30　放置导线后的电路

（3）放置网络标签

单击【Writing】工具栏中的按钮 后，光标上面会自动粘贴着一个网络标签，此时按下键盘上的【Tab】键，弹出如图9-31 所示的【Net Label】对话框。该对话框分为上下两个部分，对话框的上方用来设置网络标签的颜色、坐标和方向；对话框下方的【Properties】区域用来设置网络标签的名称和字体。

本例中只需要在【Net Label】对话框中修改网络标签名字即可，单击 OK 按钮完成设置。

网络标签放置后的电路原理图如图9-32 所示，至此，电路原理图各个电气对象的放置工作全部结束。

图9-31　【Net Label】对话框

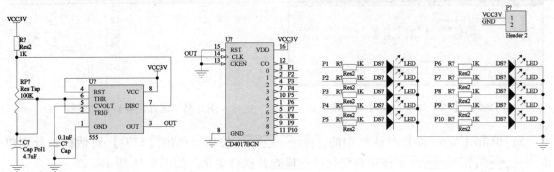

图9-32　网络标签放置后的电路

9.3.5　元件注释

在原理图绘制完毕后，需要采用元件自动注释功能对所有的元件进行注释。

1）在本例中，为了在绘制电路板时做到电路的元件标号整齐统一，首先将电路最左端的电阻序号手动修改为"R11"。

2）执行菜单命令【Tools】→【Annotate】，弹出元件注释对话框，在对话框中进行设置，在【Order of Processing】区域中的编辑框中设置"Down Then Across"，其余设置保持默认，如图9-33所示。

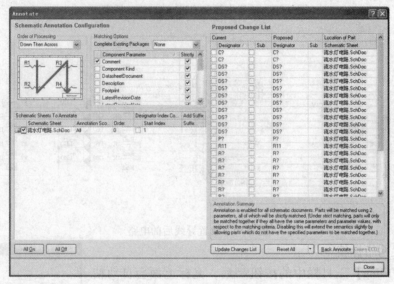

图9-33　【Annotate】对话框

3）设置完成后，单击 Update Changes List 按钮，弹出【DXP Information】对话框，提示该电路共有26个元件需要注释，如图9-34所示。

4）单击 OK 按钮关闭该对话框，可以看到在【Annotate】对话框中的【Proposed Change List】区域给出了元件注释后新的编号，如图9-35所示。

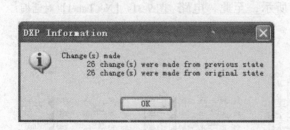

图9-34　【DXP Information】对话框　　　　图9-35　元件注释后新的编号

5）单击【Annotate】对话框中的 Accept Changes (Create ECO) 按钮，弹出【ECO】对话框，分别单击 Validate Changes 按钮和 Execute Changes 按钮对变化进行检查并执行变化。如图9-36所示。

6）如图9-36所示，在【ECO】对话框中【Status】区域的【Check】栏和【Done】栏

都出现表示正确的✓符号，表明检查并执行变化的这个过程没有产生错误。关闭【ECO】对话框回到【Annotate】对话框，在【Annotate】对话框中的【Proposed Change List】区域中可以看到所有元件已经全部注释完成。

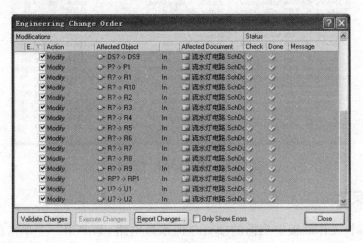

图9-36 【ECO】对话框

7）关闭【Annotate】对话框，经过系统自动注释后的原理图如图9-37所示。

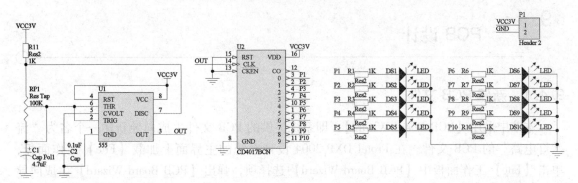

图9-37 注释后的流水灯电路图

9.3.6 电气规则检查

在【Libraries】工作面板中的原理图文件"流水灯电路.SchDoc"上单击鼠标右键，选择命令【Compile Document 流水灯电路.SchDoc】来执行项目的编译操作。编译原理图文件后，在【Messages】工作面板上可以看到是否有错误或警告的信息，然后根据这些提示信息对原理图进行修改。编译后的【Messages】工作面板如图9-38所示。

本案例编译后调出【Messages】工作面板查看警告信息，目前【Messages】工作面板中绝大多数警告都是"off grid"类型，此类型警告共计10对，是针对本案例中自定义的元件，即发光二极管的。原因是元件引脚长度导致该元件在原理图中放置时元件引脚没有对齐图纸的格点，由此系统提示警告。对这种类型的警告，可以回到自定义库中修改引脚的长度，或者只要保证设计的正确性，可以不做修改。

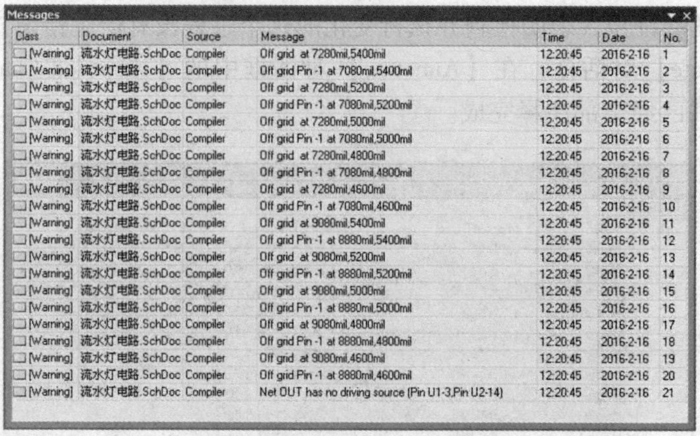

Messages

Class	Document	Source	Message	Time	Date	No.
[Warning]	流水灯电路.SchDoc	Compiler	Off grid at 7280mil,5400mil	12:20:45	2016-2-16	1
[Warning]	流水灯电路.SchDoc	Compiler	Off grid Pin -1 at 7080mil,5400mil	12:20:45	2016-2-16	2
[Warning]	流水灯电路.SchDoc	Compiler	Off grid at 7280mil,5200mil	12:20:45	2016-2-16	3
[Warning]	流水灯电路.SchDoc	Compiler	Off grid Pin -1 at 7080mil,5200mil	12:20:45	2016-2-16	4
[Warning]	流水灯电路.SchDoc	Compiler	Off grid at 7280mil,5000mil	12:20:45	2016-2-16	5
[Warning]	流水灯电路.SchDoc	Compiler	Off grid Pin -1 at 7080mil,5000mil	12:20:45	2016-2-16	6
[Warning]	流水灯电路.SchDoc	Compiler	Off grid at 7280mil,4800mil	12:20:45	2016-2-16	7
[Warning]	流水灯电路.SchDoc	Compiler	Off grid Pin -1 at 7080mil,4800mil	12:20:45	2016-2-16	8
[Warning]	流水灯电路.SchDoc	Compiler	Off grid at 7280mil,4600mil	12:20:45	2016-2-16	9
[Warning]	流水灯电路.SchDoc	Compiler	Off grid Pin -1 at 7080mil,4600mil	12:20:45	2016-2-16	10
[Warning]	流水灯电路.SchDoc	Compiler	Off grid at 9080mil,5400mil	12:20:45	2016-2-16	11
[Warning]	流水灯电路.SchDoc	Compiler	Off grid Pin -1 at 8880mil,5400mil	12:20:45	2016-2-16	12
[Warning]	流水灯电路.SchDoc	Compiler	Off grid at 9080mil,5200mil	12:20:45	2016-2-16	13
[Warning]	流水灯电路.SchDoc	Compiler	Off grid Pin -1 at 8880mil,5200mil	12:20:45	2016-2-16	14
[Warning]	流水灯电路.SchDoc	Compiler	Off grid at 9080mil,5000mil	12:20:45	2016-2-16	15
[Warning]	流水灯电路.SchDoc	Compiler	Off grid Pin -1 at 8880mil,5000mil	12:20:45	2016-2-16	16
[Warning]	流水灯电路.SchDoc	Compiler	Off grid at 9080mil,4800mil	12:20:45	2016-2-16	17
[Warning]	流水灯电路.SchDoc	Compiler	Off grid Pin -1 at 8880mil,4800mil	12:20:45	2016-2-16	18
[Warning]	流水灯电路.SchDoc	Compiler	Off grid at 9080mil,4600mil	12:20:45	2016-2-16	19
[Warning]	流水灯电路.SchDoc	Compiler	Off grid Pin -1 at 8880mil,4600mil	12:20:45	2016-2-16	20
[Warning]	流水灯电路.SchDoc	Compiler	Net OUT has no driving source (Pin U1-3,Pin U2-14)	12:20:45	2016-2-16	21

图 9-38 【Messages】工作面板

9.3.7 文件保存

在【Projects】工作面板中当前的项目“流水灯电路.PrjPCB”上单击鼠标右键，将该项目以及项目下的原理图文件“流水灯电路.SchDoc”保存到指定目录“D：\Chapter9\流水灯电路”下。

9.4 PCB设计

9.4.1 新建 PCB 文件

本节中采用【PCB Board Wizard】，即系统提供的 PCB 文件生成向导新建一个名为“流水灯电路”的 PCB 文件。在 Protel DXP 2004 设计系统的主界面上加载【File】工作面板，单击【File】工作面板中【PCB Board Wizard】选择项，弹出【PCB Board Wizard】生成向导对话框，按照生成向导的步骤，根据 PCB 的要求依次设置该 PCB 的参数，具体包括：该印制电路板为双面板，印制电路板的形状为矩形，电气边界设置为 2000mil × 3200mil（高 × 宽），印制电路板上大多数元件为通孔直插式元件，要求两个焊盘之间的导线数为一条，最小导线尺寸为 10mil，最小过孔的内外径分别为 30mil 和 60mil，最小安全间距为 10mil，其余采用默认设置。

注意到，采用【PCB Board Wizard】生成的 PCB 文件属于自由文档，如图 9-39 所示，用鼠标左键单击该文件，并将它拖到“流水灯电路”项目下。在新建的 PCB 文件上单击鼠标右键，将其更名为“流水灯电路.PcbDoc”并保存在路径“D：\Chapter9\流水灯电路”下。

9.4.2 将设计导入到 PCB

在 PCB 编辑器的菜单中执行【Design】→【Import Changes from 流水灯电路.PrjPCB】命令，打开【Engineering Change Order】对话框，依次单击【Engineering Change Order】对话

框中 Validate Changes 按钮和 Execute Changes 按钮，应用更新后的【Engineering Change Order】对话框如图9-40所示。

图9-39 拖拽 PCB 文件至项目中

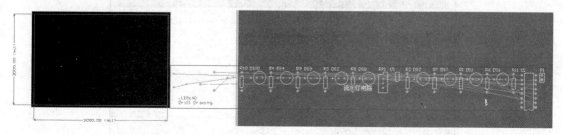

图9-40 应用更新后的【Engineering Change Order】对话框

单击【Engineering Change Order】对话框中的 Close 按钮，关闭该对话框，至此，原理图中的元件和网络表就导入到 PCB 编辑器中了，如图9-41 所示。

图9-41 元件和网络表导入到 PCB 编辑器

9.4.3　元件布局

从原理图更新到 PCB 后，将含有元器件的 Room 框移动到 PCB 的工作区中间，再删除

Room 框。然后单击 PCB 图中的元件，按照图 9-42 所示将各个元件一一拖放到 PCB 中的"Keep-Out"区域内。本项目中要求所有元件处于顶层，布置完成后的 PCB 如图 9-42 所示。

9.4.4　设置电路板布线规则

在本项目中只对 PCB 中导线宽度规则进行设置，其他规则均采用系统默认值。使用布线规则分别设置 PCB 中"VCC3V"以及"GND"

图 9-42　在 PCB 顶层进行元件布局

网络的导线宽度为 50mil，信号线宽度为 20mil。如图 9-43 所示。

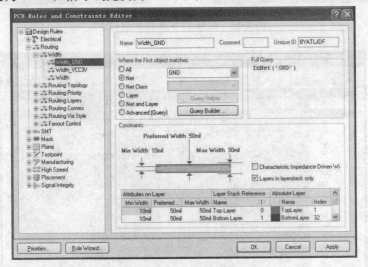

图 9-43　设置布线规则

单击在对话框左下角 Priorities... 按钮，在对话框中调整 3 个规则的优先级，将信号线对应的"Width"规则等级设置为最低，如图 9-44 所示。

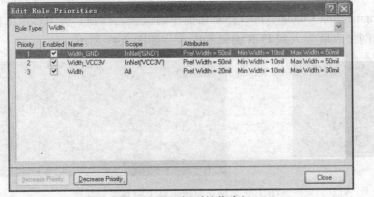

图 9-44　设置规则的优先级

9.4.5 自动布线

本例中电路板上的布线采取顶层垂直布线，底层水平布线。

1）执行菜单命令【Auto Route】→【All】，执行该命令后，系统弹出如图9-45所示的自动布线策略对话框。

2）单击 Edit Layer Directions... 按钮，系统弹出如图9-46所示的【Layer Directions】编辑方向对话框。在此可以选择自动布线时按层布线的布线方向。本例中采用默认设置，如需改变布线方向，则在【Current Setting】区域中选择所需布线方向。

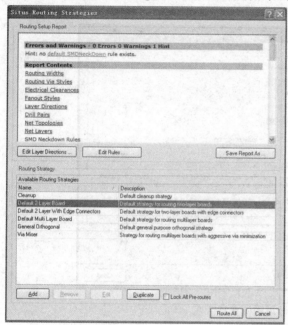

图9-45　布线策略的选择

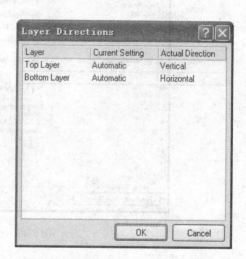

图9-46　【Layer Directions】对话框

3）单击 Route All 按钮，开始自动布线，自动布线后的PCB图如图9-47所示。

观察自动布线的结果，由于元件布局比较合理，系统自动布线效果还是比较不错的，但是有些导线走线布置得可能不合理，所以还要对自动布线的结果进行手动调整，调整后的PCB图如图9-48所示。

图9-47　自动布线生成的PCB图

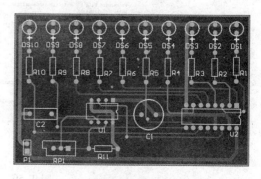

图9-48　手动调整布线后的PCB图

有一点需要注意，下节中要采用感光法制作电路板，考虑制板时使用的电钻钻头直径以及保证电路连通的成功率，最好将电路中所有元件及接插件的焊盘外径设置为70mil，内径设置为30mil。

9.4.6　DRC 检查

经过 DRC 检查，设计人员可以通过 DRC 文件直观地了解到 PCB 违反设计规则的详细的位置、原因以及数目。

1）执行菜单命令【Tools】→【Design Rule Check】，打开设计规则检查对话框，如图9-49所示。

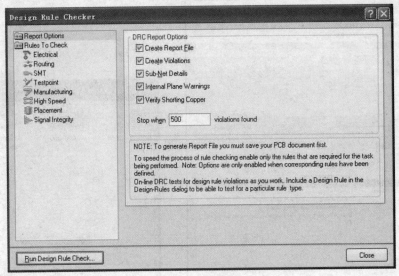

图 9-49　设计规则检查对话框

2）执行命令按钮 Run Design Rule Check...，即可对设计的 PCB 进行 DRC 检查。

设计规则检查结束后，系统自动生成"流水灯电路 . DRC"文件。查看检查报告，系统设计中不存在违反设计规则的问题，则系统布线成功，如图9-50 所示。

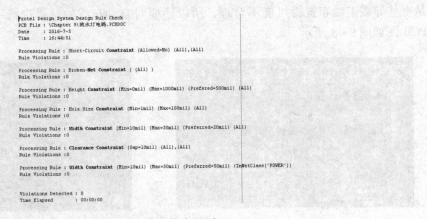

图 9- 50　检查报告网页

9.4.7 保存文件

单击保存工具按钮 ，保存 PCB 文件到指定目录"D：\Chapter9\流水灯电路"下。

9.5 感光法制作印制电路板

在第一章采用过热转印法自制电路板，热转印法具有制作简单、成本较低的优点，但制板过程中由于受到打印机和热转印纸质量的限制，在打印时容易掉粉断线，造成电路图形的残缺，从而造成制板精度的下降。因此，对于需求高精度、较复杂的电路板，设计人员也可以尝试采用感光法制板。

感光法制板是将设计好的 PCB 图打印到硫酸纸或菲林胶片上，再通过紫外线曝光将硫酸纸或菲林胶片上的 PCB 图印制到感光覆铜板上，然后对光印覆铜板进行显影，溶解非曝光部分的感光膜，露出铜箔层，再用蚀刻液腐蚀掉显影后露出来的铜箔，从而形成电路板上所需的导电线路。最后再使用脱膜液对感光膜进行脱膜处理。

9.5.1 准备设备及耗材

采用感光法自制电路板需要准备相应的设备以及用于制板的耗材，具体包括：

（1）设备

1）计算机。计算机用于绘制印制电路板图。

2）打印机。打印机用于将绘制好的 PCB 图打印在硫酸纸或菲林胶片上。

3）PCB 制板机。PCB 制板机用来制作电路板，一般包括曝光、显影、蚀刻以及脱膜等基本功能，具有效率高、加工速度快、操作简单方便等特点。

4）PCB 钻孔机。PCB 钻孔机用于对脱膜后的电路板上的焊盘打孔，以便插接元器件。

（2）耗材

1）感光覆铜板。感光覆铜板是铜箔表面具有一层感光材料的特殊覆铜板，可以直接购买成品，也可以在覆铜板表面贴感光干膜或涂感光蓝油来自制感光覆铜板。

2）硫酸纸。硫酸纸或菲林胶片为半透明或透明材料，用于打印 PCB 图。

3）显影剂。显影剂用于按比例配置显影液，显影的目的是溶解非曝光部分的感光材料，当完全除尽感光材料后，覆铜板的铜箔区（非导电线路）就会裸露出来。

4）蚀刻剂。蚀刻剂用于按比例配置蚀刻液，蚀刻的目的是将不需要的铜箔区即显影后露出来的铜箔用蚀刻液腐蚀去掉，而曝光区域由于感光材料的固化阻隔了蚀刻剂入侵，使其不被腐蚀掉并保留了下来，成为线路板上所需的导电线路。

5）脱膜剂。脱膜剂用于感光材料，包括感光干膜、感光蓝油的脱膜。

9.5.2 双面板图输出打印

双面板分为顶层与底层两个层面，因此需要在两张硫酸纸上分别打印输出顶层 PCB 图与底层 PCB 图。由于本例中使用的感光覆铜板为负性，所以下面需要打印的是双面板顶层和底层的负片。

（1）输出顶层 PCB 图

1）设定当前的工作层面为【Mechanical 1】层。单击 PCB 编辑器工作区下方板层显示
栏中的 Mechanical 1 标签，将当前的工作层面切换到
机械层【Mechanical 1】层面。

2）添加填充。在 PCB 编辑器中执行菜单命
令【Place】→【Fill】，按住鼠标左键拖动出一个与
PCB 图大小相同的框，覆盖住设计好的 PCB 图，
如图9-51 所示。

3）进行页面设置。执行菜单命令【File】→
【Page Setup】进行页面设定，弹出【Composite
Properties】对话框，如图 9-52 所示。在【Scal-

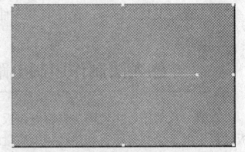

图 9-51　在完成的 PCB 图上添加矩形填充

ing】区域中，【Scale Mode】选择选项【Scaled Print】，将【Scale】打印比例选项设置为
1.00，即采用1∶1的比例打印所需 PCB 图，再将【Color Set】颜色选项设置为【Gray】。

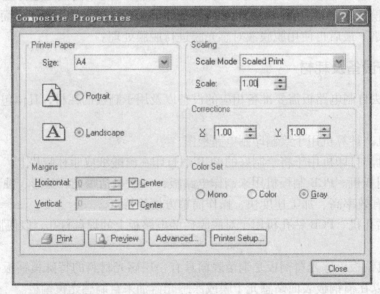

图 9-52　打印设置

页面设置完成后，单击【Advanced】高级选项，弹出【PCB Printout Properties】对话
框，由于感光法制板需要打印的是顶层负片，因此删掉其他不需要的层，只保留输出所需要
的【Multi-layer】层、【Top Layer】层及【Mechanical 1】层即可，3 个层按照如图 9-53 所示
顺序进行排列，【Multi-Layer】层在最前，中间为【Top layer】层，最下面为【Mechanical
1】层。添加或删除某个层面可以在
【PCB Printout Properties】对话框中空白
处单击鼠标右键，在弹出右键菜单中选
择【Insert Layer】或【Delete】选项添
加层面或删除层面即可。

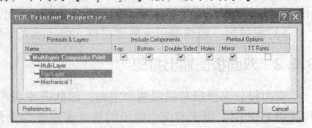

由于顶层 PCB 图需要翻转后与底
层 PCB 图对齐，所以顶层必须镜像打　图 9-53　【PCB Printout Properties】对话框中设置保留层面

印，因此确保勾选【PCB Printout Properties】对话框【Printout Options】区域中的【Mirror】选项。同时为了后期钻孔时中心定位，焊盘中心孔也需要打印出来，因此【Holes】选项也需要勾选上。设置后再单击对话框左下角【Preferences】选项，弹出【PCB Print Preferences】对话框，如图9-54所示。在【Colors & Gray Scales】区域中把【Top Layer】层和【Multi-layer】层设置为纯白色，把【Mechanica 1】层和【Pad Holes】设为纯黑色，单击 OK 按钮逐步退出。

执行菜单命令【File】→【Print Preview】进行打印预览，如图9-55所示。注意，白色区域对应着需要保留的、代表导电线路的铜箔，黑色区域表示将要被腐蚀掉的地方，此时【Top layer】层的负片制作完成。执行菜单命令【File】→【Print】，在硫酸纸上打印顶层负片，结果与图9-55完全一致。

（2）输出底层PCB图

输出底层PCB图与打印顶层负片的设置过程相类似，区别在于【PCB Printout Properties】对话框中，由于此时是打印底层的负片，因此此时所需

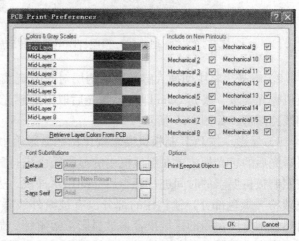

图9-54 设置所需层面颜色

要的保留是【Multi-layer】层、【Bottom Layer】层及【Mechanical 1】层，三个层面同样要按照图9-56所示的顺序进行排列。

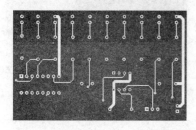

图9-55 顶层负片打印预览

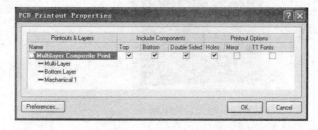

图9-56 【PCB Printout Properties】对话框中设置保留层面

由于是打印底层，所以取消对话框中【Printout Options】区域中的【Mirror】选项，即底层不需要镜像输出。再单击对话框左下角【Preferences】选项，在【PCB Print Preferences】对话框的【Colors & Gray Scales】区域中把【Bootom Layer】层和【Multi-layer】层设置为纯白色，把【Mechanica 1】层和【Pad Holes】设为纯黑色，由此底层负片制作完成。执行菜单命令【File】→【Print】在硫酸纸上打印底层负片，结果与图9-57完全一致。

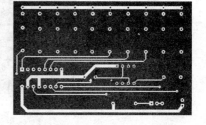

图9-57 底层打印预览

9.5.3 感光法制作印制电路板

1）将打印好的顶层硫酸纸翻转后放置在底层硫酸纸上，注意顶层电路与底层电路必须

对齐，两边用双面胶带固定住，再将感光板插入到其中，如图 9-58 所示。

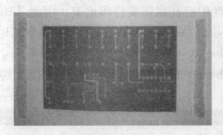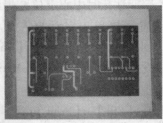

图 9-58　顶层打印电路翻转后放置在底层电路上

2）曝光。将中间插入感光板的两层对齐的硫酸纸放入 PCB 制板机的曝光区中，根据制板机曝光要求，曝光 2min 即可，曝光后取出的感光板上有略微颜色的变化，可以由此观察到线路图形，如图 9-59 所示。

3）显影。按 PCB 制板机要求按比例在显影箱中配置显影液并升至显影要求的温度，再将曝光后的感光板放置在制板机中的显影箱中进行显影，如图 9-60 所示，显影时间不能长，按照制板机要求的时间进行显影后立即用水冲洗，去除残留的显影液。可以观察到，曝光时被碳粉（黑色部分）遮挡住的部分没有被紫外线曝光，阻挡了感光膜的硬化，因此在显影时黑色部分所覆盖的区域很容易被显影液溶解掉，显现出里面的铜箔。而白色的部分因为曝光时没有碳粉覆盖，所以经过紫外线曝光后感光膜硬化，在显影的短期时间内，不易被显影液所溶解，感光膜仍将铜箔覆盖。显影后的感光板如图 9-61 所示。

图 9-59　曝光后的电路板　　　　　　　　　图 9-60　显影过程

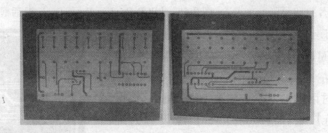

图 9-61　显影后的覆铜板两面

4）蚀刻。这里蚀刻功能与热转印时的蚀刻功能相同，目的是将显影后裸露出来的铜箔腐蚀掉，从而保留所需电路。按制板机要求按比例在蚀刻箱中配置蚀刻液并升至蚀刻要求的温度，然后将显影后的覆铜板放置在 PCB 制板机的蚀刻槽内进行蚀刻，蚀刻结束后取出覆铜板并用清水清洗，去除残留的蚀刻液，清洗后的板子如图 9-62 所示。

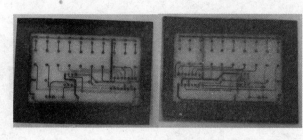

图 9-62　蚀刻后的覆铜板两面

5）脱膜。蚀刻后，电路板上原有的蓝色感光膜不再有用，并且会妨碍后期的焊接，因此需要去除。按制板机要求按比例在脱膜箱中配置脱膜液，将蚀刻并清洗后的覆铜板放到脱膜箱中，脱膜完成并清洗后的覆铜板如图 9-63 所示。

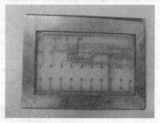

图 9-63　脱膜后的覆铜板两面

在脱膜过程完成后，同热转印最后的步骤一样，需要选用相应直径的钻头为电路板钻孔，然后焊接元件，再连通过孔，即可完成整个电路板的制作。

注意，本节中使用的是 PCB 制板机，按照机器的使用要求操作起来比较简单方便且成功率较高，但如果在制板过程中不具备该设备，同样也可以参照上述的方法采用感光法制板且费用较低。需要特别注意的是，曝光与显影是感光法中最重要的两个步骤，要根据自己使用的设备和材料，摸索曝光和显影的操作方法，同时要严格控制操作时间，否则会影响制板的成功率。

第10章

PCB设计综合实例二

在第9章 PCB 设计实例的基础之上，本章将再次通过一个略为复杂的综合实例将前面所叙述的内容连贯起来，从而提升读者运用 Protel DXP 2004 进行 PCB 设计的能力。对于设计过程中涉及的知识点，读者可以根据需要参考前面章节的内容。

10.1 单片机基础综合实验板功能

单片机基础综合实验板（如图 10-1 所示）以 STC12C5A60S2 单片机（属于 51 系列）为核心，集成了学习单片机常用的各种硬件资源，具体包括：串行外扩数据存储器 ST24C02B1、时钟芯片 DS1302、按键扫描、8 位数码管、8 位流水灯、D-A 转换器、温度传感器 DS18B20、串行通信接口（232 接口）、USB 接口、并行接口等外部接口或部件，加强了接口功能的扩展，同时采用 USB 电源和稳压电源双电源设计。

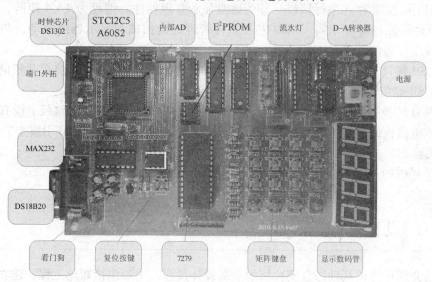

图 10-1　单片机基础综合实验板

单片机基础综合实验板功能：

1）STC12C5A60S2 是 STC Micro 公司推出的完全集成的混合信号片上系统 MCU，其特点是 1 个时钟/机器周期，低成本、高可靠性、高速 A-D 转换，10 位精度 ADC，带 8 通道模拟多路开关，转换速度为 25 万次/秒；具有可编程数据更新方式；60 KB 系统编程的 Flash 内存，1280 字节的片内 RAM，可寻址 64KB 地址空间的外部数据存储器接口，硬件实现的 ISP/IPA 在线系统可编程/在线应用可编程，可通过串口（P3.0/P3.1）直接下载用户程序；6 个通用的 16 位定时器，兼容普通 8051 的定时器 T0/T1，4 路 PCA 也是 4 个定时器；2 通道捕获/比较单元可用来当 2 路 D-A 使用，用来再实现 2 个定时器或 2 个外部中断。STC12C5A60S2 是真正能独立工作的片上系统。

2）时钟芯片 DS1302 是美国 DALLAS 公司推出的一种高性能、低功耗、带 RAM 的实时时钟电路，它可以对年、月、日、时、分、秒进行计时，具有闰年补偿功能，工作电压为 2.5 ~ 5.5V。采用三线接口与 CPU 进行同步通信，属于 SPI 接口方式。

3）DS1232 是一个具有看门狗功能的电源监测芯片，在电源上电、断电、电压瞬态下降和死机时都会输出一个复位脉冲，十分适合作为单片机的复位电路。

4）E^2PROM 数据存储器 ST24C02B1 芯片是 2K 位（256 字节）可擦写存储器。该芯片与单片机之间采用 2 线接口，属 I^2C 串行接口。

5）由 P0 口外扩 DAC0832 芯片形成并行 I/O 接口，以完成 D-A 转换。

6）MAX232 芯片是 RS232 通信接口，可以作为与计算机进行异步串行通信的接口，同时也可作为 STC 单片机下载程序的接口。

7）DS18B20 为美国 DALLAS 公司最新推出的新一代数字式单总线（1-wire）接口的温度传感器，温度测量范围在 $-50 \sim +125℃$ 之间，在 $-10 \sim +85℃$ 之间测量精度为 $±0.5℃$，它能够直接读出被测温度并且可根据温度控制精度要求设置为 9 或 12 位的数字值读数方式。

8）由 P0 口外接 74HC573 形成外扩并行接口，接 8 个发光二极管，可以设计流水灯程序、交通灯管控程序等。

9）采用 7279 芯片（串行接口）作为键盘显示管理器件。键盘为 4×4 矩阵，显示器为 4 位 7 段码共阴极 LED 显示器。7279 芯片直接管理键盘扫描和显示器的驱动，与单片机之间采用 4 线串行通信方式。

10）USB 接口：通过单片机的串行通信口外接 PL2303HX 芯片，可将单片机的串行通信模式转为 USB 通信模式。另外，由该 USB 接口也可以下载程序。

11）A-D 转换：由于单片机本身带有 8 路 11 位 A-D 转换器，故电路板上没有外接 A-D 转换器。本电路板通过一个 $30k\Omega$ 电位器对 5V 直流电压降压后接到 P1.0 引脚上，以进行 A-D 转换的实验。

12）单片机的 40 个 I/O 接口全部引出，方便自行扩展。

10.2 设计过程

本节将介绍单片机基础综合实验板的全部设计过程，主要包括新建工程、建立集成元件库和制作原理图元件及元件封装、电路原理图设计、ERC 检查、规划电路板、网络表和元件封装的导入、手工布局、布线规则的设置、自动布线以及 DRC 检查等步骤，设计的具体过程覆盖了本书的第 2、3 和 6～8 章的内容。

10.2.1 新建工程

首先在"D:\Chapter10"目录下创建一个名为"单片机基础综合实验板"的文件夹，然后启动 Protel DXP 2004，进入 Protel DXP 2004 的编辑界面。在 Protel DXP 2004 设计系统的主界面上执行菜单命令【File】→【New】→【Project】→【PCB Project】，由此创建一个新的 PCB 项目。在【Projects】工作面板新建项目上单击鼠标右键，选择命令【Save Project】，将该项目更名为"单片机基础综合实验板 . PrjPCB"后保存到目录"D:\Chapter10\单片机基础综合实验板"中。

10.2.2 建立集成元件库

本电路需要对 6 个元器件进行编辑，它们分别是 STC12C5A60S2、HD7279、LG5641AH、

PL2303、DS18B20 和 USB 接口。下面简要介绍各个元器件的编辑过程。元件制作的详细过程请参考第 8 章介绍的内容。

（1）建立集成元件库项目

1）在 Protel DXP 2004 设计系统的主界面上执行菜单命令【File】→【New】→【Project】→【Integrated Library】，由此创建一个新的集成元件库项目，在弹出的【Projects】工作面板上可以直接观察到这个默认名为"Intergrated_Library1. LibPkg"的新建集成元件库项目。

2）在【Projects】工作面板该集成元件库项目上单击鼠标右键选择命令【Add New to Project】，在该集成库项目下添加一个新的元件原理图库文件和一个新的 PCB 元件封装库文件。在添加两个文件之后，将该集成元件库项目以及两个文件分别更名为"单片机基础综合实验板 . LibPkg""单片机基础综合实验板 . SchLib"和"单片机基础综合实验板 . PcbLib"，然后保存到指定目录下，即"D：\Chapter10\单片机基础综合实验板"中。保存好后的【Projects】工作面板如图 10-2 所示。

图 10-2 【Projects】工作面板

（2）制作原理图元件 STC12C5A60S2、HD7279、LG5641AH、PL2303、DS18B20 和 USB 接口

1）单击【Projects】工作面板中的"单片机基础综合实验板 . SchLib"，切换到元件原理图库编辑器界面下。

2）打开【SCH Library】工作面板。单击元件原理图库编辑器界面右下角工作面板区的【SCH】标签，选择其中的【Sch Library】选项，将弹出的【Sch Library】工作面板锁定。从【SCH Library】工作面板可以看到，当前只存在着一个默认名为"COMPONENT_1"的元件。

3）编辑元件 STC12C5A60S2 的属性。在【SCH Library】工作面板单击鼠标左键选中元件符号"COMPONENT_1"，然后单击 Edit 按钮，打开【Library Component Properties】对话框。在【Library Component Properties】对话框中，在【Default Designator】输入栏设置元件序号为 U?，在【Comment】输入栏输入元件名称为"STC12C5A60S2"，在【Library Ref】输入栏输入元件全名为"STC12C5A60S2"，在【Description】输入栏对元件的解释为"44pins，Micro-controller"，其他属性暂不设置。

4）绘制元件，完成后的元件 STC12C5A60S2 如图 10-3 所示。

5）单击【SCH Library】工作面板上的 Add 按钮，需要为自定义元件原理图库添加一个新的元件。

6）接下来重复步骤 3）~4），依次编辑其他 5 个元件。

7）元件 HD7279 如图 10-4 所示，设置元件属性为【Default Designator】：U?，【Comment】：HD7279A，【Library Ref】：HD7279A，【Description】："Keyboard，display interface management chip"。

8）完成后的元件 LG5641AH 如图 10-5 所示。设置元件属性为【Default Designator】：LED?，【Comment】：LG5641AH，【Library Ref】：LG5641AH，【Description】："7-Segment Display"。

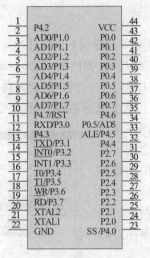

图 10-3　元件 STC12C5A60S2　　　　图 10-4　元件 HD7279

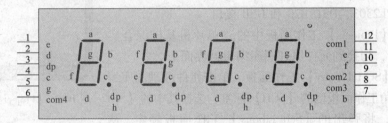

图 10-5　元件 LG5641AH

9）元件 DS18B20 如图 10-6 所示，设置元件属性为【Default Designator】：Q?，【Comment】：DS18B20，【Library Ref】：DS18B20，【Description】："digital temperature sensor"。

10）元件 PL2303 如图 10-7 所示，设置元件属性为【Default Designator】：U?，【Comment】：PL2303，【Library Ref】：PL2303，【Description】："USB to Serial RS232 Bridge Controller"。

11）完成后的 USB 接口如图 10-8 所示，设置元件属性为【Default Designator】：USB?，【Comment】：USB，【Library Ref】：USB，【Description】："USB interface"。

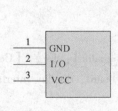

图 10-6　元件 DS18B20　　　　图 10-7　元件 PL2303　　　　图 10-8　USB 接口

（3）制作元件封装

6 个自定义的元器件中只有 STC12C5A60S2、LG5641AH 两个器件需要绘制相应的元件封装。

1）单击【Projects】工作面板中的"单片机基础综合实验板.PcbLib"，切换到 PCB 元件封装库编辑器界面下。

2）执行菜单命令【View】→【Work Space Panels】→【PCB】→【PCB Library】，打开【PCB Library】工作面板。【PCB Library】工作面板中只有一个默认名为"PCBCOMPONENT_1"的元件封装。在 PCB 工作面板的空白区域单击鼠标右键，选择［New Blank Component］选项，再新建一个元件封装。然后对两个元件封装进行编辑。

3）完成后的 STC12C5A60S2 元件封装 PLCC44zuo 如图 10-9 所示。

4）完成后的 LG5641AH 元件封装 LEDDIP-12 如图 10-10 所示。

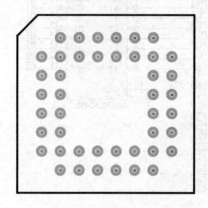

图 10-9　元件封装 PLCC44zuo

图 10-10　元件封装 LEDDIP-12

（4）利用模式管理器联系元件及其相应的封装

元件 STC12C5A60S2 封装为 PLCC44zuo；元件 HD7279 封装为 DIP-28/D38.1；元件 LG5641AH 封装为 LEDDIP-12；元件 DS18B20 封装为 BCY-W3；元件 PL2303 封装为 "SSOP28"；USB 接口封装为 "787761"。添加好之后的模式管理器如图 10-11 所示。

在上述所有步骤完成之后，对该集成元件库项目文件进行编译，生成集成元件库"单片机基础综合实验板.IntLib"。生成的集成元件库存在于"D：\Chapter 10 \单片机基础综合实验板\ Project Outputs for 单片机基础综合实验板"目录下。

10.2.3　电路原理图设计

为了使该实验板的电路原理图清晰简洁，本例中的电路原理图采用分块设计的方法，即按照电路的功能，将整个电路分成 10 个小电路，再分别放置在 10 张不同的原理图上。

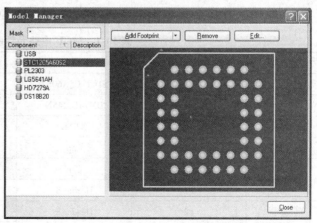

图 10-11　模式管理器

在【Projects】工作面板的PCB项目"单片机基础综合实验板.PrjPCB"上单击右键选择命令【Add New to Project】，为PCB项目添加8个新的原理图文件，再将8个文件分别更名为"MCU.SchDoc""时钟电路.SchDoc""电源接口和复位电路.SchDoc""外扩RAM电路.SchDoc""DAC电路.SchDoc""RS232电路.SchDoc""温度传感器电路.SchDoc""流水灯电路.SchDoc""键盘数码管显示电路.SchDoc""USB接口电路.SchDoc"并保存。

1）完成后的MCU电路如图10-12所示。表10-1为MCU电路元件属性列表。

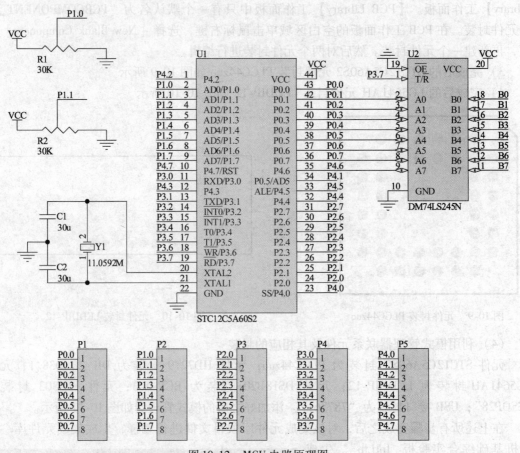

图10-12　MCU电路原理图

表10-1　MCU电路元件属性列表

序　号	Designator	LibRef	value	Footprint
1	U1	STC12C5A60S2		plcc44zuo
2	U2	DM74LS245N		dip-20
3	Y1	XTAL	11.0592M	CAPR5.08-7.8x3.2
4	C1	Cap	30μ	BCY-W2/D3.1
5	C2	Cap	30μ	BCY-W2/D3.1
6	P1	Header 8		HDR1X8
7	P2	Header 8		HDR1X8
8	P3	Header 8		HDR1X8

（续）

序　号	Designator	LibRef	value	Footprint
9	P4	Header 8		HDR1X8
10	P5	Header 8		HDR1X8
11	R1	Res Tap	30k	VR5
12	R2	Res Tap	30k	VR5

2）完成后的时钟电路如图 10-13 所示。表 10-2 为时钟电路元件属性列表。

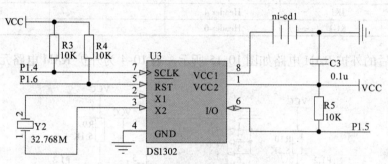

图 10-13　时钟电路原理图

表 10-2　时钟电路元件属性列表

序　号	Designator	LibRef	value	Footprint
1	R3	Res2	10k	AXIAL-0.3
2	R4	Res2	10k	AXIAL-0.3
3	R5	Res2	10k	AXIAL-0.3
4	C3	Cap	0.1μ	BCY-W2/D3.1
5	Y2	XTAL	32.768M	CAPR5.08-7.8x3.2
6	U3	DS1302		dip-8
7	ni-cd1	Battery		CAPR5.08-7.8x3.2

3）完成后的电源接口和复位电路如图 10-14 所示。表 10-3 为电源接口和复位电路元件属性列表。

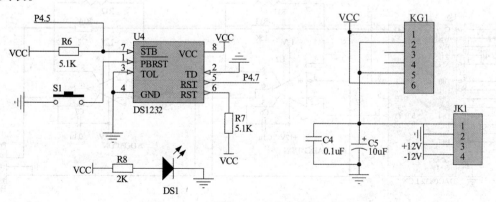

图 10-14　电源接口和复位电路原理图

表10-3 电源接口和复位电路元件属性列表

序 号	Designator	LibRef	value	Footprint
1	U4	DS1232		dip-8
2	R6	Res2	5.1k	AXIAL-0.3
3	R7	Res2	5.1k	AXIAL-0.3
4	R8	Res2	2k	AXIAL-0.3
5	S1	SW-PB		DIP-6
6	DS1	LED0	0.1μ	CAPPR1.27-1.7x2.8
7	C4	Cap	10μ	CAPR2.54-5.1x3.2
8	C5	Cap Pol1		BAT-2
9	JK1	Header 4		HDR1X4
10	KG1	Header 6		DIP-6

4）完成后的外扩 RAM 电路如图 10-15 所示。表 10-4 为外扩 RAM 电路元件属性列表。

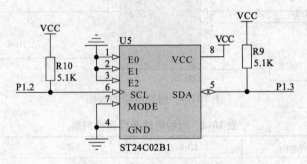

图 10-15 外扩 RAM 电路原理图

表10-4 外扩 RAM 电路元件属性列表

序 号	Designator	LibRef	value	Footprint
1	U5	ST24C02B1		dip-8
2	R9	Res2	5.1k	AXIAL-0.3
3	R10	Res2	5.1k	AXIAL-0.3

5）完成后的 DAC 电路如图 10-16 所示。表 10-5 为 DAC 电路元件属性列表。

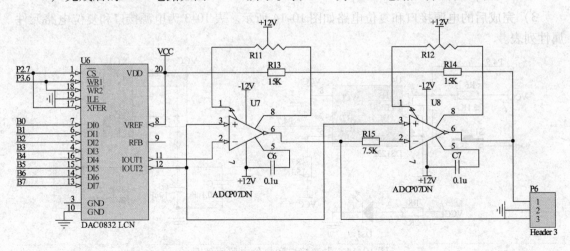

图 10-16 DAC 电路原理图

表 10-5 DAC 电路元件属性列表

序 号	Designator	LibRef	value	Footprint
1	U6	DAC0832LCN		dip-20
2	U7	ADOP07DN		dip-8
3	U8	ADOP07DN		dip-8
4	R11	Res Tap		VR5
5	R12	Res Tap		VR5
6	R13	Res2	15k	AXIAL-0.3
7	R14	Res2	15k	AXIAL-0.3
8	R15	Res2	7.5k	AXIAL-0.3
9	P6	Header 3		HDR1X3
10	C6	capr5-4x5	0.1μ	CAPR5-4X5
11	C7	capr5-4x5	0.1μ	CAPR5-4X5

6）完成后的 232 电路如图 10-17 所示。表 10-6 为 232 电路元件属性列表。

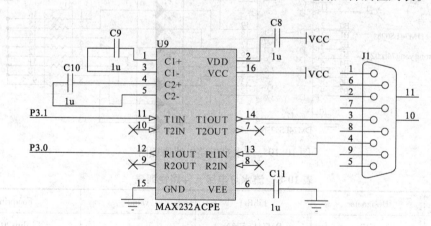

图 10-17　232 电路电路原理图

表 10-6　232 电路元件属性列表

序 号	Designator	LibRef	value	Footprint
1	U9	MAX232ACPE		dip-16
2	C8	Cap	1μ	BAT-2
3	C9	Cap	1μ	BAT-2
4	C10	Cap	1μ	BAT-2
5	C11	Cap	1μ	BAT-2
6	J1	D Connector 9		DSUB1.385-2H9

7）完成后的温度传感器电路如图 10-18 所示。表 10-7 为温度传感器电路元件属性列表。

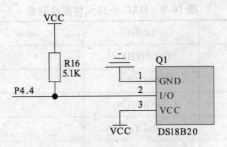

图 10-18　温度传感器电路原理图

表 10-7　温度传感器电路元件属性列表

序　号	Designator	LibRef	value	Footprint
1	Q1	DS18B20		BCY-W3
2	R16	Res2	5.1k	AXIAL-0.3

8）完成后的流水灯电路如图 10-19 所示。表 10-8 为流水灯电路元件属性列表。

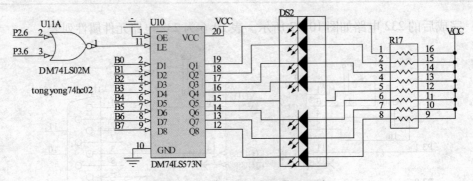

图 10-19　流水灯电路电路原理图

表 10-8　流水灯电路元件属性列表

序　号	Designator	LibRef	value	Footprint
1	U10	DM74LS573N		dip-20
2	U11	DM74LS02M		dip-14
3	DS2	LED-Pack		HDR2X8
4	R17	res-PACK	2k	HDR1X9

9）完成后的键盘数码显示电路如图 10-20 所示。表 10-9 为键盘数码显示电路元件属性列表。

10）完成后的 USB 电路如图 10-21 所示。表 10-10 为 USB 电路元件属性列表。

10.2.4　ERC 检查

在项目中所有的原理图全部绘制完成后，需要对该项目进行设计电气规则检查（ERC），以便发现设计中的错误并修改。

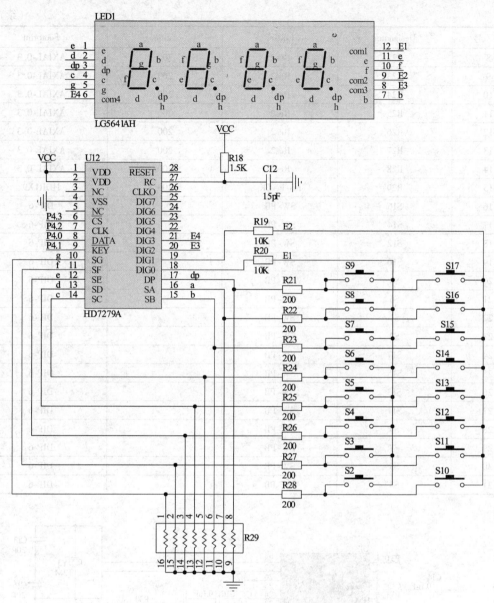

图 10-20　键盘数码显示电路原理图

表 10-9　键盘数码显示电路元件属性列表

序　号	Designator	LibRef	value	Footprint
1	U12	HD7279A		DIP-28/D38.1
2	LED1	DPY		LEDDIP-12
3	C12	Cap	15p	CAPR5-4X5
4	R18	Res2	1.5K	AXIAL-0.3
5	R19	Res2	10K	AXIAL-0.3
6	R20	Res2	10K	AXIAL-0.3
7	R21	Res2	200	AXIAL-0.3

（续）

序 号	Designator	LibRef	value	Footprint
8	R22	Res2	200	AXIAL-0.3
9	R23	Res2	200	AXIAL-0.3
10	R24	Res2	200	AXIAL-0.3
11	R25	Res2	200	AXIAL-0.3
12	R26	Res2	200	AXIAL-0.3
13	R27	Res2	200	AXIAL-0.3
14	R28	Res2	200	AXIAL-0.3
15	R29	res-PACK	200	HDR1X9
16	S16	SW-PB		DIP-6
17	S14	SW-PB		DIP-6
18	S12	SW-PB		DIP-6
19	S10	SW-PB		DIP-6
20	S8	SW-PB		DIP-6
21	S6	SW-PB		DIP-6
22	S4	SW-PB		DIP-6
23	S2	SW-PB		DIP-6
24	S17	SW-PB		DIP-6
25	S15	SW-PB		DIP-6
26	S13	SW-PB		DIP-6
27	S11	SW-PB		DIP-6
28	S9	SW-PB		DIP-6
29	S7	SW-PB		DIP-6
30	S5	SW-PB		DIP-6
31	S3	SW-PB		DIP-6

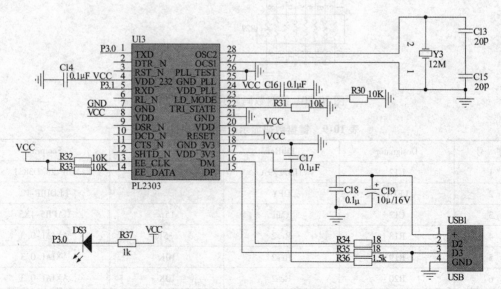

图 10-21　USB 电路原理图

表 10-10　USB 电路元件属性列表

序　号	Designator	LibRef	value	Footprint
1	C13	Cap	20p	RAD-0.3
2	C14	Cap	0.1μF	RAD-0.3
3	C15	Cap	20p	RAD-0.3
4	C16	Cap	0.1μF	RAD-0.3
5	C17	Cap	0.1μF	RAD-0.3
6	C18	Cap	0.1μ	RAD-0.3
7	C19	Cap Pol1	10μ/16V	RB7.6-15
8	DS3	LED0		LED-0
9	R30	Res2	10k	AXIAL-0.4
10	R31	Res2	10k	AXIAL-0.4
11	R32	Res2	10k	AXIAL-0.4
12	R33	Res2	10k	AXIAL-0.4
13	R34	Res2	18	AXIAL-0.4
14	R35	Res2	18	AXIAL-0.4
15	R36	Res2	1.5k	AXIAL-0.4
16	R37	Res2	1k	AXIAL-0.4
17	U13	PL2303		SSOP28
18	USB1	USB		787761
19	Y3	XTAL	12M	BCY-W2/D3.1

执行菜单命令【Project】→【Compile PCB Project 单片机基础综合实验板.PrjPCB】进行设计电气规则检查，编译后一般会弹出一个【Message】对话框，显示系统检测结果，如图 10-22 所示。如果没有错误，【Message】对话框不会自动弹出，此时需要单击原理图编辑器右下角工作面板区的【System】标签，选择其中的【Message】选项，才会弹出【Message】对话框，此时再根据系统提示的信息修改错误和警告，直到符合设计要求为止。

Class	Document	Source	Message	Time	Date	No.
[Warning]	流水灯电路.Sch...	Compiler	Adding items to hidden net GND	下...	201...	1
[Warning]	流水灯电路.Sch...	Compiler	Adding items to hidden net VCC	下...	201...	2
[Warning]	DAC电路.SchDoc	Compiler	Component U11 DM74LS02M has unused sub-part (2)	下...	201...	3
[Warning]	DAC电路.SchDoc	Compiler	Component U11 DM74LS02M has unused sub-part (3)	下...	201...	4
[Warning]	DAC电路.SchDoc	Compiler	Component U11 DM74LS02M has unused sub-part (4)	下...	201...	5
[Warning]	时钟电路.SchDoc	Compiler	Net NetU3_2 has no driving source (Pin U3-2,Pin Y2-2)	下...	201...	6
[Warning]	时钟电路.SchDoc	Compiler	Net NetU3_3 has no driving source (Pin U3-3,Pin Y2-1)	下...	201...	7
[Warning]	电源接口及复位...	Compiler	Net NetS1_2 has no driving source (Pin S1-2,Pin U4-1)	下...	201...	8
[Warning]	RS232电路.SchD...	Compiler	Net NetU1_4 has no driving source (Pin J1-4,Pin U9-13)	下...	201...	9
[Warning]	电源接口及复位...	Compiler	Net P4.5 has no driving source (Pin P5-6,Pin R6-2,Pin U1-33,Pin U4-7)	下...	201...	11
[Warning]	MCU.SchDoc	Compiler	Net P3.7 has no driving source (Pin P4-8,Pin U1-19,Pin U2-1)	下...	201...	11
[Warning]	MCU.SchDoc	Compiler	Net P3.1 has no driving source (Pin P4-2,Pin U1-13,Pin U9-11,Pin U13-5)	下...	201...	12
[Warning]	流水灯电路.Sch...	Compiler	Net P2.6 has no driving source (Pin P3-7,Pin U1-30,Pin U11-2)	下...	201...	13
[Warning]	时钟电路.SchDoc	Compiler	Net P1.6 has no driving source (Pin P2-7,Pin R4-1,Pin U1-8,Pin U3-5)	下...	201...	14
[Warning]	时钟电路.SchDoc	Compiler	Net P1.4 has no driving source (Pin P2-5,Pin R3-1,Pin U1-6,Pin U3-7)	下...	201...	15
[Warning]	外扩RAM电路.Sc...	Compiler	Net P1.2 has no driving source (Pin P2-3,Pin R10-1,Pin U1-4,Pin U5-6)	下...	201...	16
[Warning]	DAC电路.SchDoc	Compiler	Net P3.6 has no driving source (Pin P4-7,Pin U1-18,Pin U6-2,Pin U6-18,Pin U11-3)	下...	201...	17
[Warning]	DAC电路.SchDoc	Compiler	Net P2.7 has no driving source (Pin P3-8,Pin U1-31,Pin U6-1,Pin U6-17)	下...	201...	18
[Warning]	DAC电路.SchDoc	Compiler	Net NetR15_2 has no driving source (Pin R15-2,Pin U8-2)	下...	201...	19

图 10-22　【Message】对话框

10.2.5　原理图报表

完成原理图的设计操作后，还可以根据设计的需要输出元件报表以及网络表等文件。

执行菜单命令【Report】→【Bill of Materials】，生成元件报表，如图 10-23 所示。单击【Report】按钮保存该元件报表。

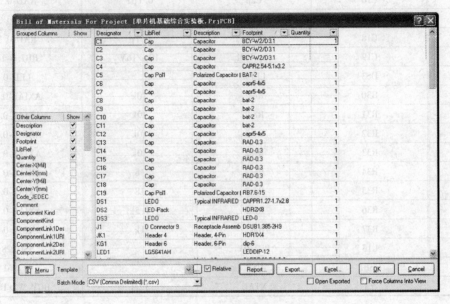

图 10-23　生成元件报表

选择菜单命令【Design】→【Netlist For Project】→【Protel】，系统将在该项目下生成一个与该项目同名的网络表文件，如图 10-24 所示。

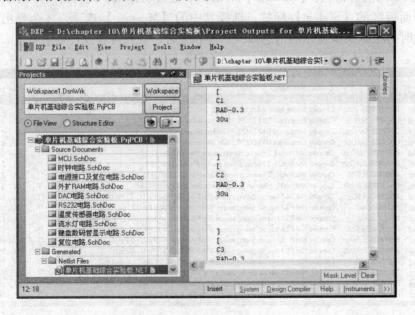

图 10-24　生成网络表文件

10.2.6 规划电路板

设计 PCB 之前，首先需要规划电路板，即确定电路板的物理边界以及电气边界。下面进行电路板的规划操作。

1）在该项目下，执行【File】→【New】→【PCB】命令，新建一个 PCB 文件，首先需要将该文件保存在"D：\Chapter10\单片机基础综合实验板"文件夹下，并更名为"单片机基础综合实验板.PcbDoc"。

2）在 PCB 编辑环境下，执行【Design】→【Board Shape】→【Redefine Board Shape】命令，开始重新定义电路板形状，执行该命令后，将电路板板边设置为 100mm×160mm（高×宽）。

3）设置 PCB 图纸属性。在 PCB 编辑环境下，依次按下【D】和【O】键，系统将弹出图纸设置对话框，在该对话框中对图纸属性进行设置，设置结果如图 10-25 所示。

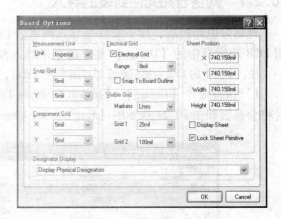

图 10-25 PCB 图纸属性

4）单击 PCB 工作窗口下面的层标签中的 Mechanical 1 标签，将当前的工作层面切换到机械层 Mechanical 1 层面。

5）进入 Mechanical 1 工作层面后，执行菜单命令【Place】→【Keepout】→【Track】，激活绘制导线命令，在该工作层中绘制电路板矩形边框，绘制的电路板边框如图 10-26 所示。

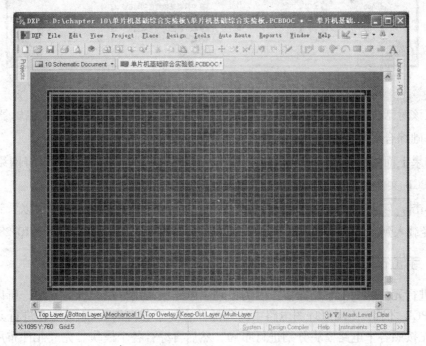

图 10-26 绘制好的 PCB 边框

6）单击 PCB 工作窗口下面的层标签中的 Keep-Out Layer 标签，便可将当前的工作层面切换到禁止布线层（Keep-Out Layer）上。

7）执行菜单命令【Place】→【Keepout】→【Track】，这时系统将处于绘制 PCB 电气边界的命令状态。本例中设置的 PCB 电气边界的大小设置为与物理边界相同。

10.2.7 网络表和元件封装的导入

规划好电路板后，接下来就是导入网络表和元器件封装。按照 6.5 节中介绍的方法，利用 PCB 编辑器中的【Design】菜单命令来载入元件封装和网络表。

注：本例中的 USB 电路只是在原理图中进行设计，并未加载到 PCB 中。

1）执行命令【Design】→【Import Changes From 单片机基础综合实验板 . PrjPCB】后，这时将会弹出如图 10-27 所示的【Engineering Change Order】对话框。

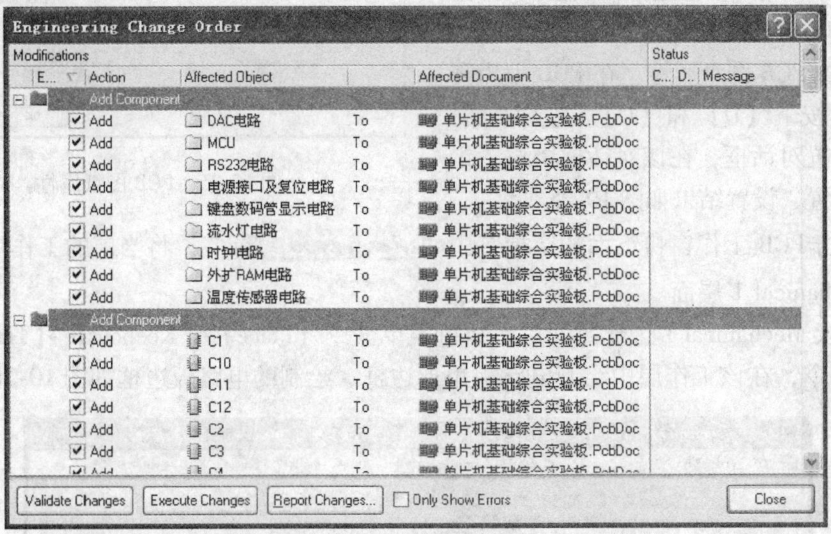

图 10-27　【Engineering Change Order】对话框

2）在该对话框中单击 Validate Changes 功能按钮后检查即将加载到 PCB 编辑器中的文件"单片机基础综合实验板 . PcbDoc"中的网络和元件封装是否正确。

3）如果上面的检查没有错误，那么单击 Execute Changes 功能按钮就可以将网络和元件封装加载到 PCB 文件中，从而实现了从原理图向 PCB 的更新。

4）单击 Close 按钮关闭【Engineering Change Order】对话框，这时可以看到网络和元件封装已经载入到当前的"单片机基础综合实验板 . PcbDoc"文件中了，如图 10-28 所示。

10.2.8 手工布局

下面进行元件的手工布局操作。因为原理图电路中采用分块设计的方法，所以元件和网络表载入 PCB 之后，不同原理图电路中的元器件应处于各自的 room 中。在进行元件布局的过程中，先按照各个电路模块分别进行布局，然后再综合各个模块。完成元件布局后的结果如图 10-29 所示。

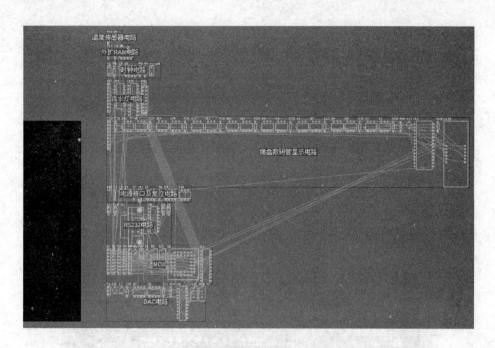

图 10-28　导入网络表和元件封装

10.2.9　网络类的设置

为了在自动布线的时候对同一个网络类中的所有对象一起操作，因此在布线之前可以对板子上的所有网络进行分类。本例中将属于电源的网络合并在一起，建立一个网络类。对网络类的设置操作步骤如下。

1）打开对象类对话框。在 PCB 编辑器的主菜单上执行菜单命令【Design】→【Classes】，即可进入对象类对话框，如图 10-30 所示。

2）建立一个新的网络类。在【Net Classes】（网络类）上单击鼠标右键，即可弹出右键菜单，选择其中的【Add Class】命令，可以产生一个新的网络类，系统默认名称为 "New Class"，如图 10-30 所示。在网络类【New Class】上单击鼠标右键，选择命令【Rename Classes】将新建的网络类更名为 "POWER"。

3）向新建的网络类添加成员。【Non-Members】列表区中包括了电路中所有的网络。本例中从【Non-Members】列表区包含的网络中将电源一类的网络选择出来添加到新建的名为 "POWER" 网络类中，单击 即可完成对新的网络类的成员的添加。

4）关闭该对话框即可完成 "POWER" 网络类设置，完成好的设置如图 10-31 所示。

10.2.10　布线规则的设置

完成元件布局后，开始对电路板的布线规则进行设置，系统在自动布线的时候将按照事先设定好的布线规则进行电路板的布线。

在 PCB 编辑器环境下，在 Protel DXP 2004 的主菜单中执行菜单命令【Design】→【Rules】，系统将弹出如图 10-32 所示的【PCB Rules and Constraints Editor】对话框。在该对话框中对当前 PCB 编辑器中的电路板进行设计规则的设置。

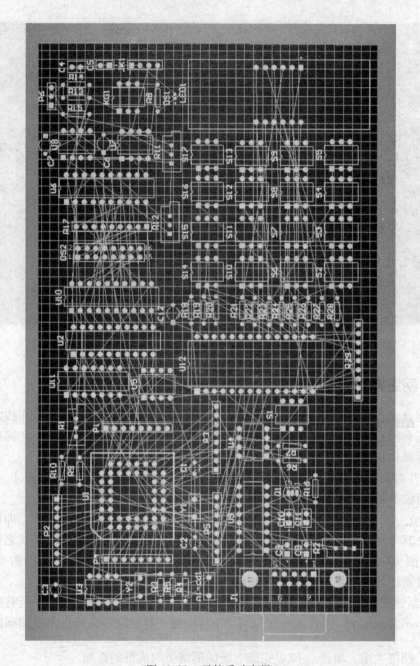

图 10-29　元件手动布局

（1）【Electrical】规则的设置

选择【Electrical】规则下的【Clearance】规则，将【Constraints】中的【Minimum Clearance】设置为 10mil。

（2）【Routing】规则的设置

首先添加一个新的【Width】规则。在【Width】规则上单击鼠标右键，从弹出的快捷菜单中选择【New Rule】，并更改规则名称为 "Width_POWER"。

本例中修改 "POWER" 类的线宽是：Preferred Width 为 40mil，Min width 为 30mil，Max width 为 50mil；"All Net"类的线宽是：Preferred Width 为 12mil，Min width 为 8mil，Max width 为 20mil，如图 10-33 和图 10-34 所示。

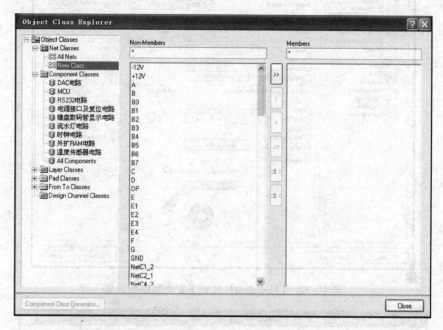

图 10-30 生成网络类选项

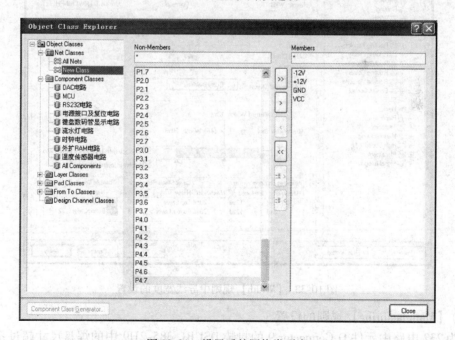

图 10-31 设置后的网络类列表

修改后，还需要设置【Width_POWER】规则的优先级等级为 1，【Width】规则的优先级等级为 2，采取这样的设置后，则系统在自动布线时，POWER 网络类的导线宽度被设置为 40mil，其他网络导线宽度为 12mil，如图 10-35 所示。

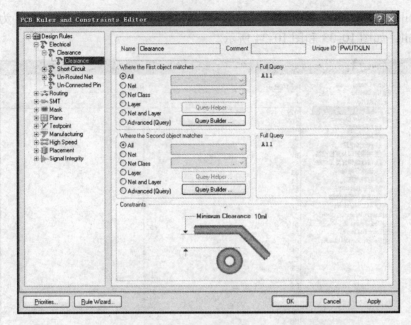

图 10-32 【Electrical】规则下安全间距的设置

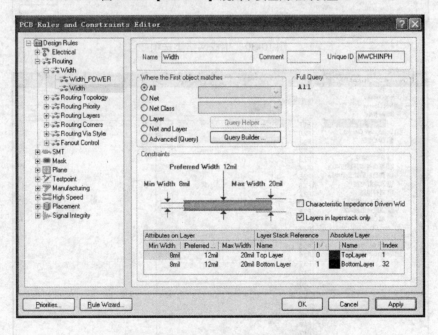

图 10-33 【Width】规则中导线宽度的设置

（3）【Manufacturing】规则的设置

因为 232 电路中元件 D Connector 9 的封装 DSUB1.385-2H9 中的焊盘尺寸超过系统默认的数值，因此有必要对【Manufacturing】规则下的【HoleSize】规则进行设置，否则 DRC 检查时会提示错误。【Manufacturing】规则下的【HoleSize】规则用来规定所允许的孔径的最大和最小范围。本例中将【HoleSize】规则中的【Constraints】设置为【Minimum】为 1mil，【Maximum】为 150mil，如图 10-36 所示。

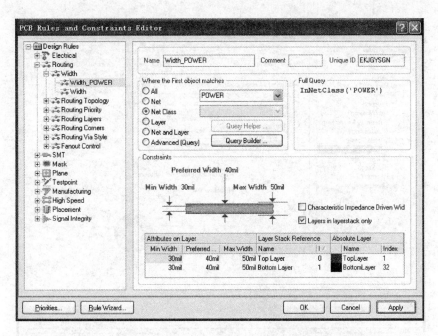

图 10-34 【Width】规则中 POWER 网络类导线宽度的设置

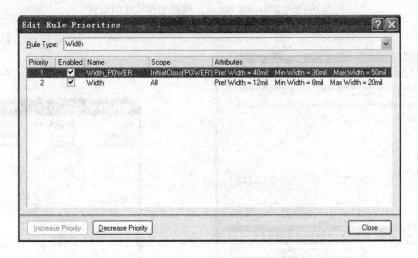

图 10-35 【Width】规则中优先级的设置

10.2.11 自动布线、手动调整

执行菜单命令【Auto Route】→【All】，系统弹出如图 10-37 所示的自动布线器策略对话框。在该对话框中查看是否有与布线规则的冲突情况。如果有，则需要修改。修改完布线规则后，单击 Edit Layer Directions... 按钮，系统弹出如图 10-38 所示的【Layer Direction】对话框。在此选择自动布线时按层布线的布线方向，设置顶层为垂直布线（Vertical），底层为水平布线（Horizontal）。

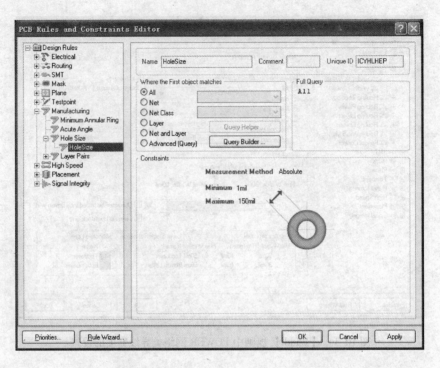

图 10-36 【Manufacturing】规则中孔尺寸的设置

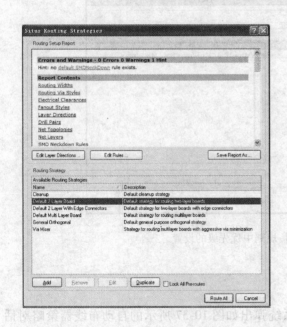

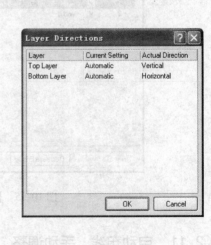

图 10-37 自动布线策略对话框　　　　　　　　　图 10-38 【Layer Direction】对话框

单击 Route All 按钮，开始自动布线，完成 PCB 的自动布线后，接下来还需要对自动布线的结果进行手动调整，调整后的 PCB 布线如图 10-39 和图 10-40 所示。

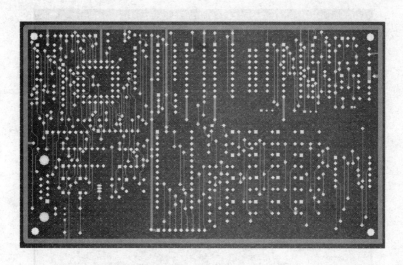

图 10-39　顶层布线示意图

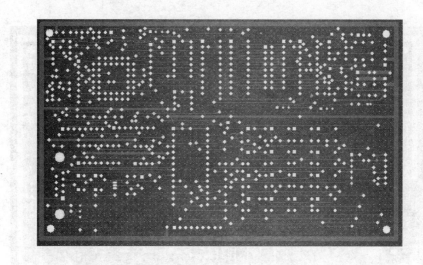

图 10-40　底层布线示意图

10.2.12　DRC 设计规则检查

完成 PCB 的布线操作后，通常需要对 PCB 进行设计规则检查（DRC）。

执行菜单命令【Tool】→【Design Rule Check】，在弹出的【Design Rule Checker】对话框中设置报表检测项，完成相关的设置后，执行 DRC 检查，系统将产生一个 DRC 检查报告文件，如图 10-41 所示。

10.2.13　3D 效果图

执行 PCB 编辑器中的【View】→【Board in 3D】命令，查看该 PCB 的 3D 效果图，结果如图 10-42 所示。

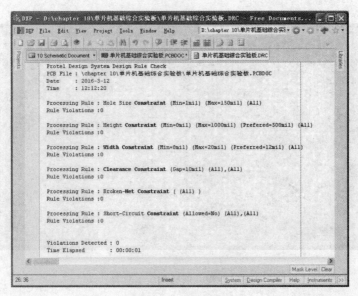

图 10-41　DRC 报告

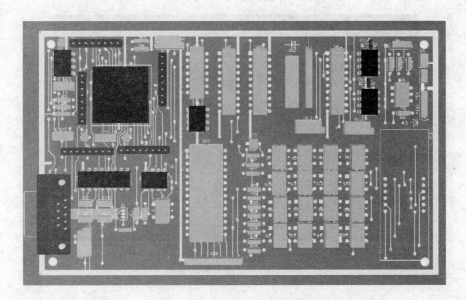

图 10-42　PCB 的 3D 效果图

　　对于本章设计的电路板，由于电路板上使用到的元器件比较多，电路相对来说也较为复杂，因此对于这样的电路板，最好是将 PCB 图发给工厂或网上的店家代为加工制作，这样加工出来的电路板工艺完善、质量可靠且精度较高。

附　　录

附录 A　Protel DXP 2004 常用快捷键一览表

附表 A-1　原理图与 PCB 图通用快捷键

快　捷　键	相　关　操　作
F1	帮助
Ctrl + S	存储当前文件
Page Up、Ctrl + 鼠标滚轮上滑	放大视图
Page Down、Ctrl + 鼠标滚轮下滑	缩小视图
鼠标滚轮上滑、下滑	视图上下移动
Shift + 滚轮上滑、Shift + 滚轮下滑	视图左右移动
End	刷新屏幕
↑、↓、←、→	以一个栅格为增量移动光标
X、Y	以十字光标为轴,水平、垂直翻转待放置对象
Ctrl + C	复制选中对象
Ctrl + X	剪切选中对象
Ctrl + V	粘贴选中对象
Tab	编辑悬浮对象的属性
Delete	删除对象
Spacebar(空格键)	90°逆时针旋转悬浮的对象
Shift + Spacebar	90°顺时针旋转悬浮的对象
Esc	退出当前命令
Shift + C	清除当前过滤对象
Ctrl + 鼠标左键选中对象	拖动选中对象

附表 A-2　原理图专用快捷键

快　捷　键	相　关　操　作
Shift + Spacebar(空格键)	当放置导线、总线、直线时,设置放置模式
G	循环切换格点设置

附表 A-3　PCB 图专用快捷键

快　捷　键	相　关　操　作
L	浏览【板层和颜色】对话框
Q	公制/英制单位切换

（续）

快 捷 键	相 关 操 作
V + G + V	切换网络栅格
G	弹出捕获栅格菜单
Ctrl + G	弹出捕获栅格对话框
Shift + E	打开或关闭捕获电气栅格功能
Shift + S	切换单层模式开/关
*（数字键盘）	切换至下一布线层
+（数字键盘）	切换至下一工作层
−（数字键盘）	切换至上一工作层
L 键 + 选中的元器件	使元器件封装在顶层和底层之间切换
Spacebar（空格键）	放置铜线时改变铜线的起始/结束模式
Shift + R	切换 3 种布线模式
Ctrl + 选择某一导线	使该导线所属的网络处于被过滤高亮状态
Ctrl + M	测量距离

附录 B　常用元件原理图符号与 PCB 符号

附表 B-1　Miscellaneous Devices. IntLib

序号	元件名	描　述	原理图符号	封装名	PCB 封装
1	2N3904	NPN 型放大器		BCY- W3/E4	
2	2N3906	PNP 型放大器		BCY- W3/E4	
3	ADC-8	模-数转换器		TSS05x6 -G16	
4	Antenna	天线		PIN1	

（续）

序号	元件名	描　述	原理图符号	封装名	PCB 封装
5	Battery	电池		BAT-2	
6	Bell	响铃		PIN2	
7	Bridge1	整流桥（二极管）		E-BIP-P4/D10	
8	Bridge2	整流桥（集成块）	AC AC V+ V-	E-BIP-P4/X2.1	
9	Buzzer	蜂鸣器		ABSM-1574	
10	Cap	电容		CAPR2.54-5.1x3.2	
11	Cap2	电容		CAPR5-4X5	
12	Cap Poll1	有极性电容		CAPPR1.27-1.7x2.8	
13	Cap Var	可调电容		CC3225-1210	
14	Circuit Breaker	熔断丝		SPST-2	

293

（续）

序号	元件名	描　述	原理图符号	封装名	PCB封装
15	Coax	同轴电缆		BCY-W3	
16	D Varactor	变容二极管		SO-G3/Z3.3	
17	D Zener	齐纳二极管		DIODE-0.7	
18	DAC-8	数-模转换器		TSS05x6 -G14/X.3	
19	Diac-NPN	双向触发二极管		SFM-T3/X1.6V	
20	Diode	二极管		DSO-C2 /X3.3	
21	Diode 1N914	二极管		DIO7.1 -3.9x1.9	
22	Diode BAS16	硅低泄漏电流二极管		SO-G3/C2.5	
23	Diode BBY31	贴片变容二极管		SO-G3/X.9	
24	Diode BAT17	肖特基二极管		SO-G3/C2.5	
25	Dpy Amber-CA	7段数码显示管		LEDDIP -10 /C5.08RHD	

（续）

序号	元件名	描 述	原理图符号	封装名	PCB 封装
26	Dpy 16-Seg	16 段数码显示管		LEDDIP-18ANUM	
27	D Tunnel1	隧道二极管		DSO-F2/D6. 1	
28	Dpy Overflow	7 段数码显示管		LEDDIP-12(14)/7. 620VF	
29	Fuse 1	熔断器		PIN-W2/E2. 8	
30	Fuse Thermal	温度熔丝		PIN-W2/E2. 8	
31	IGBT-N	场效应管		SFM-F3/Y2. 3	
32	Inductor	电感		INDC1005-0402	
33	Inductor Adj	可调电感		AXIAL-0. 8	
34	Inductor Iron	带铁芯电感		AXIAL-0. . 9	
35	Inductor Isolated	加屏蔽的有芯电感		SOD123/X. 85	
36	JFET-N	N 沟道结型场效应管		SFM-T3/A6. 6V	
37	Jumper	跳线		RAD-0. 2	

（续）

序号	元件名	描　　述	原理图符号	封装名	PCB 封装
38	Lamp	灯泡		PIN2	
39	Lamp Neon	辉光启动器		PIN2	
40	LED0	发光二极管		LED-0	
41	MESFET-N	砷化镓场效应晶体管库		CAN-3/D5.9	
42	Meter	仪表		RAD-0.1	
43	Mic1	传声器（麦克风）		PIN2	
44	MOSFET-N	N-MOS 管		BCY-W3/B.8	
45	MOSFET-P	P-MOS 管		BCY-23/B.8	
46	Motor	电动机		RB5-10.5	

（续）

序号	元件名	描　述	原理图符号	封装名	PCB 封装
47	Neon	氖灯		PIN2	
48	NPN	NPN 型晶体管		BCY-W3	
49	NMOS-2	N 沟道功率场效应管		SFM-T3 /A4.7V	
50	OP Amp	运算放大器		CAN-8 /D9.4	
51	Optoisolator1	光耦合器		DIP-4	
52	Photo NPN	光敏晶体管		SFM-T2(3) /X1.6V	
53	Photo PNP	光敏晶体管		SFM-T2(3) /X1.6V	
54	Photo SEN	光敏二极管		PIN2	
55	PLL	锁相回路		SSO-G8/P.65	

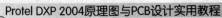
（续）

序号	元件名	描 述	原理图符号	封装名	PCB 封装
56	PMOS-2	P 沟道场效应晶体管		SFM-T3 /A4.7V	
57	PNP	PNP 型晶体管		SO-G3/C2.5	
58	PUT	可编程序单结晶体管		CAN-3/D5.6	
59	QNPN	NPN 双极型晶体管		SO-G3/C2.5	
60	Relay	继电器		DIP-P5 /X1.65	
61	Res Bridge	桥式电阻		SFM-T4 /A4.1V	
62	Res Semi	半导体电阻		AXIAL-0.5	
63	Res Tap	抽头电阻		VR3	
64	Res Thermal	热敏电阻		R2012-0805	
65	Res Vaistor	压敏电阻		R2012-0805	

（续）

序号	元件名	描述	原理图符号	封装名	PCB 封装
66	Res1	电阻		AXIAL-0.3	
67	Res2	电阻		AXIAL-0.4	
68	Res3	电阻		C1608-0603	
69	Res Adj1	可变电阻		AXIAL-0.7	
70	Res Adj2	可变电阻		AXIAL-0.6	
71	Res Pack3	隔离电阻网络		SO-G16/Z8.5	
72	RPot	电位器		VR5	
73	SCR	晶闸管		SFM-T3/E10.7V	
74	Speaker	扬声器		PIN2	
75	SW-6WAY	六位单控开关		SW-7	
76	SW-DIP4	拨动开关		DIP-8	

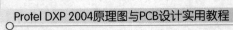

（续）

序号	元件名	描　述	原理图符号	封装名	PCB 封装
77	SW DIP-2	双列直插指拨开关		DIP-4	
78	SW-PB	开关		SPST-2	
79	Trans	变压器		TRANS	
80	Trans Adj	可调变压器		TRF_4	
81	Triac	三端双向晶闸管		SFM-T3/A2.4V	
82	Tube 6L6GC	束射五极管		VTUBE-7	
83	Tube Triode	闸流管		VTUBE-5	
84	UJT-N	N 型双基极单结晶体管		CAN-3/Y1.4	
85	UJT-P	P 型双基极单结晶体管		CAN-3/Y1.5	

（续）

序号	元件名	描述	原理图符号	封装名	PCB 封装
86	Volt Reg	电压调节器	Vin Vout GND	SIP-G3/Y2	
87	XTAL	晶体振荡器	1 2	BCY-W2 /D3.1	

附表 B-2　Miscellaneous Devices. IntLib

序号	元件名	描述	原理图符号	封装名	PCB 封装
1	BNC	同轴电缆插头		BNC _RA CON	
2	COAX-F	同轴电缆		MCX5.08 -H5	
3	Connertor14	插座		CHAMP 1.27 -H14A	
4	Herder2	2 脚管座		HDR1×2	

（续）

序号	元件名	描述	原理图符号	封装名	PCB 封装
5	Herder2×2	2脚双排管座		HDR2X2	
6	MHDR1×2	2脚管座		MHDR1X2	
7	Plug	插头		PIN1	
8	Plug AC Female	电源插座		IEC7-2H3	
9	PWR2.5	低压电源		KLD-0202	
10	RCA	屏蔽电缆插座		RCA/4.5-H2	
11	SMB	SMB连接器		SMB_V-RJ45	

（续）

序号	元件名	描述	原理图符号	封装名	PCB 封装
12	Socket	套接字插座		PIN1	
13	Edge Con22	22脚板边连接器		PIN22	

参 考 文 献

[1]　刘刚，彭荣群. Protel DXP 2004 SP2 原理图与 PCB 设计 [M]. 北京：电子工业出版社，2007.

[2]　姜立东，姜雪松. Protel DXP 原理图与 PCB 设计 [M]. 北京：北京邮电大学出版社，2004.

[3]　史久贵 . 基于 Altium Designer 的原理图与 PCB 设计 [M]. 北京：机械工业出版社，2010.

[4]　柯常志，柯长仁. 精通 Protel DXP 系统设计篇 [M]. 北京：中国青年电子出版社，2005.

[5]　李小坚. Protel DXP 电路设计与制版实用教程 [M]. 北京：人民邮电出版社，2009.

[6]　雪茗斋电脑教育研究室. Protel DXP 电路设计制版入门与提高 [M]. 北京：人民邮电出版社，2004.

[7]　李珩. Altium Designer 6 电路设计实例与技巧 [M]. 北京：国防工业出版社，2008.

[8]　任富民. 电子 CAD-Proter DXP 2004 SPZ 电路设计 [M]. 北京：电子工业出版社，2012.

[9]　兰建花. 电子电路 CAD 项目化教程 [M]. 北京：机械工业出版社，2012.

[10]　毕秀梅. 电子线路 CAD 项目实训教程 [M]. 北京：北京邮电大学出版社，2012.

[11]　郭勇. Altium Designer 印制电路板设计教程 [M]. 北京：机械工业出版社，2015.

[12]　刘宁. 创意电子设计与制作 [M]. 北京：北京航空航天大学出版社，2010.